算法竞赛丛书

罗勇军 杨建国 ◎编著

算法入门

Python

蓝桥杯

U0228224

清華大學出版社
北京

内 容 简 介

本书是蓝桥杯大赛软件类入门教程,详细讲解了蓝桥杯大赛软件类入门阶段的核心知识点,也是大赛必考和常考的知识点,包括数据结构、基本算法、搜索、数学、动态规划、图论等。

本书用大量的大赛真题作为例题,帮助读者巩固知识点的应用;代码简洁精要,可作为比赛模板;文字简洁明快,实现了较好的易读性。

本书适合正在学编程语言或刚学过编程语言,算法和数据结构零基础的算法竞赛初学者,帮助读者学习必备的知识点、建立计算思维、提高建模能力和编码能力;本书也可用于其他算法竞赛(全国青少年信息学奥林匹克竞赛(NOI)、国际大学生程序设计竞赛(ICPC)、中国大学生程序设计竞赛(CCPC)、中国高校计算机大赛-团体程序设计天梯赛等)的入门学习。

图书在版编目(CIP)数据

蓝桥杯算法入门. Python / 罗勇军,杨建国编著. -- 北京 :清华大学
出版社,2024.10(2024.12重印). --(算法竞赛丛书). -- ISBN 978-7-302-67395-8

Ⅰ. TP31

中国国家版本馆 CIP 数据核字第 20247KG299 号

策划编辑:魏江江
责任编辑:王冰飞
封面设计:刘　昉
责任校对:李建庄
责任印制:丛怀宇

出版发行:清华大学出版社
　　　网　　　址:https://www.tup.com.cn,https://www.wqxuetang.com
　　　地　　　址:北京清华大学学研大厦 A 座　　　邮　　　编:100084
　　　社 总 机:010-83470000　　　　　　　　　邮　　　购:010-62786544
　　　投稿与读者服务:010-62776969,c-service@tup.tsinghua.edu.cn
　　　质量反馈:010-62772015,zhiliang@tup.tsinghua.edu.cn
　　　课件下载:https://www.tup.com.cn,010-83470236
印 装 者:三河市铭诚印务有限公司
经　　销:全国新华书店
开　　本:185mm×260mm　　印　张:17　　插　页:1　　字　　数:415 千字
版　　次:2024 年 10 月第 1 版　　　　　　　　印　　次:2024 年 12 月第 2 次印刷
印　　数:3001～5000
定　　价:99.00 元

产品编号:106659-01

前言

经过十多年的发展,蓝桥杯大赛已经成为中国参赛人数最多、影响最大的计算机竞赛。在权威的全国普通高校学科竞赛排行榜上,蓝桥杯大赛名列其中,是广受欢迎的信息类专业竞赛。蓝桥杯大赛的奖牌是大学生计算机能力的有力证明。

- 本书读者对象

这是一本"算法入门"书,写给"正在学或刚学过编程语言,但是数据结构、算法零基础"的初学者。

本书的读者符合这样的画像:刚学过编程语言,C/C++、Java、Python 这几种语言中的任何一个都可以;有基本的编码能力,语法比较熟悉;编过一些代码,但仍然不熟练;不懂数据结构和算法,遇到较难的问题没有思路。

这位勤奋的读者有以下目标:

(1)数据结构和算法入门,建立计算思维。

(2)大量编码,提高编码能力。

(3)参加蓝桥杯大赛并获奖。

如果读者准备参加蓝桥杯全国软件和信息技术专业人才大赛(软件类),看这本书正合适,因为题目大多是蓝桥杯大赛的真题,并且按照蓝桥杯大赛的要求进行了详细的解析。

本书也适用于准备其他算法竞赛,例如全国青少年信息学奥林匹克竞赛(NOI)、国际大学生程序设计竞赛(ICPC)、中国大学生程序设计竞赛(CCPC)、中国高校计算机大赛-团体程序设计天梯赛等,因为所有的算法竞赛的考点都是相通的。

用一句话概括本书的作用:通过本书的学习,读者可以从一名蓝桥杯、算法竞赛的小白,成长为掌握算法知识、建立算法思维、具备编码能力的专业的计算机编程人才。

- 本书内容介绍

蓝桥杯大赛软件赛是蓝桥杯大赛中参赛人数最多的项目,包括 Java 软件开发、C/C++程序设计、Python 程序设计三个子项。蓝桥杯大赛软件赛是算法竞赛,考核数据结构和算法,包括数据结构、基本算法、搜索、动态规划、数学、图论、字符串等。掌握这些知识点是计算机专业人才的核心能力。

蓝桥杯大赛官方在 2023 年发布《蓝桥杯大赛软件赛知识点大纲》,按难度分为三部分:大学 C 组、大学 B 组、研究生及大学 A 组。本书内容精选了其中初级(≥大学 C 组)

和部分中级(≥大学 B 组)知识,都是必考或常考知识点。还有一些中级和高级知识点,因为难度较高,不适合在入门阶段学习,本书没有涉及。下表是蓝桥杯大纲与本书内容的对照。

本书内容与蓝桥杯大纲知识点对照

组别	蓝桥杯大赛软件赛知识点大纲	本书对应章节
大学 C 组	枚举	第 2 章 杂题和填空题
	排序:冒泡排序、选择排序、插入排序	4.1 十大排序算法
	搜索:BFS、DFS	6.1 DFS 代码框架 6.2 DFS 常见应用 6.5 BFS 基本代码 6.6 BFS 与最短路径 6.7 BFS 判重
	模拟 前缀和 二分 贪心	5.2 前缀和 5.3 差分 5.4 二分 5.5 贪心
	DP:普通一维问题	8.1 动态规划的概念 8.2 动态规划的两种编码方法 8.3 DP 设计基础
	高精度	3.1 数组与高精度(C++版)
	数据结构:栈、队列、链表、二叉树	第 3 章 Python 语言和数据结构基础
	数学:素数、GCD、LCM、快速幂	7.1 模运算 7.2 快速幂 7.3 素数 7.4 GCD 和 LCM
大学 B 组	排序:归并排序、快速排序、桶排序、堆排序、基数排序	4.1 十大排序算法
	搜索:剪枝	6.3 DFS 剪枝
	搜索:双向 BFS、记忆化搜索、迭代加深搜索、启发式搜索	(本书没有涉及)
	DP:背包 DP	8.4 DP 背包
	DP:树形 DP、状压 DP、数位 DP、DP 的常见优化	(本书没有涉及)
	字符串:哈希、kmp、manacher	(本书没有涉及)
	图论:最小生成树、单源最短路	9.2 最短路径算法 9.3 最小生成树
	图论:欧拉回路、差分约束系统、拓扑排序、二分图匹配、图的连通性问题(割点、桥、强连通分量)、DFS 序、最近共同祖先	(本书没有涉及)
	数学:排列组合	4.2 排序函数 4.3 排列和组合
	数学:二项式定理、容斥原理、模意义下的逆元、矩阵运算、高斯消元	(本书没有涉及)
	数据结构:并查集	3.8 并查集
	数据结构:ST 表、堆、树状数组、线段树、Trie 树	(本书没有涉及)
	计算几何(基础计算和基本位置关系判定);概率论、博弈论	(本书没有涉及)

续表

组别	蓝桥杯大赛软件赛知识点大纲	本书对应章节
研究生及大学A组	字符串(AC自动机、拓展kmp、后缀数组、后缀自动机、回文自动机);图论(网络流、一般图匹配);数学(生成函数、莫比乌斯反演、快速傅里叶变换);数据结构(树链剖分、二维/动态开点线段树、平衡树、可持久化数据结构、树套树、动态树)	(本书没有涉及)

由于蓝桥杯软件赛有三种语言,所以作者编写了三个版本:《蓝桥杯算法入门(C/C++)》、《蓝桥杯算法入门(Java)》和《蓝桥杯算法入门(Python)》,形成一个系列。这三个版本对数据结构和算法的理论讲解相同,选用的例题大部分一样。不同的内容也很多,例如C/C++的STL、Java的类、Python的字符和日期库,例题用各自的语言给出模板代码。

目前出版的算法竞赛书籍中,代码绝大部分都是用C/C++语言写的,极少有其他语言的版本。因此,本系列中的Java和Python版本填补了这一空白。

本书是Python版。Python组是参赛人数较多的组,约占总人数的五分之一,并且近年来参赛人数增长迅速。Python的编程极为轻松,在很多方面比其他语言更强大。本书在多个章节中详解了Python特有的应用,例如"3.1 Python常用功能"详解了常用的功能,如字符串处理、日期库、set、字典map;"3.2 列表与数组、3.3 链表、3.4 队列、3.5 优先队列、3.6 栈"介绍了Python的数据结构;"4.2 排序函数"介绍了Python的sort()、sorted()函数;"4.3 排列和组合"介绍了permutations()、combinations()。熟练掌握Python语言的各种特性是竞赛队员必备的技能,能极大地减少编码难度和编码时间。

为便于教学,本书提供教学课件、程序源码和400分钟的微课视频。

资源下载提示

教学课件:扫描封底的"图书资源"二维码,在公众号"书圈"下载。

源码:扫描目录上方的二维码下载。

微课视频:扫描封底的文泉云盘防盗码,再扫描书中相应章节的视频讲解二维码,可以在线学习。

• 备赛经验

由于蓝桥杯的影响力,很多大学生在大一就会参加蓝桥杯软件赛,但是第一次参赛的新手往往铩羽而归。因为蓝桥杯大赛是极为专业、全面考核计算机能力的计算机竞赛,它对编码能力、算法知识、计算思维、计算机建模的要求极高。

刚接触蓝桥杯大赛的学生往往有这样的困惑:蓝桥杯大赛似乎很难、很花时间,不仅难以入门,而且学习成本很高,至少需要高强度学习半年以上才有可能得奖,然后再用一年甚至两年的勤奋学习,才能取得好成绩。每个读者都希望有一个性价比很高的学习方法:学习时间尽量少,得奖尽量大!那么,阅读这本书是得奖的捷径吗?答案是薛定谔之猫:是,也不是。

回答"是"。这本书指引了一条合适的、正确的蓝桥杯备赛之路,让读者少走弯路。本书包括了蓝桥杯省赛二等奖所需的知识点,讲解了大量的大赛真题,并列出了巩固知识点所需要的练习题。本书的章节是按照学习难度循序渐进地展开的,读者只需要按从前到后的顺序阅读即可。只要用心看书并大量做题，得奖有相当的保证。

回答"不是"。"捷径"往往是"艰难"的代名词，"捷径"往往更费力，正如爬山的捷径更陡峭、更费力一样。读者是否能走通这个捷径，取决于你花费的精力有多少。简单地说，算法竞赛没有轻松的学习方法，一切都是"硬"实力，没有花哨的投机取巧。

还有一点让低年级参赛者感到压力巨大：竞赛涉及的知识点是"超纲"的，往往在大三、大四的专业课程中才会涉及，甚至很多知识点根本就不会在计算机专业的课程中出现，这些知识点中有一些是很基本的考点；而且蓝桥杯软件赛不是那种短期培训就能迅速获得成绩的竞赛，如果等到大三或大四才参赛，已经来不及了。如何解决"超纲"问题？这就是本书的意义：算法竞赛需要拓展大量课外的专业知识，很多拓展内容在本书中进行了详细介绍。当然，本书定位是"入门"，只拓展了部分知识，更全面的算法知识点解析请阅读作者的另一本书《算法竞赛》，这是一本算法大全，覆盖了95%的算法竞赛知识点。

在准备蓝桥杯大赛时，请注意以下几个重要问题。

（1）刷题。

备赛需要大量做题，这是最重要的一条。只读理论、只看书，而不做题，学习效果只会略大于零，对知识点的理解无法转化为能编码解决问题的"硬实力"。刷多少题合适？本书介绍了算法竞赛中的常见初级和中级知识点，每个知识点做10～20题，总共做600题左右，这是蓝桥杯算法入门需要的最少做题量。

（2）速度。

参加蓝桥杯大赛，编码速度极为重要。比赛时间只有4小时，非常紧张。编码速度决定了获奖的级别。如何提高编码速度？有以下技巧。

- 熟练掌握集成编译环境。把编译环境变成得心应手的工具。
- 快速读题。每道题需要建模后才能编码。快速读完题目并想出合适的算法，这需要经过大量的做题训练。训练的时候提高大脑的兴奋度，用最快的速度理解题目并建立计算机编码模型。
- 减少调试。写好程序后，争取能一次通过测试样例。为了减少调试，尽量使用不容易出错的方法，例如少用指针、多用静态数组、把逻辑功能模块化等，不要使用动态调试方法，不要使用单步跟踪、断点等调试工具。如果需要查看中间的运行结果，就在代码中的关键地方打印出调试信息。
- 使用库函数。如果题目涉及比较复杂的数据处理，用库函数可以大大减少编码量，而且能减少错误的发生。平时注意积累C/C++、Java、Python语言的库函数，并做到熟练应用。

（3）模板。

模板是某些数据结构、算法的标准代码。模板代码是计算机科学发展过程中凝练出的精华。

模板很有用，例如并查集模板、快速幂模板、埃氏筛模板等，需要牢记并熟练应用。学习经典算法时，需要整理代码模板并多次学习和使用它。

有的算法竞赛可以带纸质资料进场，相当于开卷考试，例如ICPC、CCPC，很多竞赛队员带了厚厚的打印代码和各种书籍进场参赛。但是蓝桥杯大赛禁止带任何资料进场,是闭卷考试,完全靠脑力,需要记住模板。这增加了一些难度。

　　有初学者问:我想速成,来不及做很多题,不过我可以多准备一些模板,把模板背会,是不是也能获奖?回答是:模板有用且需要掌握,但赛场上模板的用处有限。不同的编程题目,即使用到相同的算法或数据结构,也往往不能用同样的代码,而需要做很多修改,因为不同环境下的变量和数据规模是不同的。对模板的学习和使用,需要多花一些时间,融会贯通,不能急躁。注意,模板的代码需要自己真正理解、熟练掌握并多次使用过,才能在做题的时候快速应用到编码中。

　　最后用一段话寄语读者。教育的目的是什么?英国教育家怀特海说:"学生是有血有肉的人,教育的目的是激发和引导他们的自我发展之路。"算法竞赛就是促进学生自我发展的一条康庄大道。大学的创新学习有三条途径,缺一不可:一是以竞促学;二是以研促学;三是以创促学。参加算法竞赛,好处体现在很多方面:保研、奖学金、考研、就业、出国、创新学分。本书将帮助你掌握算法竞赛必备知识,建立计算思维,提高编程能力,在算法竞赛中披荆斩棘,立于不败之地。

罗勇军　杨建国

2024 年 8 月于上海

目录

扫一扫

源码下载

第 1 章 蓝桥杯软件赛概述

　　蓝桥杯大赛是中国参赛人数最多的大学计算机竞赛，本章详细介绍它的赛制、考点和题型。

在进入大学后,大一新生会发现有很多竞赛,老师和学长们也热情地鼓励他们去参赛。大学生是否要参加竞赛? 参加什么竞赛?

大学生一定要参加竞赛,因为在大学的学习活动中,通过课程学习只能获得基础能力,而创新能力、实践能力需要通过竞赛等活动来获得。

大学竞赛和中学竞赛有很大的差别,因为大学竞赛和中学竞赛的目标完全不同。中学是素质教育,大学是专业教育。中学的目标是升入大学,大学的目标是就业。大一新生还记得中学的竞赛,那时候升学的压力让他们犹豫是否去参加竞赛。竞赛是否会影响到高考课程的学习? 如果竞赛成绩不理想,高考也没考好,难以升入理想的大学,会留下长久的遗憾。大学生则没有这个顾虑。大学的竞赛是专业性的,和所学的专业、将来的就业直接相关,大学竞赛不仅不会影响专业课程的学习,而且能让大学生的专业能力得到很大的提升。

将来准备从事计算机相关工作的大学生,应该参加什么计算机竞赛? 蓝桥杯大赛[①]是一个很好的选择。

蓝桥杯全国软件和信息技术专业人才大赛(以下简称蓝桥杯)由工业和信息化部人才交流中心举办,是中国参赛人数最多、影响最大的大学生计算机竞赛,到2024年已举办十五届,入选中国高等教育学会"全国普通高校大学生竞赛排行榜"榜单赛事和教育部"2022—2025学年面向中小学生的全国性竞赛活动名单"。

2023年的第十四届蓝桥杯大赛软件类(以下用蓝桥杯软件赛代替)个人赛省赛有1600所高校参加,12.7万大学生参赛。竞赛语言有C/C++、Java和Python,其中C/C++占比63.9%,Java占比19.3%,Python占比16.8%。每个大学的参赛人数,少则几十人,多则上千人。

2024年4月13日举办了第十五届蓝桥杯个人赛省赛,全国有23万名大学生参加,在C/C++、Java、Python、软件测试、Web应用开发、单片机、嵌入式、物联网、EDA等九大竞赛科目中进行了激烈比赛。蓝桥杯大赛的参赛院校达到1900余所,其中本科院校1102所,本科院校覆盖率达到88%。

蓝桥杯有用吗? 这涉及程序员的核心能力,包括代码能力、思维和逻辑能力、算法设计能力、自主学习能力等,这些正是蓝桥杯考核的能力。蓝桥杯大赛作为一项面向全国高校在校大学生的计算机类学科竞赛,旨在进一步提升大学生的创新思维,提高学生的动手实践能力,为国家软件和信息技术产业输出高端人才。

蓝桥杯已经成为计算机专业人才的"钢印",不参加蓝桥杯,一名未来程序员的职业教育生涯是不完美的。

扫一扫

视频讲解

1.1　蓝桥杯软件赛的参赛规则

蓝桥杯软件赛的参赛对象[②]:具有正式全日制学籍并且符合相关科目报名要求的研究生、本科及高职高专学生(以报名时的状态为准),以个人为单位进行比赛。

1. 组别

竞赛组别按编程语言、院校进行分组。

---

① 蓝桥杯大赛官网：https://dasai.lanqiao.cn/

② 引用"第十六届蓝桥杯全国软件和信息技术专业人才大赛高等教育组章程",https://dasai.lanqiao.cn/notices/839/

（1）按编程语言分组。竞赛组别按编程语言分为 C/C++ 程序设计、Java 软件开发、Python 程序设计 3 组。

（2）按院校分组。竞赛组别按院校分为研究生组、大学 A 组、大学 B 组、大学 C 组。研究生只能报研究生组。985、211 本科生只能报大学 A 组及以上组别,其他院校本科生可自行选择报大学 B 组及以上组别,高职高专院校学生可报大学 C 组或其他任意组别。

每位选手只能申请参加其中一个组别竞赛。各个组别单独评奖。

2. 赛程

报名时间在每年的 10—12 月。比赛在每年的春季,有省赛和决赛,省赛的一等奖选手获得全国总决赛资格。省赛在 4 月,分赛区比赛;决赛在 6 月,集中比赛。每次比赛的时长为 4 小时,所有组别同时进行。

省赛的每个组别设置一、二、三等奖,原则上各奖项的比例为 10%、20%、30%。获奖比例仅作为参考,组委会专家组将根据赛题的难易程度及整体的答题情况制定各奖项的获奖最低分数线,未达到获奖最低分数线者不得奖。

3. 竞赛形式

个人赛,省赛、决赛均采用封闭、限时方式进行。选手的计算机通过局域网连接到各个考场的比赛服务器。选手在答题过程中不允许访问互联网,也不允许使用本机以外的资源(如 USB 连接)。比赛系统以"服务器-浏览器"方式发放试题、回收选手答案。选手将答案提交到比赛系统中,超过比赛时间将无法提交。

4. 参赛选手的计算机环境[①]

以 2025 年的第十六届省赛为例。

X86 兼容计算机,内存不小于 4GB,硬盘不小于 60GB。操作系统:Windows 7、Windows 8、Windows 10 或 Windows 11。

编程环境[②]:编译器 Python 3.8.6,编辑器 IDLE(Python 自带编辑器)。

5. 试题形式

竞赛题目完全为客观题型,具体题型及题目数量以正式比赛时的赛题为准,以选手所提交答案的测评结果为评分依据。

（1）结果填空题。题目描述一个具有确定解的问题,要求选手对问题的解填空,不要求写解题过程,不限制解题方法(可以使用任何开发语言或工具,甚至是手算),只要求填写最终的结果。最终的解是一个整数或者是一个字符串,最终的解可以使用 ASCII 字符表达。

（2）编程大题。题目包含明确的问题描述、输入和输出格式,以及用于解释问题的样例数据。编程题所涉及的问题一定有明确客观的标准来判断结果是否正确,并可以通过程序对结果进行评判。选手应当根据问题描述编写程序来解决问题,在评测时选手的程序应当从标准输入设备读入数据,并将最终的结果输出到标准输出设备中。在问题描述中会明确说明给定的条件和限制,明确问题的任务,选手的程序应当能解决在给定条件和限制下的所有可能情况。选手的程序应当具有普遍性,不能只适用于题目的样例数据。为了测试选手

---

① "第十六届蓝桥杯大赛竞赛大纲",https://dasai.lanqiao.cn/notices/846/

② 蓝桥杯官方提供的编程环境:https://dasai.lanqiao.cn/notices/1096/。在赛场上也使用这个环境,请参赛者下载,在日常编码时使用。

所给出解法的性能,评分时用的测试用例可能包含大数据量的压力测试用例,选手在选择算法时要尽可能考虑可行性和效率问题。

6. 试题考查范围

试题考查选手解决实际问题的能力,对于结果填空题,选手可以使用手算、软件、编程等方法解决,对于编程题,选手只能使用编程解决。

竞赛侧重考查选手对于算法和数据结构的灵活运用能力,很多试题需要使用计算机算法才能有效地解决。

考查范围如下,在所包含的内容中标 * 的部分只限于 Python 研究生组、Python 大学 A 组。

Python 程序设计基础:考查使用 Python 编写程序的能力。该部分不考查选手对某一语法的理解程度,选手可以使用自己喜欢的语句编写程序。

计算机算法:枚举、排序、搜索、计数、贪心、动态规划、图论、数论、博弈论*、概率论*、计算几何*、字符串算法等。

数据结构:数组、对象/结构、字符串、队列、栈、树、图、堆、平衡树/线段树、复杂数据结构*、嵌套数据结构*等。

7. 答案提交

选手只有在比赛时间内提交的答案内容才是可以用来评测的,比赛之后的任何提交均无效。选手应该使用考试指定的网页来提交代码,任何其他方式的提交(如邮件、U 盘)都不作为评测的依据。

选手可以在比赛中的任何时间查看自己之前提交的代码,也可以重新提交任何题目的答案,对于每个试题,仅有最后的一次提交被保存并作为评测的依据。在比赛中,评测结果不会显示给选手,选手应该在没有反馈的情况下自行设计数据调试自己的程序。

对于每个试题,选手应将试题的答案内容复制、粘贴到网页上进行提交。

Python 程序仅可以使用 Python 自带的库,在评测时不会安装其他的扩展库。

在程序中应该只包含计算模块,不包含任何其他的模块,例如图形、系统接口调用、系统中断等。对于系统接口的调用都应该通过标准库来进行。

在程序中引用的库应该在程序中以源代码的方式写出,在提交时也应该和程序的其他部分一起提交。

8. 评分

全部使用计算机自动评分。

对于结果填空题,题目保证只有唯一解,选手的结果只有和解完全相同才得分,出现格式错误或有多余内容时不得分。

对于编程题,评测系统将使用多个评测数据来测试程序。每个评测数据有对应的分数。选手所提交的程序将分别用每个评测数据作为输入来运行。对于某个评测数据,如果选手的程序的输出与正确答案相匹配,则选手获得该评测数据的分数。

评测使用的评测数据一般与试题中给定的样例输入/输出不一样,因此建议选手在提交程序前使用不同的数据测试自己的程序。

提交的程序应该严格按照输出格式的要求来输出,包括输出空格和换行的要求。如果程序没有遵循输出格式的要求,将被判定为答案错误。注意,程序在输出的时候多输出了内容也属于没有遵循输出格式要求的一种,所以在输出的时候不要输出任何多余的内容,例如调试输出。

扫一扫

视频讲解

<table>
<tr><td>**1.2**</td><td>蓝桥杯软件赛的题型介绍</td><td>❋</td></tr>
</table>

蓝桥杯软件赛有结果填空题、程序设计题两种题型。

1. 结果填空题

结果填空题共两题,每题 5 分,不要求写解题过程,不限制解题方法(可以使用任何开发语言或工具,甚至是手算),只要求填写最终的结果。

填空题的分值占比很低,2023 年前只占总分 150 分的 10/150,2024 年占总分 100 分的 10/100。2023 年第十四届省赛,绝大部分填空题都需要编程才能求解,仅靠手算是不够的。2024 年第十五届省赛,填空题比上一年简单了一点。

填空题一般比较简单,有时也很难。

(1)简单的填空题。

 例 1.1　**2022 年第十三届蓝桥杯省赛 Python 大学 B 组试题 A:排列字母 lanqiaoOJ 2118**

　　问题描述:小蓝要把一个字符串中的字母按其在字母表中的顺序排列。

　　例如,LANQIAO 排列后为 AAILNOQ。又如,GOODGOODSTUDYDAYDAYUP 排列后为 AADDDDDGGOOOOOPSTUUYYY。

　　请问对于以下字符串,排列之后字符串是什么?

　　WHERETHEREISAWILLTHEREISAWAY

　　答案提交:这是一道结果填空题,只需要计算出结果后提交即可。本题的结果为一个由大写字母组成的字符串,在提交答案时只填写这个字符串,填写多余的内容将不得分。

本题考核 sort()函数的简单应用,排序后输出。

```
1  a = list('WHERETHEREISAWILLTHEREISAWAY')
2  a.sort()
3  for i in a: print(i, end = "")
```

(2)较难的填空题。

 例 1.2　**2022 年第十三届蓝桥杯省赛 Python 大学 B 组试题 B:寻找整数 lanqiaoOJ 2131**

　　问题描述:有一个不超过 10^{17} 的正整数 n,知道这个数除以 2 至 49 后的余数如表 1.1 所示,求这个正整数最小是多少。

表 1.1　正整数 n 除以 2 至 49 后的余数

a	n mod a	a	n mod a	a	n mod a	a	n mod a	a	n mod a
2	1	7	4	12	5	17	0		
3	2	8	1	13	10	18	11		
4	1	9	2	14	11	19	18		
5	4	10	9	15	14	20	9		
6	5	11	0	16	9	21	11		

续表

a	n mod a	a	n mod a	a	n mod a	a	n mod a
22	11	29	16	36	29	43	11
23	15	30	29	37	22	44	33
24	17	31	27	38	37	45	29
25	9	32	25	39	23	46	15
26	23	33	11	40	9	47	5
27	20	34	17	41	1	48	41
28	25	35	4	42	11	49	46

答案提交：这是一道结果填空题，只需要计算出结果后提交即可。本题的结果为一个整数，在提交答案时只填写这个整数，填写多余的内容将不得分。

这道题的标准解法是最小公倍数 LCM，并且需要观察数据变化找到规律[①]。即使是高手，解题时间也需要在 10 分钟以上。

2．程序设计题

在 2023 年之前，程序设计题共 8 题，分值分别为 10、10、15、15、20、20、25、25，总分为 140。

2024 年，程序设计题共 6 题，分值分别为 10、10、15、15、20、20，总分为 90。

下面先看一道简单题，不需要特别的算法。

 例 1.3　2023 年第十四届蓝桥杯省赛 Python 大学 A 组试题 E：翻转 lanqiaoOJ 3520

时间限制：10s　内存限制：512MB　本题总分：15 分

问题描述：小蓝用黑白棋的 n 个棋子排成了一行，他在脑海里想象出了一个长度为 n 的 01 串 T，他发现如果把黑棋当作 1、白棋当作 0，这一行棋子是一个长度为 n 的 01 串 S。

小蓝如果在 S 中发现一颗棋子和它两边的棋子都不一样，可以将其翻转变成另一个颜色。也就是说，如果 S 中存在子串 101 或者 010，可以选择将其分别变为 111 和 000，这样的操作可以无限重复。

小蓝想知道最少翻转多少次可以把 S 变成和 T 一模一样。

输入：输入包含多组数据。输入的第一行包含一个正整数 D，表示数据的组数。后面 2D 行，每行包含一个 01 串，每两行为一组数据，第 2i−1 行为第 i 组数据的 T_i，第 2i 行为第 i 组数据的 S_i，S_i 和 T_i 的长度均为 n_i。

输出：对于每组数据，输出一行，包含一个整数，表示答案。如果答案不存在，输出 −1。

输入样例：	输出样例：
2 1000111 1010101 01000 11000	2 −1

①　罗勇军，杨培林.程序设计竞赛专题挑战教程.北京：人民邮电出版社，2023(284 页).

评测用例规模与约定：对于 20% 的评测用例，$1 \leqslant \sum_{1}^{D} n_i \leqslant 10$；对于所有评测用例，保证 $1 \leqslant \sum_{1}^{D} n_i \leqslant 10^6$，$n_i > 0$。

这是一道思维题。

什么时候无解？如果第一颗或最后一颗棋子不同，无解。因为第一颗和最后一颗棋子不能翻转。

每颗能翻动的棋子只能翻一次，因为翻过之后，它和相邻棋子一样不能再翻了。要使 S 和 T 最终一样，那么每颗不同的棋子都要翻一次。所以一种简单且正确的方法是从左到右枚举，从 S 的第 2 颗棋子开始，与 T 比较，如果不同，就尝试翻动。如果能翻成一样，继续翻；如果不能翻成一样，就无解。

```
1   D = int(input())
2   for _ in range(D):
3       s = list(input()) # 需要把字符串转换为 list,因为字符串不能修改
4       t = list(input())
5       n = len(s)
6       if s[0] != t[0] or s[n-1] != t[n-1]:
7           print("-1")
8           continue
9       ans = 0
10      for i in range(1, n-1):
11          if s[i] != t[i]:
12              if t[i] != t[i-1] and t[i] != t[i+1]: # 中间的棋子和两边不同
13                  t[i] = t[i+1]
14                  ans += 1
15              else:
16                  ans = -1
17                  break
18      print(ans)
```

再看一道难题。

 例 1.4　2023 年第十四届蓝桥杯省赛 Python 大学 B 组试题 J：混乱的数组　lanqiaoOJ 3550

时间限制：10s 内存限制：512MB 本题总分：25 分

问题描述：给定一个正整数 x，找出一个尽可能短的仅含正整数的数组 A，使得 A 中恰好有 x 对 i，j 满足 $A_i > A_j$。如果存在多个这样的数组，输出字典序最小的那个。

输入：输入一行，包含一个整数，表示 x。

输出：输出两行。第一行包含一个整数 n，表示所求出的数组的长度。第二行包含 n 个整数 A_i，相邻整数之间使用一个空格分隔，依次表示数组中的每个数。

输入样例：	输出样例：
3	3
	3 2 1

评测用例规模与约定：对于 30% 的评测用例，$x \leqslant 10$；对于 60% 的评测用例，$x \leqslant 100$；对于所有评测用例，$1 \leqslant x \leqslant 10^9$。

对于 30％的评测用例,因为只有 x≤10,所以可以简单处理,把所有情况暴力排列出来验算。

对于所有评测用例,这是一道思维很复杂的构造题。

扫一扫
视频讲解

1.3　蓝桥杯软件赛的判题

选手做了一道题,提交了代码,能得到多少分? 也就是说蓝桥杯怎么判题?

2024 年的蓝桥杯省赛有 8 道题,两个填空和 6 个程序设计。

填空题 5 分,如果选手填的空和答案一样,得 5 分;如果有一点不同,得 0 分。

程序设计题是怎么打分的? 每道编程题有多个测试,通过多少测试,就能得多少比例的分数。例如,一道 20 分的题目有 10 个测试,通过 3 个,就能得 6 分。

这里解释一个初学者疑问:在线判题系统(Online Judge,OJ)里面的"判题机器人"如何判定选手提交的代码是正确的?

OJ 判题机器人能直接通过看代码的方式检查代码的每一行逻辑是否正确吗? 这几乎不可能。看别人的代码极其痛苦,往往让人蒙头转向,即使常年进行计算机教学的老师也不行。在考试的时候,像"编码填空""程序设计"这样的题目,如果改卷的老师不是用计算机进行编译、运行、验证,而是手批,很难打分。

OJ 判题机器人看不懂选手的代码,干脆就不看代码,它检验代码正确性的方法简单、粗暴,用黑盒测试:

(1) 先准备好标准测试数据,包括输入 data.in 和对应的输出 data.out。

(2) 运行选手的代码,读入输入数据 data.in,产生输出 my.out。

(3) 如果超出限定时间代码还没有运行结束,也就是没有产生输出,则判错。

(4) 若在限定时间内运行出结果,则对比 data.out 和 my.out,如果完全一样,判为正确,否则判错。

蓝桥杯的每道题目有多个测试,例如有 10 组,每组占 10％的分数。有的测试数据比较简单,容易通过,让选手的代码能够得一些分数。

代码的运行时间和语言有关。同一道题,使用同样的算法分别用 C/C++、Java、Python 提交,运行时间差别很大,判题系统也会分别处理。例如,2023 年第十四届省赛题"异或和之差"分别在 C/C++、Java、Python 的大学 C 组出现,判题要求如下。

- C/C++:时间限制为 1s,内存限制为 256MB。
- Java:时间限制为 3s,内存限制为 512MB。
- Python:时间限制为 10s,内存限制为 512MB。

3 种语言的时间限制分别是 1s、3s、10s,内存限制也不同。

有刚开始做题的新同学问:"我写了代码不知对不对,判题系统能把测试的输入/输出数据告诉我吗? 我好对答案。"不能,测试数据是判题系统的绝密,它实际上等同于题目的答案。如果告诉这位同学,就是泄题了。因为这位同学可以在代码中什么也不干,而是直接输出正确的答案"蒙骗"判题系统。如果这位同学非常聪明,能猜出输入/输出数据,这样做也是允许的,称为"打表"。

下面用一道程序设计题说明测试数据和得分的关系。

 例 1.5　2023 年第十四届蓝桥杯省赛 Python 大学 A 组试题 F：子矩阵　lanqiaoOJ 3521

　　时间限制：20s　**内存限制**：512MB　**本题总分**：15 分

　　问题描述：给定一个 n×m(n 行 m 列)的矩阵。设一个矩阵的价值为其所有数中的最大值和最小值的乘积。求给定矩阵的所有大小为 a×b(a 行 b 列)的子矩阵的价值的和。答案可能很大，只需要输出答案对 998244353 取模后的结果。

　　输入：输入的第一行包含 4 个整数，分别表示 n、m、a、b，相邻整数之间使用一个空格分隔。接下来的 n 行，每行包含 m 个整数，相邻整数之间使用一个空格分隔，表示矩阵中的每个数 $A_{i,j}$。

　　输出：输出一行，包含一个整数，表示答案。

输入样例：	输出样例：
2 3 1 2	58
1 2 3	
4 5 6	

　　样例说明：$1×2+2×3+4×5+5×6=58$。

　　评测用例规模与约定：对于 40% 的评测用例，$1 \leqslant n,m \leqslant 100$；对于 70% 的评测用例，$1 \leqslant n,m \leqslant 500$；对于所有评测用例，$1 \leqslant a \leqslant n \leqslant 1000$，$1 \leqslant b \leqslant m \leqslant 1000$，$1 \leqslant A_{i,j} \leqslant 10^9$。

下面给出两份代码，分别得到 40%、100% 的分数。

（1）代码 1：40% 得分。

直接按题目的描述遍历出所有的子矩阵，在子矩阵中查找最大和最小值，计算乘积，然后求和。

```
1   from math import inf
2   n, m, a, b = map(int, input().split())
3   A = [[] for i in range(n+1)]                    # 矩阵
4   for i in range(1, n+1):                         # 读矩阵：A[1][1]～A[n][m]
5       A[i] = [0] + list(map(int, input().split()))
6   ans = 0
7   for i in range(1, n+1):                         # 遍历所有子矩阵
8       for j in range(1, m+1):
9           x1, y1 = i, j                           # 子矩阵有 a 行、b 列
10          x2, y2 = i+a, j+b
11          if x2 > n+1 or y2 > m+1: continue       # 判断是否越界
12          minv,maxv = inf,0
13          for x in range(x1, x2):
14              for y in range(y1, y2):
15                  minv = min(minv, A[x][y])
16                  maxv = max(maxv, A[x][y])
17          ans += minv * maxv                      # 计算乘积，然后求和
18          ans %= 998244353
19  print(ans)
```

将代码 1 提交到蓝桥杯网站，返回结果如图 1.1 所示。

这份代码只能通过 40% 的测试，因为它的计算量太大，有 60% 的测试超过了题目要求的"时间限制：20s"。

图 1.1　代码 1 的返回结果

下面分析代码的计算量，也就是需要花的时间。现在的普通计算机，Python 一秒大约能计算 1000 万次。

代码 1 执行了多少步骤？花了多少时间？

代码第 7、8 行有两层 for 循环，循环次数约为 n×m，把计算复杂度记为 O(nm)。这称为"大 O 记号"，表示计算量的数量级。代码第 13、14 行还有两层 for 循环，循环次数也是 n×m。所以总循环次数是 $n^2 \times m^2$。

对于 40％的测试数据，1≤n，m≤100，循环次数为 $100^2 \times 100^2 = 10^8$。执行时间为 10s，能够通过测试。

对于 70％的测试数据，1≤n，m≤500，循环次数为 $500^2 \times 500^2 = 625 \times 10^8$。计算时间远大于题目的时间限制 20s，超时了，不能通过测试。

上面的讨论称为"时间复杂度分析"。当选手拿到一个题目时，第一件事就是做复杂度分析，看用什么算法才能满足题目的评测要求。

对应的还有"空间复杂度分析"，就是看代码用到的空间是否超过了题目的限制。本题的矩阵最多只有 1000×1000＝1MB，它需要的存储空间远小于题目的"空间限制：512MB"。

一般来说，比赛题的空间限制容易通过，而时间限制是考核的主体。

（2）代码 2：100％得分。

本题的正解是滑动窗口，用单调队列实现。

读者容易想到用"滑动窗口"来遍历所有的子矩阵。按从左到右，从上到下的顺序滑动。第一个子矩阵从左上角开始，把它看成一个 a×b 的窗口，然后右移一列，就滑动到了第二个子矩阵。第一行滑动结束后，再从第二行的第一列开始。

用"滑动窗口"的操作可以减少计算量。例如第一个子矩阵滑动到第二个子矩阵，这两个子矩阵除了第 1 列和第 b＋1 列不同，其他的列都相同。先计算出第一个子矩阵的最大和最小值，在计算第二个子矩阵的最大和最小值时，只需要去除第一列的情况，再补上第 b＋1 列的情况即可。

滑动窗口的经典处理方法是单调队列[1]。由于单调队列是中级知识点，所以本书不做

---

[1] 《算法竞赛》，清华大学出版社，罗勇军、郭卫斌著，2022 年出版，"1.2.3 双端队列和单调队列"介绍了单调队列和滑动窗口。

介绍。下面给出代码。

```
1   from collections import deque
2   n, m, a, b = list(map(int, input().split()))
3   A = [[] for _ in range(n)]
4   h = [[] for _ in range(n)]                    # 窗口的左上角是(i,j)。h[i][j]：窗口的最大值
5   g = [[] for _ in range(n)]                    # g[i][j]：窗口的最小值
6   for i in range(n):                            # 先处理行
7       A[i] = list(map(int, input().split()))    # 读第 i 行
8       q = deque()                               # 用双端队列实现单调队列
9       for j in range(m):
10          while q and j - q[0][1] + 1 > b: q.popleft()
11          while q and q[-1][0] >= A[i][j]: q.pop()
12          q.append((A[i][j], j))
13          g[i].append(q[0][0])                  # 第 i 行窗口的最小值
14      q.clear()
15      for j in range(m):
16          while q and j - q[0][1] + 1 > b: q.popleft()
17          while q and q[-1][0] <= A[i][j]: q.pop()
18          q.append((A[i][j], j))
19          h[i].append(q[0][0])                  # 第 i 行窗口的最大值
20  for j in range(m):                            # 再处理列
21      q = deque()
22      for i in range(n):
23          while q and i - q[0][1] + 1 > a: q.popleft()
24          while q and q[-1][0] >= g[i][j]: q.pop()
25          q.append((g[i][j], i))
26          g[i][j] = q[0][0]                     # g[i][j]：窗口的最小值
27      q.clear()
28      for i in range(n):
29          while q and i - q[0][1] + 1 > a: q.popleft()
30          while q and q[-1][0] <= h[i][j]: q.pop()
31          q.append((h[i][j], i))
32          h[i][j] = q[0][0]                     # h[i][j]：窗口的最大值
33  ans = 0
34  for i in range(a - 1, n):
35      for j in range(b - 1, m):
36          ans += h[i][j] * g[i][j]
37          ans %= 998244353
38  print(ans)
```

为什么这份代码能通过 100% 的测试? 观察第 $6\sim19$ 行,有两层 for 循环,复杂度为 $O(nm)$。在 $9\sim13$ 行的第二个 for 循环共循环 m 次,它的功能是让 m 列的每个数只进出一次队列,进出队列的操作通过第 10、11 行的 while 循环实现,这两个 while 循环实际上在每次的 for 循环中平均只有一次操作。所以第 $6\sim19$ 行的总复杂度仍为 $O(nm)$。第 $20\sim37$ 行的情况类似,复杂度也是 $O(nm)$。代码的总复杂度是以上情况相加,仍为 $O(nm)$。对于 100% 的测试数据,$1\leqslant n,m\leqslant1000$,循环次数为 $1000\times1000=10^6$,执行时间满足题目要求。

通过上面的例子,大家知道了判题系统是如何判题的。在比赛的时候,如果不会 100% 的方法,尽量用简单的方法得到 30% 左右的分数。这个比赛技巧被参赛队员戏称为"骗分"。

据说有人几乎不会算法去"裸考"蓝桥杯,每题用简单方法得到 $10\%\sim30\%$ 的分数,也得到了三等奖。然而"裸考"也需要强大的编码能力,这需要参赛者大练、特练简单方法,用最直白的方法解题,目的是锻炼编码能力,争取做到编码又快、又准。

蓝桥杯比赛并不是实时判题的,而是在 4 小时考完后把十几万参赛者的代码收回去,进

行赛后判题。所以参赛者参赛的时候提交的代码，在比赛时并不知道对不对。这时候参赛者可以自己检查，自己编一些测试数据，然后运行代码，对比看是否正确。普通题目用手算构造输入/输出测试数据即可。如果题目复杂，需要"对拍[①]"。

扫一扫
视频讲解

1.4　蓝桥杯软件赛的知识点

蓝桥杯官网 2024 年 10 月发布了"第十六届蓝桥杯大赛软件赛（编程类）知识点大纲[②]"，包含 70 多个知识点[③]。表 1.2 列出大纲的知识点，另外作者根据经验补充了几个常见的知识点。

表 1.2　蓝桥杯软件赛的知识点

难　　度	知　识　点
初级 ≥大学 C 组	枚举；排序（冒泡排序、选择排序、插入排序）；搜索（BFS、DFS）；贪心；模拟；前缀和；二分；双指针；DP（普通一维问题）；高精度；数据结构（栈、队列、链表、二叉树）；数学（素数、GCD、LCM、快速幂）
中级 ≥大学 B 组	排序（归并排序、快速排序、桶排序、堆排序、基数排序）； 搜索（剪枝、双向 BFS、记忆化搜索、迭代加深搜索、启发式搜索）； DP（背包 DP、树形 DP、状压 DP、数位 DP、DP 的常见优化）； 字符串（哈希、KMP、Manacher）； 图论（欧拉回路、最小生成树、单源最短路径及差分约束系统、拓扑排序、二分图匹配、图的连通性问题（割点、桥、强连通分量）、DFS 序、最近共同祖先）； 数学（排列组合、二项式定理、容斥原理、模意义下的逆元、矩阵运算、高斯消元）； 数据结构（ST 表、堆、树状数组、线段树、Trie 树、并查集、平衡树）、计算几何（基础计算和基本位置关系判定），以及概率论、博弈论
高级 研究生及 大学 A 组	字符串（AC 自动机、扩展 KMP、后缀数组、后缀自动机、回文自动机）； 图论（网络流、一般图匹配）； 数学（生成函数、莫比乌斯反演、快速傅里叶变换）； 数据结构（树链剖分、二维/动态开点线段树、平衡树、可持久化数据结构、树套树、动态树）

该表中画线的知识点是蓝桥杯省赛的必考或常考知识点，包括全部初级知识点和部分中级知识点，是参赛者入门必学的知识点。本书将重点介绍这些内容。

下面以 2023 年第十四届省赛题目[④]为例，介绍比赛涉及的知识点和难度，如表 1.3～表 1.6 所示。难度值最低是 1，最高是 5。

表 1.3　2023 年第十四届蓝桥杯省赛 Python 大学 A 组

题　　型	题　　目	分　　值	知　识　点	难　　度
填空	A：特殊日期	5	枚举	1.5
	B：分糖果	5	DFS	2

---

①　《算法竞赛》，清华大学出版社，罗勇军、郭卫斌著，2022 年出版，第 688 页的"A.2.3 对拍"。

②　"第十六届蓝桥杯大赛软件赛知识点大纲"，https://dasai.lanqiao.cn/notices/846/

③　《算法竞赛》，清华大学出版社，罗勇军、郭卫斌著，2022 年出版。这是一本算法竞赛大全，详细讲解了十大专题、330 个考点，包含了算法竞赛 95% 的考点。

④　历年真题：https://www.lanqiao.cn/courses/2786/learning/

题 型	题 目	分 值	知 识 点	难 度
编程	C：三国游戏	10	贪心	3.5
	D：平均	10	贪心	2.5
	E：翻转	15	模拟	2.5
	F：子矩阵	15	单调队列	3.5
	G：阶乘的和	20	模拟、数学	3
	H：奇怪的数	20	DP	3.5
	I：子树的大小	25	模拟	3
	J：反异或 01 串	25	Manacher、前缀和	4

大学 A 组的难度总计 29。

表 1.4 2023 年第十四届蓝桥杯省赛 Python 大学 B 组

题 型	题 目	分 值	知 识 点	难 度
填空	A：2023	5	枚举	1.5
	B：硬币兑换	5	枚举	2
编程	C：松散子序列	10	DP	3
	D：管道	10	贪心、二分	3
	E：保险箱	15	DP	3.5
	F：树上选点	15	树形 DP	4
	G：T 字消除	20	模拟	4
	H：独一无二	20	最短路径	4
	I：异或和	25	DFS 序、线段树	4
	J：混乱的数组	25	构造	4

大学 B 组的难度总计 33。

表 1.5 2023 年第十四届蓝桥杯省赛 Python 大学 C 组

题 型	题 目	分 值	知 识 点	难 度
填空	A：求和	5	数学	1
	B：分糖果	5	DFS	2
编程	C：三国游戏	10	贪心	3.5
	D：平均	10	贪心	2.5
	E：填充	15	贪心、DP	3
	F：棋盘	15	二维差分	3
	G：翻转	20	模拟	2.5
	H：异或和之差	20	字典树	4.5
	I：小蓝的旅行计划	25	贪心、线段树	4
	J：奇怪的数	25	DP	3.5

大学 C 组的难度总计 29.5。

表 1.6 2023 年第十四届蓝桥杯省赛 Python 研究生组

题 型	题 目	分 值	知 识 点	难 度
填空	A：工作时长	5	模拟	2
	B：分糖果	5	DFS	2

续表

题　型	题　目	分　值	知　识　点	难　度
编程	C：填充	10	贪心、DP	3
	D：互质数的个数	10	欧拉函数、快速幂	4
	E：阶乘的和	15	模拟、数学	3
	F：公因数匹配	15	线性筛	4
	G：小蓝的旅行计划	20	贪心、线段树	4
	H：子树的大小	20	模拟	3
	I：高塔	25	DP、快速幂、二项式定理	5
	J：反异或01串	25	Manacher、前缀和	4

研究生组的难度总计 34。

从第十四届蓝桥杯省赛题目可以看到，省赛涉及的知识点相当广泛，覆盖了初级、中级、高级知识点。从难度上看，难度值为 1～3 是初级，3～4 是中级，4～5 是高级。

对于初学者来说，在经过至少半年的学习后，如果能做出难度值为 1～3 的题目，已经难能可贵，是同伴中的佼佼者了。

另外，初学者也能做中、高级的题目。根据蓝桥杯的赛制，一道题可以得部分分数，而大多数中、高级题目，可以用简单方法、简单知识点得 10%～30% 的分数。下面这些知识点几乎是必考的，因为它们是整个算法竞赛知识库的基础。

（1）杂题。杂题是不需要算法和数据结构，只需要逻辑、推理的题目，难度可难、可易。杂题考查参赛者的思维能力和编码能力，只能通过大量做题来提高。

（2）BFS 搜索和 DFS 搜索，也就是暴力搜索。这是非常基本的算法，是基础中的基础。

（3）动态规划。线性 DP，以及一些 DP 应用，例如状压 DP、树形 DP 等。

（4）简单数学。简单数论、几何题、简单概率论。

（5）简单的字符串处理、输入/输出。

（6）基本算法。例如排序、排列、二分、前缀和、贪心。

（7）基本数据结构。例如队列、栈、链表、二叉树等。

零基础的初学者要在几个月内学会这些知识点，难度很大。本书可以帮助初学者从零基础开始学习，快速进步。

扫一扫

视频讲解

1.5　备 赛 计 划　✳

零基础能得奖吗？零基础是指刚开始学编程语言的大一新生，他们编程能力弱，没有学过数据结构和算法。

这类参赛者如果在次年 4 月蓝桥杯省赛前几个月的时间里达成以下目标就能得奖。这些目标正是蓝桥杯考核的内容。

（1）编码能力：速度快且准确，几乎不用调试。Python 语言精通，例如精通 list、sort、sorted、set、字典、permutations 等。

（2）逻辑思维：头脑灵活，善于思考，不仅会做学过的例题，还能举一反三、触类旁通。

（3）算法知识：学了至少 20～30 个算法，不能再少了。

（4）做题数量：400 道题以上。虽然有的人做题少却比做题多的人更厉害，但是普遍情况是做题越多越厉害，没有做题量，前面说的编码能力、逻辑思维、算法知识都是空谈。

初学者刚开始学的时候，每题都要看题解正常吗？这很正常。初学者还没有建立计算思维，写代码也不熟练。这个阶段需要通过多看别人的题解和代码来快速入门。在做了100 道题差不多入门后，后面应该少看题解，尽量靠自己做。自己独立做一题，比看题解做 5 道题的收获更大。

蓝桥杯省赛的参赛人数众多，是普及性的算法竞赛，这常会让参赛者误解，以为难度不高。其实蓝桥杯是一种高难度的专业竞赛，不是那种随便玩玩的业余竞赛。零基础的学生要参赛得奖，可以对比大一的高数课，高数被誉为大学中的最难课程、挂科之王。大一参加蓝桥杯，训练时间至少需要学习高数的两倍，才有可能获得省赛三等奖。

对绝大多数同学来说，做不到第一次参赛就得省赛一等奖并进入国赛，一般至少要参加两次才能得省赛一等奖，这意味着需要一年半以上的努力。

大学的算法竞赛除了蓝桥杯，还有 ICPC、CCPC。蓝桥杯省赛是普及赛，参加人数多、得奖人数多；蓝桥杯国赛、ICPC、CCPC 是精英赛，参加人数少、得奖人数少。如果同学想走到蓝桥杯国赛和 ICPC、CCPC，下面是一些建议。

很多大学生在中学阶段就已经参加过 NOI 信息学竞赛，或者学习过编程，那么他们已经有了基础，进入大学后投入更多时间专心地进行编程训练，有这么好的起点，当然是很有优势的。

如果是零基础的同学，也不用担心自己落后，因为相比已经有了基础的同学只是晚学了几个月而已，只要多花一些时间，很快就能赶上。对于算法竞赛这样需要两三年的长周期学习来说，坚持才是最重要的。

由于算法竞赛的艰难和长期性，不管同学有没有基础，都应该从大一上学期开始学习。

（1）大一上学期，熟悉 C/C++、Java、Python 语言之一，最好从 C/C++ 开始。一些专业在大一上学期开设编程语言课。有些专业是在大一下学期，这些学生需要自学编程语言。大一上学期，做一些简单的中文题并开始准备蓝桥杯。任务是进一步熟悉编程语言、学习如何在 OJ 上做题、掌握输入/输出的用法、积累代码量。基本上每个题目在网上都能搜到题解和代码。初学者可以多看别人的代码，尽快提高自己的编码能力。另外，最好几个人一起编程，并互相改错。看懂别人的代码，找出别人代码中的错误，也是很好的训练，重要性不亚于独立做题。

（2）大一上学期～下学期，做一些入门题，例如搜索、数学、贪心、简单动态规划等。第 1 次参加蓝桥杯。

（3）大一暑假，参加集训，学习数据结构、深入掌握语言、进行各种专题入门、熟悉一起训练的队友。

（4）大二上学期，深入各类专题学习，并制定一年的计划，牢固掌握各种算法知识点。如果有可能，在大二上学期参加 ICPC、CCPC 区域赛。

（5）大二下学期，第 2 次参加蓝桥杯。最好能得省赛一等奖并进入国赛，这样才能顺利地走完算法竞赛。

（6）大二暑假，组队参加网络赛和模拟赛。

（7）大三上学期，参加 ICPC、CCPC 并获奖。

（8）大三和大四，开始难题、综合题的学习，使自己获得彻底的飞跃，成为"编码大师"，得到蓝桥杯国赛一等奖和 ICPC、CCPC 的金牌、银牌。通常，能获得金牌的队伍至少能做出一道难题。难题有 3 个特征：综合性强、思维复杂、代码冗长。这些难题是绝大部分学编程的学生难以翻越的大山；能征服大山的竞赛队员可以称为"杰出"了。

最后介绍做题的题库。本书的例题和习题来自以下 3 个题库。

（1）蓝桥杯题库（本书简称 lanqiaoOJ）：https://www.lanqiao.cn/problems/

（2）洛谷：https://www.luogu.com.cn/

（3）华东理工大学题库：http://oj.ecustacm.cn/

有热切想进步的读者问："有没有快速进步的技巧或方法?"下面是作者的回答。

（1）刷题，也就是大量做编程题。这是最重要的一条，得奖与否，全靠刷题。算法竞赛是理论和实践的结合，只看书学理论，做题不够，就是纸上谈兵，一上战场就会露馅。只有通过大量做题，才能像一位高明的剑客一样，身剑合一。在平时的学习中，看书、看资料学知识点约占 5% 的时间，做题和思考约占 95% 的时间。

（2）熟练使用键盘，打字越快越好。手指有机械记忆，要做到绝对的盲打，脑海中想到什么代码，手指立刻能打出来。请学习正确的指法，然后通过一段时间的盲打获得机械记忆，并且击键越快越好。对于程序员来说，还要特别练习数字和标点符号，因为代码中有大量的"0、1、2、3、4、5、6、7、8、9、~、!、@、#、%、^、&、*、()、-、=、{}、[]、|、\、;、,、、<>、?、/"，一定要做到能盲打这些符号，形成机械记忆。

指甲的长短也会影响击键的感觉，要勤剪指甲，以保证击键的速度。

另外还有汉字输入。中国人经常输入汉字，绝大部分人使用全拼。作者强烈建议学习和使用双拼。使用全拼打汉字，打字速度比思维慢，边想边打，打字慢影响了思维。而使用双拼，打字比思维快，脑海中刚想完一句话，键盘输入就同步结束了，思维得到了解放。

（3）精通编程语言。在做题时注意积累编程经验，争取每天收获 10 多个编程小经验。半年后能做到一次写对长度超过 20 行的代码，没有语法和逻辑错误。

（4）做题时勤做算法分析。一道题可能有多种解题方案，这些方案各有优劣，通过算法分析，选择合适的方案。

（5）和队友一起学习。找到志同道合、积极努力的队友，一起看知识点、一起做题，互相检查代码、构造测试，使进步速度大幅提高。

第 **2** 章

杂题和填空题

    杂题是算法竞赛中必不可少的题型,通过杂题的训练,可以很好地培养竞赛队员的编码能力、思维能力、建模能力。填空题是蓝桥杯软件赛两种题型之一,它的解题方法与程序设计题有较大区别。

正在学编程语言(C/C++、Java、Python)，或者刚学过编程语言，还没有开始学数据结构和算法的同学可能有这些疑问：如何快速入门算法竞赛？如何提高编码能力？如何提高计算思维？回答：从杂题开始，大量地练习杂题。算法竞赛所需要的编码能力、思维能力、建模能力都可以从杂题中得到很好的训练。

杂题是算法竞赛中常见的题型，一般占 20% 左右的比例。另外，通过训练杂题还可以培养出"万能"方法，蓝桥杯大赛的很多题目可以用杂题的思路通过 30% 左右的测试。

杂题的练习也有利于求解蓝桥杯大赛的填空题。因为填空题对运行时间没有限制，可以用效率不高的方法来做，这经常是杂题的解题方法。

扫一扫
视频讲解

2.1　杂题和编程能力

在算法竞赛中，杂题(英文为 Ad Hoc)是必不可少的一种题型。所谓杂题，就是不能归类为某个经典算法知识点或数据结构知识点的题目。注意，杂题的代码也是有算法的，只是很难归类。简单地说，杂题的求解不能或不需要套用现成的算法和数据结构，理论上同学只要学过编程语言就能做，考核思维、逻辑、编码能力。

杂题有模拟题、构造题、思维题、找规律题等，这些题可能比较简单，也可能比较难。

通过大量地练习杂题，可以提高编码能力，建立计算思维，并积累一些编程和建模的技巧。

(1) 提高编码能力。精通编程语言是程序员的基本功。在写代码时，对于编程语言的语法、简单逻辑、常用系统函数，要做到不假思索、基本不出错，具体要精通的内容包括数据类型、运算符、输入/输出、简单字符处理、选择结构、循环结构、数组、结构体、函数、指针、文件等。经常有初学者问比赛时能不能查帮助文档，确实可以，比赛环境安装了帮助文档。不过，如果竞赛时还需要查帮助文档，说明参赛者对系统函数不熟悉，肯定会影响编码的速度。

(2) 建立计算思维。什么是计算思维[①]？为什么它很重要？

计算思维是运用计算机可行的基础概念去求解问题、设计系统和理解人类的行为。计算思维应该成为基本技能，例如每个小学生除了掌握阅读、写作、计算基本技能之外，还应该掌握计算思维。

计算思维通过约简、嵌入、转化和仿真等方法，把一个看起来困难的问题重新阐述成一个人们知道怎么解决的问题。换句话说，计算思维体现了解决问题所需的技能，例如抽象、分解、泛化、评估、逻辑等。

具体来说，通过计算思维的训练，使人们具有如下能力：

① 正确地理解一个问题。知道这个问题的难度，了解有多种解决方法，并能选择最佳的解决方法。

② 抓住解决这个问题所涉及的重要细节(子功能、子问题)。计算思维采用抽象和分解

---

① 本节对计算思维的解释来自这篇文章：Computational Thinking，Jeannette M. Wing，COMMUNICATIONS OF THE ACM，March 2006/Vol.49，No.3。

原文：https://www.cs.cmu.edu/~15110-s13/Wing06-ct.pdf

译文：中国计算机学会通讯，2007.11，https://dl.ccf.org.cn/reading.html?_ack=1&id=4585178746226688

来解决庞杂的任务或者设计复杂的系统。在把问题分解为小问题后,这些小问题更简单和容易解决。

③ 把问题分解成合乎逻辑、可执行的步骤。

④ 把这些步骤转化为可具体操作的算法。

⑤ 对算法进行评估或测试。

最后特别指出,通过大量做杂题培养了"万能"的解题技巧。很多题目的100%的分数需要用到复杂算法,但是其中30%的分数常可以用较简单的杂题思路来做。

本书从第3章开始介绍数据结构和算法,在这之前大家要尽量多做杂题,熟悉编程语言、提高编码能力、建立信心。

2.2　　杂 题 例 题

扫一扫

视频讲解

在参加蓝桥杯大赛时,参赛者做杂题的能力起到重大作用。

(1) 纯粹的杂题,不需要用什么算法,尽量得满分。

(2) 很多题的100%得分需要算法,30%得分可以用杂题的方法来做。例如下面的例题"油漆面积"。由于蓝桥杯大赛只有4小时的比赛时间,参赛者往往来不及取得100%的分数,此时可以用简单的方法取得30%的分数。

下面用几道题说明杂题的做题技巧。

 例 2.1　2017年第八届蓝桥杯省赛C/C++大学A组第10题:油漆面积 lanqiaoOJ 105

时间限制:2s 内存限制:256MB 本题总分:25分

问题描述:X星球的一批考古机器人正在一片废墟上考古。该区域的地面坚硬如石、平整如镜。管理人员为了方便,建立了标准的直角坐标系。每个机器人都有特长、身怀绝技。它们感兴趣的内容也不相同。经过各种测量,每个机器人都会报告一个或多个矩形区域作为优先考古的区域。矩形的表示格式为(x_1, y_1, x_2, y_2),代表矩形的两个对角点的坐标。为了醒目,总部要求对所有机器人选中的矩形区域涂黄色油漆。小明并不需要当油漆工,只是他需要计算一下一共要耗费多少油漆。其实这也不难,只要计算出所有矩形覆盖的区域一共有多大面积就可以了。注意,各个矩形之间可能重叠。

本题的输入为若干矩形,要求输出其覆盖的总面积。

输入:输入的第一行包含一个整数n,表示有多少个矩形,$1 \leqslant n < 10000$。接下来的n行,每行有4个整数x_1、y_1、x_2、y_2,以空格分隔,表示矩形的两个对角点的坐标,$0 \leqslant x_1$,y_1,x_2,$y_2 \leqslant 10000$。

输出:输出一个整数,表示矩形覆盖的总面积。

输入样例:	输出样例:
3	340
1 5 10 10	
3 1 20 20	
2 7 15 17	

本题的题意非常简单，输入若干矩形，求它们覆盖的总面积是多少。这道题有 25 分，是一道中等难度题。题目难的原因是矩形数量 n 和顶点坐标值都很大。这道题的数学模型是"矩形面积的并"，解题方案是"扫描线"，编码的正解需要用到线段树[①]，能在紧张的赛场上做出来很难。

如果本题用简单方法做，在 n 和坐标值较小的情况下可以通过 30% 左右的测试。

大家容易想到一种简单方法。把平面划分成单位边长为 1（面积也是 1）的方格。每读入一个矩形，就把它覆盖的单位方格标注为已覆盖。对所有输入的矩形都这样处理，统计出所有被覆盖的方格的数量，就是总面积。

这个简单方法不需要处理矩形之间的关系，编码很简单。用 vis[x][y] 表示坐标(x, y)所在的方格是否被覆盖。依次读入 n 个矩形，累加被覆盖的方格的数量，就是答案。

代码的计算量：第 4、8、9 行有三重 for 循环，计算复杂度约为 $O(nxy)$，n，x，$y <$ 10000。按题目给定的时间限制 2s，Python 约可计算一千万次。所以只要 n、x、y 大一些，这个代码就会超时。

```python
1   vis = [[False] * 10001 for _ in range(10001)]
2   n = int(input())
3   sum = 0                                          # sum：总面积
4   for k in range(n):
5       x1, y1, x2, y2 = map(int, input().split())  # 读一个矩形
6       if x1 > x2: x1, x2 = x2, x1                  # 坐标排序
7       if y1 > y2: y1, y2 = y2, y1
8       for i in range(x1, x2):
9           for j in range(y1, y2):
10              if not vis[i][j]:                    # 这个方格没有被覆盖过，需要累加面积
11                  sum += 1                         # 累加面积
12                  vis[i][j] = True                 # 标注为已经覆盖，后面不再累加
13  print(sum)
```

而且上述代码会超内存，因为 vis[][] 占用的空间超过了题目给定的 256MB。改用 set() 来存 vis，使用的空间要少一些。

```python
1   vis = set()                                      # 用 set 判重
2   n = int(input())
3   sum = 0
4   for k in range(n):
5       x1, y1, x2, y2 = map(int, input().split())  # 读一个矩形
6       if x1 > x2: x1, x2 = x2, x1                  # 坐标排序
7       if y1 > y2: y1, y2 = y2, y1
8       for i in range(x1, x2):
9           for j in range(y1, y2):
10              if((i, j) not in vis):               # 这个方格没有被覆盖过，需要累加面积
11                  sum += 1                         # 累加面积
12                  vis.add((i, j))                  # 标注为已经覆盖，后面不再累加
13  print(sum)
```

 例 2.2　2023 年第十四届蓝桥杯省赛 Python 大学 A 组试题 G：阶乘的和　lanqiaoOJ 3527

时间限制：10s　**内存限制**：512MB　**本题总分**：10 分

---

① 《算法竞赛》，清华大学出版社，罗勇军、郭卫斌著，2022 年出版，192 页"4.3.7 扫描线"。

> **问题描述**：给定 n 个数 A_i，求能满足 m! 为 $\sum_{i=1}^{n}(A_i!)$ 的因数的最大的 m 是多少。其中 m! 表示 m 的阶乘，即 $1 \times 2 \times 3 \times \cdots \times m$。
>
> **输入**：输入的第一行包含一个整数 n。第二行包含 n 个整数,分别表示 A_i,相邻整数之间使用一个空格分隔。
>
> **输出**：输出一行,包含一个整数,表示答案。

输入样例：	输出样例：
3 2 2 2	3

> 评测用例规模与约定：对于 40% 的评测用例,$n \leqslant 5000$;对于 100% 的评测用例,$1 \leqslant n \leqslant 10^5$,$1 \leqslant A_i \leqslant 10^9$。

本题仅有 10 分,猜测可能是一道比较简单的题,但是题目的描述有点让人摸不着头脑。

首先确定,不能直接计算阶乘 $A_i!$,因为它是一个巨大的数字。所以这是一道考核思维的题目。

记 $s = \sum_{i=1}^{n}(A_i!) = A_1! + A_2! + A_3! + \cdots + A_n!$。若 m! 是 s 的因数,那么 m 的一个解是 $x = \min\{A_i\}$,因为所有的 $A_i!$ 都是 x! 的倍数,所以 x! 能整除 s。

因为题目要求最大的 m,尝试扩大 x,第一步扩大为 $x' = x+1$。

$(x+1)! = (x+1)x!$,$x' = x+1$ 是不是 s 的因数?需要计算 s 除以 x! 后的值是否能除尽 x+1。下面以 $A = \{2, 2, 2, 6\}$ 为例。

$$s = \sum_{i=1}^{n}(A_i!) = 2! + 2! + 2! + 6!$$

$$x = \min\{A_i\} = 2$$

$$\frac{s}{x!} = 1 + 1 + 1 + 6 \times 5 \times 4 \times 3$$

尝试扩大 $x = 2$ 为 $x' = x+1 = 3$。$\frac{s}{x!}$ 能除尽 $x' = 3$ 吗?显然不能直接计算 $\frac{s}{x!}$,因为公式的右边仍有阶乘计算 $6 \times 5 \times 4 \times 3$。只能逐一检查每个 A_i 的情况。对 $A_1 = 2$、$A_2 = 2$、$A_3 = 2$ 这 3 个数,除以 x! 后变成 1、1、1,它们相加后等于 3,可以除尽 3,称这 3 个数相加的值为"合并值"。对 $A_4 = 6$ 这个数,$A_4!$ 有 6、5、4、3 这 4 个因子,肯定能除尽 3,而且扩大 x' 到 4、5、6 时仍能除尽,也不用检查,直到扩大到 $x' = 7$ 时才需要处理。所以在扩大 x' 时,只需要检查那些小于 x' 的 A_i 的"合并值"即可。

按以上原理继续扩大 x'。什么时候停止?当小于 A_i 的"合并值"不能除尽新的 x' 时就可以停止了。读者可以试一下上面例子中的 $x' = 4$,此时"合并值"不能除尽 4,所以 $m = 3$。

在下面的代码中,第 4 行用字典处理合并值。

```
1  n = int(input())
2  a = list(map(int,input().split()))
3  x = 1e10
```

```
 4  dic = {}                        # 用字典 dic 处理合并值
 5  for i in a:
 6      x = min(i,x)
 7      if i not in dic: dic[i] = 1
 8      else: dic[i] += 1
 9  while dic[x] >= x + 1:
10      if dic[x] % (x + 1) == 0:        # 合并值能除尽
11          if x + 1 not in dic:dic[x + 1] = 0  # x+1 没有对应的合并值
12          dic[x+1] += dic[x] // (x + 1)      # 更新合并值
13          x += 1                      # 扩大 x 为 x+1
14      else:break                      # 合并值不能除尽,结束
15  print(x)
```

 例 2.3　2022 年第十三届蓝桥杯省赛 Python 大学 A、C 组试题 D：矩形拼接　lanqiaoOJ 2154

时间限制：1s 内存限制：512MB 本题总分：10 分

问题描述：已知 3 个矩形的大小依次是 $a_1 \times b_1$、$a_2 \times b_2$ 和 $a_3 \times b_3$。在用这 3 个矩形能拼出的所有多边形中,边数最少可以是多少？例如用 3×2 的矩形(用 A 表示)、4×1 的矩形(用 B 表示)和 2×4 的矩形(用 C 表示)可以拼出如图 2.1 所示的四边形。

又如用 3×2 的矩形(用 A 表示)、3×1 的矩形(用 B 表示)和 1×1 的矩形(用 C 表示)可以拼出如图 2.2 所示的六边形。

图 2.1　四边形

图 2.2　六边形

输入：输入包含多组数据。第一行包含一个整数 T,代表数据的组数。以下 T 行,每行包含 6 个整数 a_1、b_1、a_2、b_2、a_3、b_3,其中 a_1、b_1 是第一个矩形的边长,a_2、b_2 是第二个矩形的边长,a_3、b_3 是第三个矩形的边长。

输出：对于每组数据,输出一个整数代表答案。

输入样例：	输出样例：
2	4
2 3 4 1 2 4	8
1 2 3 4 5 6	

评测用例规模与约定：对于 10% 的评测用例,$1 \leqslant T \leqslant 5$,$1 \leqslant a_1$,$b_1$,$a_2$,$b_2$,$a_3$,$b_3 \leqslant 10$,$a_1 = a_2 = a_3$；对于 30% 的评测用例,$1 \leqslant T \leqslant 5$,$1 \leqslant a_1$,$b_1$,$a_2$,$b_2$,$a_3$,$b_3 \leqslant 10$；对于 60% 的评测用例,$1 \leqslant T \leqslant 10$,$1 \leqslant a_1$,$b_1$,$a_2$,$b_2$,$a_3$,$b_3 \leqslant 20$；对于所有评测用例,$1 \leqslant T \leqslant 1000$,$1 \leqslant a_1$,$b_1$,$a_2$,$b_2$,$a_3$,$b_3 \leqslant 100$。

本题是一道纯粹的构造题,思维简单,但是代码比较烦琐、细致,目的是考核编码能力。

3 个矩形摆在一起,可能有几条边？读者可以在纸上手画观察,如果 3 个矩形完全不能匹配,是八边形；如果能完全匹配成一个新矩形,是四边形；其他情况是六边形。

本题只有 3 个矩形,并不复杂。3 个矩形做任意组合,每个矩形有横、竖两种摆法,共 48

种情况。T = 1000 组测试,总计算量是 1000×48,计算量很小,不会超时,所以简单地用暴力法组合出所有情况,取最小值即可。

在下面的代码中,check1() 判断能否组成四边形,check2() 判断是否为六边形。

```
1   def check1(x1,x2,x3):                                          # 能否组成四边形
2       if x1 >= x2 and x1 >= x3:
3           if x1 == x2 + x3 and a[2] + a[3] - x2 == a[4] + a[5] - x3: return True
4       if x2 >= x1 and x2 >= x3:
5           if x2 == x1 + x3 and a[0] + a[1] - x1 == a[4] + a[5] - x3: return True
6       if x3 >= x1 and x3 >= x2:
7           if x3 == x1 + x2 and a[0] + a[1] - x1 == a[2] + a[3] - x2: return True
8       return False
9   def check2(x1,x2,x3):                                          # 六边形
10      if x1 >= x2 and x1 >= x3:
11          if x1 == x2 + x3: return True
12      if x2 >= x1 and x2 >= x3:
13          if x2 == x1 + x3: return True
14      if x3 >= x1 and x3 >= x2:
15          if x3 == x1 + x2: return True
16      return False
17
18  T = int(input())
19  for t in range(T):
20      a = list(map(int,input().split()))
21      ans = 8
22      for i in range(0,2):                                       # 第 1 个矩形
23          for j in range(2,4):                                   # 第 2 个矩形
24              for k in range(4,6):                               # 第 3 个矩形
25                  x1,x2,x3 = a[i],a[j],a[k]
26                  if x1 == x2 and x2 == x3: ans = min(ans,4)     # 有一条边相等
27                  if check1(x1,x2,x3): ans = min(ans,4)
28                  if x1 == x2 or x1 == x3 or x2 == x3: ans = min(ans,6)
29                  if check2(x1,x2,x3): ans = min(ans,6)
30      print(ans)
```

例 2.4 2022 年第十三届蓝桥杯省赛 Python 大学 B 组试题 E:蜂巢 lanqiaoOJ 2134

时间限制:1s **内存限制**:512MB **本题总分**:15 分

问题描述:蜂巢由大量的六边形拼接而成,定义蜂巢中的方向,0 表示正西方向,1 表示西偏北 60°,2 表示东偏北 60°,3 表示正东,4 表示东偏南 60°,5 表示西偏南 60°。对于给定的一个点 O,以 O 为原点定义坐标系,如果一个点 A 由 O 点先向 d 方向走 p 步再向 (d + 2) mod 6 方向(d 的顺时针 120°方向)走 q 步到达,则这个点的坐标定义为 (d, p, q)。在蜂巢中,一个点的坐标可能有多种。图 2.3 给出了点 B(0, 5, 3) 和点 C(2, 3, 2) 的示意。

图 2.3 蜂巢示例

给定点 (d_1, p_1, q_1) 和点 (d_2, p_2, q_2),请问它们之间最少走多少步可以到达?

输入:输入一行,包含 6 个整数 d_1、p_1、q_1、d_2、p_2、q_2,表示两个点的坐标,相邻两个整数之间使用一个空格分隔。

输出：输出一行，包含一个整数，表示两点之间最少走多少步可以到达。	
输入样例： 0 5 3 2 3 2	输出样例： 7

评测用例规模与约定：对于 25% 的评测用例，p_1，$p_2 \leqslant 10^3$；对于 50% 的评测用例，p_1，$p_2 \leqslant 10^5$；对于 75% 的评测用例，p_1，$p_2 \leqslant 10^7$；对于所有评测用例，$0 \leqslant d_1$，$d_2 \leqslant 5$，$0 \leqslant q_1 < p_1 \leqslant 10^9$，$0 \leqslant q_2 < p_2 \leqslant 10^9$。

本题是一道构造题，考点有两个：坐标转换、距离计算。

蜂巢有 6 个方向，看起来比较复杂，但实际上走步非常简单，例如在样例中从 B 走到 C，C 在 B 的右下方，B 只要一直向右向下走，且不超过 C 的行和列，不管怎么走，一定能以最少步数走到 C。

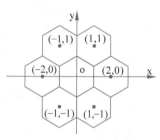

图 2.4　蜂巢转换成直角坐标

本题的难点是对坐标的处理。如果是简单的直角坐标系，很容易计算。本题是六边形的蜂巢，每个蜂巢的中心点是否能转换为直角坐标？把蜂巢的关系用如图 2.4 所示的直角坐标表示。

中心点 O，对应的 6 个蜂巢的坐标分别为 $(-2,0)$、$(-1,1)$、$(1,1)$、$(2,0)$、$(1,-1)$、$(-1,-1)$，在下面的代码中用 xdir[]、ydir[] 表示。

先通过计算得到起点坐标 (x_1,y_1)、终点坐标 (x_2,y_2)。如何计算起点到终点的步数？由于蜂巢的坐标比较奇怪，不能直接用"曼哈顿距离[①]"计算。如果读者已经做了这一题，可能是用各种复杂的判断来计算的。下面给出一个简单、巧妙的方法。

坐标之差的绝对值 $dx = |x_1 - x_2|$，$dy = |y_1 - y_2|$，有以下结论：

（1）若 $dx \geqslant dy$，那么最少步数是 $(dx + dy)/2$，即先横着走，再斜着走。

（2）若 $dx < dy$，一直斜着走就行，最少步数是 dy。

下面是代码。

```
1   xdir = [-2, -1,1,2, 1, -1]              # 横向
2   ydir = [0, 1,1,0, -1, -1]               # 纵向
3   def walk(d,q,x,y):
4       x += xdir[d] * q
5       y += ydir[d] * q
6       return x,y                          # 返回坐标值
7   d1,p1,q1,d2,p2,q2 = map(int,input().split())
8   x1, y1 = walk(d1,p1,0,0)                # 先走第 1 个方向
9   x1, y1 = walk((d1 + 2) % 6, q1,x1,y1)   # 再走第 2 个方向
10  x2, y2 = walk(d2,p2,0,0)
11  x2, y2 = walk((d2 + 2) % 6, q2,x2,y2)
12  dx,dy = abs(x1 - x2), abs(y1 - y2);
13  if (dx >= dy): print((dx + dy)//2)      # 先横走,再斜着走
14  else: print(dy)                         # 一直斜着走
```

---

① 曼哈顿距离，又称为出租车距离，指两点的距离等于 x 方向上的距离加上 y 方向上的距离，即 $|x_1 - x_2| + |y_1 - y_2|$。

【练习题】

蓝桥杯题库(https://www.lanqiao.cn/problems/)中有大量杂题,进入题库网页后,在"标签"中选择"语法进阶-模拟",然后单击"难度"排序,题目有简单、中等、困难 3 种难度。读者可以根据自己的能力选择题目去做。

简单题有回文字母图 3840、公司名称 3329、单身贵族游戏 3841 等。

中等题有小球的异或和 5634、多项式输出 515、武器对决 5635 等。

除了上面的"正宗"杂题,读者可以任选题目,尝试用杂题的方法去做,并通过 30% 左右的测试。

扫一扫

视频讲解

2.3　填空题概述

在 2024 年的蓝桥杯软件赛的 8 道题中有两个填空题,每题仅 5 分。虽然填空题在竞赛中的分值低,但填空题仍然是很好的题型,能考核参赛者的思维和编码能力。

填空题只需要提交答案,不需要提交解题过程或代码,可以用任何方法求解,例如编码、纸上演算、软件工具等[①]。

近年来蓝桥杯的题型、题目难度变化很大,尤其是填空题,变化几乎是颠覆式的,主要有 3 个方面的变化:

(1) 填空题的分值大大降低。2010 年第一届到 2021 年第十二届蓝桥杯,填空题有 5 道题,分值占总分的比例为 45/150;从 2022 年开始,填空题减少到两道题,一共只有 10 分。

(2) 填空题少了,有些技巧不再有用。在曾经的填空题的 4 个技巧"巧用编辑器、眼看手数、巧用 Excel、巧用 Python"中,前 3 个技巧现在不太有用了,但是 Python 仍然非常有用。如果填空题和字符、大数字、日期问题有关,Python 是首选,可以直接模拟和计算,不需要用什么高级技术或算法。

参赛者即使参加的是 C/C++、Java 组比赛,也要学一下 Python,或者用于快捷、高效地完成填空题,或者用来做对比测试。Python 代码写起来既简单又快,代码长度比用 C/C++、Java 写短很多。例如 20 行的 Python 代码,用 C++ 写要 30 行,用 Java 写要 35 行。有同学担心:"我参加的是 C/C++ 组比赛,比赛时计算机上有 Python 编译器吗?"不用担心,根据往年的现场赛经验,用于比赛的计算机上同时装有 C/C++、Java、Python 编译器,都能用。

(3) 填空题的难度上升了。填空题的分值低,大部分填空题比较简单,但是也有一些高难度的填空题,需要复杂的推理、算法、编码。以 2023 年第十四届蓝桥杯的填空题为例,除了一道极简,其他题目都必须编程才能得到结果,编码时间少则几分钟,多则几十分钟,已经和程序题差不多了。

---

① 本书作者曾把填空题归为"手算题",在 2021 年曾写过一篇博客"手算题攻略",在网上流传很广。这篇博客后来被收录到《程序设计竞赛专题挑战教程》的"第 2 章 手算题和杂题"。然而仅两年之后,由于蓝桥杯命题的变化,这篇博客的内容已经有点不合时宜了。

填空题也有做题技巧。填空题和程序题的关键不同在于：填空题的代码没有运行时间限制，只要能运行出答案即可。所以填空题的做题套路是用最简单的思路、最少的代码尽快完成，不要为填空题浪费时间。在做填空题时，能不用复杂的高效率算法就不用，尽量用简单、直白的方法做，例如暴力法、模拟法、枚举法等，即使运行时间长达几分钟也没有关系。例如一道填空题有两种方法，第一种方法思路简单，编程仅需要 3 分钟，运行时间约 3 分钟；第二种方法编程需要 10 分钟，运行时间为两秒。显然应该用第一种方法，不仅编程时间短，而且运行的 3 分钟也没有浪费，参赛者可以在计算机运行的时候去思考其他题目。

扫一扫
视频讲解

2.4　填空题例题

本节以 2023 年第十四届和 2024 年第十五届省赛 Python 语言组的所有填空题为例，让读者对填空题有一个整体的认识。

1. 2023 年第十四届蓝桥杯省赛填空题概述

表 2.1 列出了 2023 年的 8 道填空题。

表 2.1　2023 年的 8 道填空题

语　言	分　组	题　目	知 识 点	难 度 值
Python	大学 A 组	A 题：特殊日期	日期、枚举	1.5
		B 题：分糖果	DFS	2
	大学 B 组	A 题：2023	枚举	1.5
		B 题：硬币兑换	枚举	2
	大学 C 组	A 题：求和	简单数学	1
		B 题：分糖果	DFS	2
	研究生组	A 题：工作时长	模拟	2
		B 题：分糖果	DFS	2

（1）题目的重复。一共 8 题，去掉重复题后共有 6 题。有些题也在 C/C++ 和 Java 语言组中重复使用，3 个语言组一共 24 题，去掉重复题后有 13 题。

（2）知识点考核。这 6 题的情况如下。

5 题：模拟、枚举、简单数学，不需要算法。日期问题、数字问题、排序问题比较常见。

1 题：DFS（深度优先搜索）。DFS 是蓝桥杯省赛和其他算法竞赛中最常出现的考点，没有之一。DFS 不仅在填空题中出现，而且在程序题中也大量出现。初学者应该大量练习 DFS 题目。

（3）难度。

极简一题：求和。学过语言就能做。

简单两题：特殊日期、2023。没用到算法知识点，但是需要经过 100 题左右的训练。

中等 3 题：分糖果、硬币兑换、工作时长。用到算法知识点或编码比较复杂，需要学习算法，做更多竞赛题。

2. 2024 年第十五届蓝桥杯省赛填空题概述

表 2.2 列出了 2024 年的 8 道填空题。

表 2.2　2024 年的 8 道填空题

语　言	分　组	题　目	知　识　点	难　度　值
Python	大学 A 组	A 题：拼正方形	简单数学，手算	1
		B 题：召唤数学精灵	简单数学，找规律	1.5
	大学 B 组	A 题：穿越时空之门	进制转换	1.5
		B 题：数字串个数	枚举	2
	大学 C 组	A 题：拼正方形	简单数学，手算	1
		B 题：劲舞团	模拟	1.5
	研究生组	A 题：劲舞团	模拟	1.5
		B 题：召唤数学精灵	简单数学，找规律	1.5

（1）题目的重复。一共 8 题，其中有 3 题重复使用，去掉重复题后有 5 题。有些题也在 C/C++ 和 Java 语言组中重复使用。

（2）知识点考核。这 5 题的情况是模拟、找规律、简单数学，不需要算法，有一题可以手算。

（3）难度。2024 年的填空题都是极简题和简单题，比 2023 年的填空题简单一些。

3．解析 2023 年的填空题

下面解析 2023 年的填空题。请读者在阅读这些解析之前先尝试自己编码求解，然后对照。

 例 2.5　2023 年第十四届蓝桥杯省赛 Python 大学 A 组试题 A：特殊日期 lanqiaoOJ 3495

问题描述：记一个日期为 yy 年 mm 月 dd 日，统计从 2000 年 1 月 1 日到 2000000 年 1 月 1 日有多少个日期满足年份 yy 是月份 mm 的倍数，同时也是 dd 的倍数。

模拟题，日期问题。大多数日期问题可以用 Python 的 datetime() 函数快捷实现，但是本题不行。因为 datetime(year, month, day) 中 year 的范围是 $1 \sim 9999$，本题的 year = 2000000 年，超出了范围。

除了检查每个日期，似乎没有更巧妙的办法。代码运行时长约一分钟。

```
1   def leap(y):                                    # 判断闰年
2       return y % 400 == 0 or y % 4 == 0 and y % 100 != 0
3   ans = 0
4   d = [31,28,31,30,31,30,31,31,30,31,30,31]
5   for i in range(2000, 1999999 + 1):              # 年
6       if leap(i): d[1] = 29
7       else: d[1] = 28
8       for j in range(1, 12 + 1):                  # 月
9           for k in range(1, d[j-1] + 1):          # 日
10              if (i % j) == 0 and (i % k) == 0:
11                  ans += 1
12  ans += 1                                        # 2000000.1.1，不要忘记这个日期
13  print(ans)                                      # 输出：35813063
```

例 2.6　2023 年第十四届蓝桥杯省赛 Python 大学 A 组试题 B：分糖果
　　　　lanqiaoOJ 4124

　　问题描述：两种糖果分别有 9 个和 16 个，要全部分给 7 个小朋友，每个小朋友得到的糖果总数最少为 2、最多为 5，问有多少种不同的分法。只要有其中一个小朋友在两种方案中分到的糖果不完全相同，这两种方案就算不同的方案。

　　这是一道典型的 DFS 搜索题，把所有可能的分配方案都用 DFS 搜索出来。分配方法如下：

　　(1) 先分糖果给第 1 个小朋友。分给他两种糖果，其中第 1 种有 j 个，第 2 种有 k 个，要求 $2 \leqslant j + k \leqslant 6$。下面代码中的第 7、8、9 行组合了各种可能的 j、k。

　　(2) 剩下的糖果从第 2 个小朋友开始分。和第 1 个小朋友的分法一样。下面代码中第 11 行的 n−j、m−k 是剩下的糖果，继续 DFS 进行分配。

　　(3) 其他小朋友按同样的方法分。最后的糖果分给第 7 个小朋友，代码中第 4 行是第 7 个小朋友，然后在第 5 行判断这些糖果是否满足要求。如果满足要求，这次的分配就是正确的，方案数 ans 加 1。

　　如果大家懂 DFS，就会发现上述 DFS 过程很简单。请在学过 DFS 后回头做这一题。

　　下面的参考代码是蓝桥杯题库的官方题解代码。

```
1   ans = 0
2   def dfs(n, m, u):  # n：第 1 种糖果的剩余数量；m：第 2 种的剩余数量；u：小朋友的编号
3       global ans
4       if u == 7:                                      # 已经分到了第 7 个小朋友
5           if n + m >= 2 and n + m <= 5: ans += 1      # 剩下的糖果分给第 7 个小朋友
6           return
7       for i in range(2, 6):                           # 每个小朋友最少两个，最多 5 个
8           for j in range(min(i, n) + 1):              # 第 1 种糖果有 j 个
9               k = i - j                               # 第 2 种糖果有 k 个
10              if k > m: continue                      # k 不够了，这个方案不对
11              dfs(n - j, m - k, u + 1)                # 将剩下的糖果分给剩下的小朋友
12  a, b = 9,16
13  dfs(a, b, 1)                                        # 从第 1 个小朋友开始
14  print(ans)                                          # 答案：5067671
```

例 2.7　2023 年第十四届蓝桥杯省赛 Python 大学 B 组试题 A：2023
　　　　lanqiaoOJ 3496

　　问题描述：请求出在 12345678 至 98765432 中有多少个数完全不包含 2023。完全不包含 2023 是指无论将这个数的哪些数位移除都不能得到 2023。例如 20322175、33220022 都完全不包含 2023，而 20230415、20193213 则含有 2023（后者取第 1、2、6、8 个数位）。

　　填空题可以用最简单暴力的方法，逐个搜 2023 的每个字符在数字 x 里面有没有。下面给出暴力法代码，代码的缺点是运行时间很长，约 5 分钟。

```
1   cnt = 0
2   s = '2023'
3   def check(x):
4       x = str(x);
5       pos = 0
```

```
 6          for j in range(len(x)):           # 逐个搜 2023 的每个字符在 x 里面有没有
 7              if x[j] == s[pos]: pos += 1
 8              if pos == 4: return True
 9          return False
10  for i in range(12345678,98765432 + 1):
11      if not check(i): cnt += 1
12  print(cnt)                               # 答案: 85959030
```

例 2.8　2023 年第十四届蓝桥杯省赛 Python 大学 B 组试题 B：硬币兑换 lanqiaoOJ 3501

问题描述：小蓝手中有 2023 种不同面值的硬币,这些硬币全部是新版硬币,其中第 $i(1 \leqslant i \leqslant 2023)$ 种硬币的面值为 i,数量也为 i。硬币兑换机可以进行硬币兑换,兑换规则为交给硬币兑换机两个新版硬币 $coin_1$ 和 $coin_2$,硬币兑换机会兑换成一个面值为 $coin_1 + coin_2$ 的旧版硬币。

小蓝可以用自己已有的硬币进行任意次数的兑换,假设最终小蓝手中有 K 种不同面值的硬币(只看面值,不看新旧)并且第 $i(1 \leqslant i \leqslant K)$ 种硬币的个数为 sum_i。小蓝想要使得 $\max\{sum_1, sum_2, \cdots, sum_K\}$ 的值达到最大,请帮他计算这个值最大是多少。

注意：硬币兑换机只接受新版硬币进行兑换,并且兑换出的硬币全部是旧版硬币。

这是一道思维题。题目要求经过兑换后让某个数字的硬币数量最多。可以枚举所有可能的硬币面值,然后找到数量最多的硬币。

一个硬币的面值范围是 [1,2023],两个硬币相加的最大值是 4046。

面值 i 和面值 j 相加得到面值 i+j,分两种情况讨论。

(1) i<j。面值 i+j 的硬币数量取决于较小的 i 的数量。例如 2 元面值+3 元面值=5 元面值,2 元面值的硬币有两个,3 元面值的硬币有 3 个,那么兑换得到 5 元面值的硬币数量是 2 个,而不是 3 个。

(2) i=j。面值 i+j=i+i 的硬币只有 i/2 个。例如 2 元面值的硬币有 2 个,那么相加得到的 4 元面值的硬币只有 1 个。又例如 3 元面值的硬币有 3 个,相加得到的 6 元面值的硬币是 3/2=1 个。

```
1  ans = [0] * (4047)
2  for i in range(1,2024):
3      for j in range(i,2024):
4          if i == j: ans[i+j] += i//2       # 情况(2)
5          else: ans[i+j] += i               # 情况(1)
6  print(max(ans))                           # 答案: 682425
```

例 2.9　2023 年第十四届蓝桥杯省赛 Python 大学 C 组试题 A：求和 lanqiaoOJ 3493

问题描述：求 1(含)至 20230408(含)中每个数的和。

这是一道极简题,可以在草稿纸上手算,用 Python 编码更快。

```
1  n = 20230408
2  print(n * (n + 1) // 2)   # 答案: 204634714038436
```

例 2.10　2023 年第十四届蓝桥杯省赛 Python 大学 C 组试题 B：分糖果 lanqiaoOJ 4124

重复题。

 例 2.11　2023 年第十四届蓝桥杯省赛 Python 研究生组试题 A：工作时长　lanqiaoOJ 3494

　　问题描述：小蓝手里有一份 2022 年度自己的上班打卡记录文件，该文件包含若干条打卡记录，每条记录的格式均为"yyyy-MM-dd HH：mm：ss"，即按照年-月-日 时：分：秒的形式记录一个时间点(采用 24 小时进制)。由于某些原因，该份文件中的时间记录并不是按照打卡的时间顺序记录的，而是被打乱了。这里保证小蓝每次上班和下班时都会正常打卡，而且正好打卡一次，其他时候不会打卡。每一对相邻的上下班打卡之间的时间就是小蓝本次的工作时长，例如文件内容如下：

2022-01-01 12：00：05
2022-01-02 00：20：05
2022-01-01 07：58：02
2022-01-01 16：01：35

表示文件中共包含了两段上下班记录：①2022-01-01 07：58：02—2022-01-01 12：00：05，工作时长为 14523 秒；②2022-01-01 16：01：35—2022-01-02 00：20：05，工作时长为 29910 秒；工作时长一共是 14523＋29910＝44433 秒。现在小蓝想知道在 2022 年度自己的工作时长一共是多少秒？

　　这是一道和日期有关的模拟题。日期问题用 Python 的 datetime 编码，非常快捷。

```
1   from datetime import datetime
2   import sys
3   time_str_list = []
4   while True:                      # 注意：输入有多组数据，没有明确的终止
5       inp = input()               # 读取时间记录，读一行
6       if not inp: break           # 这一行为空，输入结束
7       time_str_list.append(inp)
8   # 将字符串转换为 datetime 类型并放入列表中
9   time_list = [datetime.strptime(t, '%Y-%m-%d %H:%M:%S') for t in time_str_list]
10  # 对列表进行排序
11  time_list.sort()
12  sum = 0
13  for i in range(len(time_str_list)//2):
14      seconds = time_list[2 * i + 1] - time_list[2 * i]
15      sum += seconds.total_seconds()
16  print('%.0f' % sum)             # 答案：5101913
```

 例 2.12　2023 年第十四届蓝桥杯省赛 Python 研究生组试题 B：分糖果 lanqiaoOJ 4124

重复题。

【练习题】

蓝桥杯题库(https://www.lanqiao.cn/problems/)中有大量填空题,进入题库网页后,在"标签"中选择"填空题",然后单击"难度"排序,题目有简单、中等、困难 3 种难度。读者可以按自己的能力选择题目去做。题库中有"普通填空"和"代码填空"两种题型,而"代码填空"现在蓝桥杯大赛已经没有了,不过作为练习非常好。

简单题有寒假作业 1388、打印图形 410、快速排序 411 等。

中等题有卡片 1443、相乘 1444、表达式计算 424 等。

第 3 章

Python语言和数据结构基础

本章介绍基础的数据结构和一个比较简单的高级数据结构——并查集。它们是蓝桥杯软件赛的必考知识点。

很多计算机教材提到：程序＝数据结构＋算法[①]。数据结构是计算机存储、组织数据的方法。在常见的数据结构教材中一般包含数组（Array）、栈（Stack）、队列（Queue）、链表（Linked List）、树（Tree）、图（Graph）、堆（Heap）、散列表（Hash Table）等内容。数据结构分为线性表和非线性表两大类。数组、栈、队列、链表是线性表，其他是非线性表。

1. 线性数据结构概述

线性表有数组、链表、队列、栈，它们有一个共同的特征：把同类型的数据按顺序一个接一个地串在一起。与非线性数据结构相比，线性表的存储和使用显得很简单。由于简单，很多高级操作线性表无法完成。

下面对线性表做一个概述，并比较它们的优缺点。

（1）数组。数组是最简单的数据结构，它的逻辑结构形式和数据在物理内存上的存储形式完全一样。在 Python 中，用列表 list 定义数组，例如定义一个数组 a[]：

```
1  a = [0,1,2,3,4,5]
2  for i in range(5): print(hex(id(a[i])), end = " ")        # 用十六进制表示地址
```

在作者的计算机上运行，输出 5 个数的存储地址：

0x279edb300d0 0x279edb300f0 0x279edb30110 0x279edb30130 0x279edb30150

系统为每个 a[i] 分配了一个 32 字节的存储空间，而且这 5 个数的存储地址是连续的。

数组的优点如下：

① 简单，容易理解，容易编程。

② 访问快捷，如果要定位到某个数据，只需要使用下标即可，例如 a[0] 是第 1 个数据，a[i] 是第 i−1 个数据。虽然 a[0] 在物理上是第 1 个数据，但是在编程时有时从 a[1] 开始更符合逻辑。

③ 与某些应用场景直接对应。例如数列是一维数组，可以在一维数组上进行排序操作；矩阵是二维数组，表示平面的坐标；二维数组还可以用来存储图。

数组的缺点：由于数组是连续存储的，中间不能中断，这导致删除和增加数据非常麻烦和耗时。例如要删除数组 a[1000] 的第 5 个数据，只能使用覆盖的方法，从第 6 个数据开始，每个数据往前挪一个位置，需要挪动近 1000 次。增加数据也麻烦，例如要在第 5 个位置插入一个数据，只能把原来从第 5 个开始的数据逐个往后挪一位，空出第 5 个位置给新数据，也需要挪动近 1000 次。

（2）链表。链表能克服数组的缺点，链表的插入和删除操作不需要挪动数据。简单地说，链表是"用指针串起来的数组"，链表的数据不是连续存放的，而是用指针串起来的。例如，删除链表的第 3 个数据，只要把原来连接第 3 个数据的指针断开，然后连接它前后的数据即可，不用挪动任何数据的存储位置，如图 3.1 所示。

图 3.1　删除第 3 个数据

---

① 本书作者曾写过一句赠言："以数据结构为弓，以算法为箭。"

链表的优点：增加和删除数据很便捷。这个优点弥补了数组的缺点。

链表的缺点：定位某个数据比较麻烦。例如要输出第 500 个数据，需要从链表头开始，沿着指针一步一步走，直到第 500 个。

链表和数组的优缺点正好相反，它们的应用场合不同，数组适合静态数据，链表适合动态数据。

链表如何编程实现？在常见的数据结构教材中，链表的数据节点是动态分配的，各节点之间用指针来连接。但是在算法竞赛中，如果手写链表，一般不用动态分配，而是用静态数组来模拟。当然，除非有必要，一般不手写链表，而是用系统提供的链表。Python 可以用列表 list 来实现链表的功能，不过列表是基于数组的，它的插入和删除会导致元素的移动，效率不高。

（3）队列。队列是线性数据的一种使用方式，用于模拟现实世界中的排队操作。例如排队购物，只能从队头离开队伍，新来的人只能排到队尾，不能插队。队列有一个出口和一个入口，出口是队头，入口是队尾。队列的编程实现可以用数组，也可以用链表。Python 编程一般用 deque() 实现队列。

队列这种数据结构无所谓优缺点，只有适合不适合。例如宽度优先搜索（BFS）就是基于队列的，用其他数据结构都不合适。

（4）栈。栈也是线性数据的一种使用方式，用于模拟现实世界的单出入口。例如一管泡腾片，先放进去的泡腾片位于最底层，最后才能拿出来。栈的编程比队列更简单，同样可以用数组或链表实现。Python 编程一般用 deque() 实现栈。

栈有它的使用场合，例如递归使用栈来处理函数的自我调用过程。

2. 非线性数据结构概述

（1）二叉树。二叉树是一种高度组织性、高效率的数据结构。例如在一棵有 n 个节点的满二叉树上定位某个数据，只需要走 $O(\log_2 n)$ 步就能找到这个数据；插入和删除某个数据也只需要 $O(\log_2 n)$ 次操作。不过，如果二叉树的形态没有组织好，可能退化为链表，所以维持二叉树的平衡是一个重要的问题。在二叉树的基础上发展出了很多高级数据结构和算法。大多数高级数据结构，例如树状数组、线段树、树链剖分、平衡树、动态树等，都是基于二叉树的[1]，可以说"高级数据结构≈基于二叉树的数据结构"。

（2）哈希表（Hash Table，又称为散列表）。哈希表是一种"以空间换时间"的数据结构，是一种重要的数据组织方法，用起来简单、方便，在算法竞赛中很常见。

在使用哈希表时，用一个哈希函数计算出它的哈希值，这个哈希值直接对应到空间的某个位置（在大多数情况下，这个哈希值就是存储地址），当后面需要访问这个数据时，只需要再次使用哈希函数计算出哈希值就能直接定位到它的存储位置。所以访问速度取决于哈希函数的计算量，差不多就是 $O(1)$。

哈希表的主要缺点：不同的数据，计算出的哈希值可能相同，从而导致冲突。所以在使用哈希表时一般需要使用一个修正方法，判断是否产生了冲突。当然，更关键的是设计一个好的哈希函数，从根源上减少冲突的产生。设计哈希函数，一个重要的思想是"雪崩效应"，如果两个数据有一点不同，它们的哈希值就会差别很大，从而不容易冲突。

---

[1] 本作者曾拟过一句赠言："二叉树累并快乐着，她有一大堆孩子，都是高级数据结构。"

哈希表的空间效率和时间效率是矛盾的,使用的空间越大,越容易设计哈希函数。如果空间很小,再好的哈希函数也会产生冲突。在使用哈希表时,需要在空间和时间效率上取得平衡。

3.1 Python 常用功能

首先概述 Python 语言的特点。

Python 是一门解释型语言,它不需要编译和链接,在运行时由解释器逐行将源代码转换成机器码并执行,所以效率较低。C++语言是编译型语言,需要经过编译把源代码转换成机器码,生成可执行文件,才能在机器上运行,所以执行效率很高。解释型语言的一个优点是兼容性强,Python 代码可以直接在各种操作系统上运行。

Python 是一门交互式语言:Python 解释器实现了交互式操作,可以直接在终端输入并执行指令。

Python 程序简洁、易读,易学易用。做同一道题,Python 代码通常比 C++代码少 1/3。

Python 实用性强,它实现了大量数据结构和算法。在算法竞赛中,可以使用 Python 提供的数据结构和函数轻松地完成一些功能。在这一点上和 C++ STL 差不多,可能比 STL 更强大。

本书不会详细介绍 Python 语法,因为本书是一本算法竞赛教材,而不是 Python 语言教材,对 Python 语言的学习请大家通过阅读 Python 教材来掌握。不过,有一些竞赛中常用的 Python 数据结构、函数[①]等,一般的 Python 教材不太会涉及,本章将做详细的介绍。

3.1.1 输入和输出

大家在做竞赛题时,首先要处理题目的输入和输出。输入和输出有各种各样的格式要求,初学者经常会感到困惑,下面做详细的介绍[②]。

1. 在多行中每行输入多个整数

例1:输入共两行,第一行包含一个整数 n,第二行包含 n 个整数,用空格隔开。

这是最常见的输入格式,下面是输入方法。

```
1  n = int(input())              # 读入整数 n,注意用 int 转换成整数
2  a = input().split(" ")        # 读第二行的所有整数,用 split 分开
3  int(a[i])                     # 在使用时用 int 转换为整数
4  # 读第二行的整数也可以用下面一句代码完成,这样更加简洁
5  a = [int(i) for i in input().split()]
6  # 或者这样,用 map 转换
7  a = list(map(int, input().split()))
8  # 有时候不想用 a[0],从 a[1]开始,可以这样
9  a = [0] + [int(i) for i in input().split()]
```

---

① Python 3 的官方帮助文档:https://docs.python.org/3/library/stdtypes.html。

② 内容主要引用自《算法竞赛》,清华大学出版社,罗勇军、郭卫斌著,第 684 页"附录 A Python 在竞赛中的应用"。这篇附录介绍了 Python 的 3 个应用:大数计算、构造测试数据和对拍、输入/输出。

例 2：输入共 n+1 行，第一行包含一个整数 n，后面 n 行，每行包含一个整数 A$_i$。

```
1  n = int(input())
2  a = []                         # 定义 a 为列表，存数组的 n 个整数
3  for i in range(n):             # 读 n 行
4      a.append(int(input()))     # 每行读一个整数并添加到数组 a 的末尾
```

2. 用 map 转换格式

map 也是 Python 常见的输入方式，用于把输入转换成需要的类型。

例 1：输入共两行，第一行包括 4 个正整数 A、B、C、m；第二行包含 A×B×C 个整数。

从下面第 2 行代码可以看出，Python 不用关心一行中有多少个数，统一读到列表 a 中即可。

```
1  A,B,C,m = map(int,input().split())    # 读第一行的 4 个整数
2  a = list(map(int,input().split()))
3          # 读第二行的多个整数，读取后用 a[i]访问第 i 个数
```

例 2：第一行包含两个整数 n 和 k，后面 n 行，每行包含两个整数：h 和 w。

```
1  n,k = map(int,input().split())
2  w = []
3  h = []
4  for i in range(n):
5      a,b = map(int,input().split())
6      w.append(a)
7      h.append(b)
```

3. 二维数组的输入

例：第一行包含 3 个整数 n、m、T，后面 m 行，每行包含两个整数。

```
1  first = input()
2  n, m, T = [int(i) for i in first.split()]
3  a = []                                    # a 是二维数组，这样使用它：a[i][0], a[i][1]
4  for i in range(m):                        # 读 m 行
5      a.append([int(i) for i in input().split()])    # 每行读多个整数
```

4. 输入用非空格字符隔开的数字

例：输入的第一行为一个正整数 T，表示输入数据的组数。每组数据包含两行，每一行表示时间，有两种格式。

h1:m1:s1 h2:m2:s2
h1:m1:s1 h2:m2:s2(+1)

例如：

11:05:18 15:14:23
17:21:07 00:31:46(+1)

下面用两种方法处理这两种格式的输入。

第一种方法是用切片提取字符串中的数字。

```
1  line = input().split()       # 一行字符串，以空格分开，分别读取
2  h1 = int(line[0][0:2])       # 切片，提取字符串中的数字
3  m1 = int(line[0][3:5])
4  s1 = int(line[0][6:8])
5  h2 = int(line[1][0:2])
6  m2 = int(line[1][3:5])
7  s2 = int(line[1][6:8])
```

```
8   day = 0
9   if(len(line) == 3):                    # line 中有 3 个元素,最后一个是( +1)的数字 1,赋值给 day
10      day = int(line[2][2])
```

第二种方法更简单,用 split()去掉':'。

```
1   line = input().split()                 # 一行字符串,以空格分开,分别读取
2   h1,m1,s1 = map(int,line[0].split(':'))  # 再按":"分开
3   h2,m2,s2 = map(int,line[1].split(':'))
4   day = 0
5   if(len(line) == 3):                    # line 中有 3 个元素,最后一个是( +1)的数字 1,赋值给 day
6       day = int(line[2][2])
```

5. 输入字符

读入一个字符串,处理其中的每个字符。

例:输入一个由"x()|"组成的字符串。

```
1   s = input()                            # 读字符串
2   if s[i] == '(':                        # 若第 i 个字符是'(',做相应处理
```

6. 输入时未明确说明哪一行是终止

有时题目没有明确说明什么时候输入终止,例如"存在多组测试数据,每组测试数据一行,包含一个正整数 n。"

解决方法 1:for n in sys. stdin。这个语句的作用和 C++的"while(cin >> n)"语句类似。

```
1   import sys
2   for n in sys.stdin:                    # 读入 n
3       n = int(n)
4   # 下面处理 n
```

解决方法 2:读入出错就停止。

```
1   while True:                            # 多组数据
2       try:
3           n, m = map(int,input().split())
4           # 然后写代码处理 n、m
5       except EOFError:                   # 输入出错,说明输入终止了
6           break
```

7. 带格式输出

例 1:输出四舍五入保留 4 位小数。下面给出 3 种写法的代码。

```
1   n = 1.23438234
2   print('{:.4f}'.format(n))             # 输出:1.2344
3   print(" %.4f" % n)                     # 输出:1.2344
4   print(round(n, 4))                     # 输出:1.2344
```

例 2:输出 hh:mm:ss,表示时间为 hh 小时 mm 分 ss 秒。当时间为一位数时,要补齐前导零,例如三小时二四分五秒写为 03:24:05。下面给出两种写法,第 2 种写法显得更简洁。

```
1   hh,mm,ss = 3,24,5
2   print("{:0 > 2d}:{:0 > 2d}:{:0 > 2d}".format(hh,mm,ss))   # 输出:03:24:05
3   print(" %02d: %02d: %02d" % (hh,mm,ss))                    # 输出:03:24:05
```

3.1.2　字符串

在算法竞赛中,字符串处理是极为常见的考点。Python 的字符串处理是有名的简洁、

易写。

下面举例说明字符串的操作。

(1) 字符串的输入。直接用 input() 输入，如果有空格，也会被看成字符串的一部分。如果在一行中输入多个字符串，需要用 split() 分开。

　　str.split(sep＝None, maxsplit＝－1)①：按照指定的"分隔字符串 sep"对输入进行分隔，返回一个列表。如果不写 sep，默认按空格分隔。maxsplit 是分隔的个数，如果不写，默认全部按 sep 分隔。

在下面的例子中，输入同样的字符串给 s1、s2、s3，结果不同。s1 是一个字符串，字符串中包括空格。s2 是列表，输入用空格分开，输入了两个字符串。s3 是列表，输入用字符串":#"分开，输入了两个字符串。

```
1  s1 = input()                  # 输入样例：aaa:＃bbb ccc
2  print(s1)                     # 打印：aaa:＃bbb ccc
3  s2 = input().split()          # 输入样例：aaa:＃bbb ccc
4  print(s2)                     # 打印：['aaa:＃bbb', 'ccc']
5  s3 = input().split(':＃')      # 输入样例：aaa:＃bbb ccc
6  print(s3)                     # 打印：['aaa', 'bbb ccc']
7  s4 = 'ab＃ceef＃ghk'
8  print(s4.split('＃'))          # 打印：['ab', 'ceef', 'ghk']
9  print(s4.split('＃', 1))       # 打印：['ab', 'ceef＃ghk']
```

(2) format()②格式化输出。有时需要灵活地输出，此时可以用 format() 指定格式。请读者自己熟悉 format() 的用法。

下面是几个比较特殊的例子。第 2 行代码用"{}"占位符；注意第 3 行和第 2 行的区别；第 4 行用转义符"f"格式化输出。后面几行打印了不同的进制。

```
1  s,num = 'tom', 19
2  print("name:{}, age:{}".format(s, num))      # 打印：name:tom, age:19
3  print("name:{1}, age:{0}".format(s, num))    # 打印：name:19, age:tom
4  print(f'name:{s}, age:{num}')                # 打印：name:tom, age:19
5  print("{:b}".format(17))                     # 打印 17 的二进制：10001
6  print("{:o}".format(17))                     # 打印 17 的八进制：21
7  print("{:d}".format(17))                     # 打印 17 的十进制：17
8  print("{:x}".format(17))                     # 打印 17 的十六进制：11
9  print("{:＃b}".format(17))                    # 以 0b 开头打印 17 的二进制：0b10001
```

(3) 字符串切片(slice③)。切片是 Python 极为灵活的应用，是对操作的对象截取一部分的操作，字符串、列表、元组都支持切片操作。切片通常使用索引来完成，下面是例子。在切片时可以有 3 个参数：开始、结束、步长。从当前索引开始，一直到索引结束，但是不包含最后的索引值，步长就是隔多少个数取值。

```
1  s = "abcdefghijk"
2  print(s[2:5])     # 从 2 开始，到 5 结束(不包括 5)。打印：cde
3  print(s[:5])      # 从 0 开始，到 5 结束(不包括 5)。打印：abcde
4  print(s[1:])      # 从 1 开始，一直到结束。打印：bcdefghijk
5  print(s[:])       # 打印全部：abcdefghijk
6  print(s[:-2])     # 从头到倒数第 2 个(不包括)。打印：abcdefghi
```

---

① https://docs.python.org/3/library/stdtypes.html＃str.split。

② https://docs.python.org/3/library/stdtypes.html＃Formatting

③ https://docs.python.org/3/library/functions.html＃slice

```
7    print(s[ - 1:])                      # 打印最后一个。打印：k
8    print(s[2:7:2])                      # 从 2 开始到 7 结束(不包括 7),步长为 2。打印：ceg
9
10   s2 = ['tom','joy','rose','jack']     # 列表的例子
11   print(s2[1:2])                       # 打印：['joy']
```

（4）字符串的查找。字符串的查找有多种方法,下面是几种常用的方法。

in 和 not in:判断某个字符串是否为待判断字符串的子串,返回 True 或 False。

str. find(sub[,start[,end]]):查找字符串 sub,如果存在,返回第一个匹配位置,否则返回-1。

str. index(sub[,start[,end]]):查找字符串 sub,如果存在,返回第一个匹配位置,如果不存在,系统会报错,所以大家在使用 index()时需要注意。

另外还有 str. rfind(sub[,start[,end]])和 str. rindex(sub[,start[,end]]),从字符串右边开始查找。

```
1    s = 'apple_bananna'
2    print('a' in s)                      # 打印：True
3    print('b' not in s)                  # 打印：False
4    print(s.find('e'))                   # 找到 e 停止,返回下标。打印：4
5    print(s.find('v'))                   # 没找到。打印： - 1
6    print(s.find('ba',2,6))             # 从索引 2 开始找,直到索引 6(不包含 6)。打印： - 1
7    s = "fine thank you and you"
8    print(s.index('you'))                # 找到 you 停止,返回下标。打印：11
9    print(s.index('and',2,25))          # 从 2 找到 25(不包含 25),返回下标。打印：15
10   print(s.rfind("you"))                # 查找从右侧开始。打印：19
11   print(s.rindex("you"))               # 查找从右侧开始。打印：19
12   print(s.index('tom'))                # 没找到,报错
```

（5）字符串的个数。

str. count(sub[,start[,end]]):查找子串 sub 的个数,start 和 end 是查找范围,返回字符串中子串出现的次数。

```
1    s = "fine thank you and you"
2    print(s.count("you"))                # 打印：2
3    print(s.count("you",12))            # 从索引 12 开始查找。打印：1
4    print(s.count("you",1,10))          # 从索引 1 找到 10(不包括)。打印：0
```

（6）字符串的替换。

str. replace(old,new[,count]):把旧子串 old 替换为新子串 new,count 是替换次数。如果替换次数超过子串出现的次数,则替换次数为该子串出现的次数。

```
1    s = 'fine thank you and you'
2    print(s.replace("you","tom"))       # 打印：fine thank tom and tom
3    print(s.replace("you","tom",1))     # 打印：fine thank tom and you
```

（7）字符串的合并。

join():合并多个子串。注意下列代码中第 6 行集合的合并结果。

```
1    s1 = ["fine", "thank", "you", "and", "you"]     # 列表合并,用","分隔
2    s2 = ("fine", "thank", "you", "and", "you")     # 元组合并
3    s3 = {"fine", "thank", "you", "and", "you"}     # 集合合并,用空格分隔
4    print(','.join(s1))                  # 打印：fine,thank,you,and,you
5    print(''.join(s2))                   # 打印：finethankyouandyou
6    print(''.join(s3))                   # 打印：thank and fine you
```

（8）字母的大小写转换。

- capitalize()：将字符串的第一个字符转换为大写。
- title()：将字符串中每个单词的首字母转换为大写。
- istitle()：检查字符串的每个单词首字母是否为大写，且其他字母为小写。
- isupper()：检查是否为大写。
- upper()：将字符串中的小写转换为大写。
- lower()：将字符串中的大写转换为小写（英语）。
- casefold()：将所有字母都转换为小写（所有语言）。
- swapcase()：将所有字母转换大小写，原来大写转换成小写，原来小写转换成大写。
- lstrip()：删除字符串的左侧子串，无参数默认为空格。
- rstrip()：删除字符串的右侧子串，无参数默认为空格。
- strip()：删除字符串的两侧子串，无参数默认为空格。

```
1   s = "hello WORLD"
2   print(s.capitalize())       # 打印：Hello world
3   print(s.title())            # 打印：Hello World
4   print(s.istitle())          # 打印：False
5   print(s.isupper())          # 打印：False
6   print(s.upper())            # 打印：HELLO WORLD
7   print(s.lower())            # 打印：hello world
8   print(s.casefold())         # 打印：hello world
9   print(s.swapcase())         # 打印：HELLO world
10  s = " hello WORLD "
11  print(s.lstrip())           # 删除左侧空格。打印：hello WORLD
12  print(s.lstrip('he'))       # 删除左侧子串。打印：llo WORLD
13  print(s.rstrip())           # 删除右侧空格。打印：   hello WORLD
14  print(s.strip())            # 删除两侧空格。打印：hello WORLD
```

（9）字母和数字检查。

- isalpha()：如果字符串中的所有字符都是字母，返回 True，否则返回 False。
- isdigit()：如果字符串只包含数字，返回 True，否则返回 False。
- isalnum()：如果字符串中的所有字符都是字母和数字，返回 True，否则返回 False。
- isspace()：如果字符串中只包含空白，返回 True，否则返回 False。

```
1   s = 'hello123'
2   print(s.isalpha())          # 打印：False
3   print(s.isdigit())          # 打印：False
4   print(s.isalnum())          # 打印：True
5   print(s.isspace())          # 打印：False
```

（10）其他。请大家特别注意下面代码中从第 8 行开始的字符串的比较。两个字符串按它们的字典序进行比较，例如"bcd">"abc"。容易让人误解的是两个字符串长度不一样时的情况，例如"123"和"99"，按字符串比较，"123"<"99"，但按数字比较是 123 > 99，两种比较的结果不同。

```
1   a,b = 'hello','world'
2   print(a + b)                # 字符串连接。打印：helloworld
3   print(3 * a)                # 字符串复制。打印：hellohellohello
4   print(a.center(15))         # 居中对齐。打印：    hello
5   print(a.ljust(15))          # 左对齐。打印：hello
6   print(a.rjust(15))          # 右对齐。打印：          hello
```

7	`print(a.zfill(15))`	# 右对齐,左边填 0。打印:0000000000hello
8	`s1,s2 = "abc", "Abc"`	
9	`print(s1 == s2)`	# 字符串比较。打印:False
10	`print(s1 != s2)`	# 字符串比较。打印:True
11	`print(s1 < s2)`	# 字符串比较。打印:False
12	`print(s1 > s2)`	# 字符串比较。打印:True
13	`print(s1 <= s2)`	# 字符串比较。打印:False
14	`print(s1 >= s2)`	# 字符串比较。打印:True

下面是一道简单的字符串题。

 例 3.1　烬寂海之谜　lanqiaoOJ 4050

问题描述:给定一个字符串 S,以及若干个模式串 P,统计每一个模式串在主串中出现的次数。

输入:第一行一个字符串 S,表示主串,只包含小写英文字母。第二行一个整数 n,表示有 n 个模式串。接下来 n 行,每行一个字符串,表示一个模式串 P,只包含小写英文字母。

输出:输出 n 行,每行一个整数,表示对应模式串在主串中出现的次数。

输入样例:	输出样例:
bluemooninthedarkmoon	2
3	1
moon	1
blue	
dark	

评测用例规模与约定:主串 S 的长度$\leqslant 10^5$,模式串的数量 $n \leqslant 100$,模式串 P 的长度$\leqslant 1000$。

由于测试数据小,可以直接暴力比较。对于每个 P,逐一遍历 S 的字符,对比 P 是否出现,然后统计出现的次数。

读者可能会觉得这个题目很简单。下面的代码用 count() 统计 P 在 S 中出现的次数。这些代码对吗?

```
1  s = input()
2  n = int(input())
3  while n > 0:
4      p = input()
5      print(s.count(p))
6      n -= 1
```

很可惜,代码是错的。例如 S="aaaa",P="aa",上面代码的答案是 2,但实际答案是 3。请读者思考原因。下面是正确的代码。

```
1  s = input()
2  n = int(input())
3  while n > 0:
4      p = input()
5      cnt = 0
6      for i in range(len(s) - len(p) + 1):          # 遍历 S[i]
7          if p == s[i:i + len(p)]:                   # 从 s[i]开始匹配 P
8              cnt += 1
```

```
9      print(cnt)
10     n -= 1
```

【练习题】

简单的字符串入门题[①]很多,请大家练习以下链接的题目。

洛谷的字符串入门题:https://www.luogu.com.cn/problem/list?tag=357

lanqiaoOJ 的字符串题:https://www.lanqiao.cn/problems/?first_category_id=1&tags=字符串

NewOJ 的字符串题:http://oj.ecustacm.cn/problemset.php?search=字符串

3.1.3 日期库

用 Python 求解日期问题既简单又快。在第 2 章"2.4 填空题例题"中用"工作时长"这道例题说明了 Python 的 datetime 库在日期问题中的应用,不过 date(year, month, day)中 year 的范围是 1～9999,如果超过这个范围就不能用 datetime 了。例如"2.4 填空题例题"中的"特殊日期",year=2000000,不能用 datetime。

datetime[②] 库主要包含以下类:date、time、datetime、timedelta。

1. date 类

date 类提供了一种方便的方式来处理和操作日期。以下是 date 类的常用方法和属性。

- date(year, month, day):创建一个 date 对象,参数分别为年份、月份和日期。

- today():以 date 对象的形式返回当前的日期。

- strftime(format):将 date 对象格式化为指定的字符串形式,使用 strftime()函数格式化字符串。

- isoformat():将 date 对象转换为 ISO 格式的字符串,即"YYYY-MM-DD"的形式。

- weekday():返回星期几的数字,星期一为 0,星期日为 6。

- isoweekday():返回星期几的数字,星期一为 1,星期日为 7。

- replace(year, month, day):创建一个新的 date 对象,替换指定的年份、月份和日期。

- toordinal():返回 date 对象自公元 1 年 1 月 1 日起的天数。

下面举例说明它们的功能。

```
1   from datetime import *
2   print(date.today())                # 当前日期。打印:2024-03-14
3   print(date.min, date.max)          # 最小和最大日期。打印:0001-01-01 9999-12-31
4   a = date(2034,3,14)
5   b = date(2022,2,15)
6   print(a)                           # 打印:2034-03-14
7   print(a.ctime())                   # 打印:Tue Mar 14 00:00:00 2034
```

① 字符串入门题大多逻辑简单,用杂题的思路和模拟法实现即可,适合初学者提高编码能力。作为知识点出现的字符串算法很难,字符串算法有进制哈希、Manacher、KMP、字典树、回文树、AC 自动机、后缀树、后缀数组、后缀自动机等,它们都是中级和高级知识点。请读者参考《算法竞赛》,清华大学出版社,罗勇军、郭卫斌著,第 549 页"第 9 章 字符串"。

② https://docs.python.org/3/library/datetime.html#module-datetime

8	print(a.strftime("%Y%m%d"))	# 按格式打印：20340314
9	print(a.strftime("%y%m%d"))	# 按格式打印：340314
10	print(a.strftime("%Y-%m-%d"))	# 按格式打印：2034-03-14
11	print(a.year,a.month,a.day)	# 打印：2034 3 14
12	print(a.weekday())	# 星期一是0,星期天是6。打印：1
13	print(a.isoweekday())	# 星期一是1,星期天是7。打印：2
14	print(a>=b)	# 日期比较有a>=b,a>b,a<=b,a<b,a!=b。打印：True
15	print(a-b)	# 日期之差,返回timedelta。打印：4410 days, 0:00:00
16	print((a-b).days)	# 日期之差,返回整数。打印：4410
17	b = a + timedelta(weeks=7)	
18	b += timedelta(days=7)	
19	b += timedelta(hours=8)	# 还有minutes、seconds
20	print(b)	# 打印：2034-05-09
21	print(b.toordinal())	# 打印：742667

对于strftime()中时间、日期的格式,常用格式如表3.1所示。

表 3.1 strftime()中时间、日期的常用格式

格　式	含　义	格　式	含　义
%y	两位数年份表示(00～99)	%Y	四位数年份表示(0000～9999)
%m	月份(01～12)	%d	月内的一天(0～31)
%H	24小时制的小时数(0～23)	%I	12小时制的小时数(01～12)
%M	分钟数(00～59)	%S	秒(00～59)
%a	本地简化的星期名称	%A	本地完整的星期名称
%b	本地简化的月份名称	%B	本地完整的月份名称

这些格式也在下面的time和datetime类中使用。

2. time类

time类表示时间,包括小时、分钟、秒和微秒。以下是time类常用的方法和属性。

(1) time(hour,minute,second,microsecond):创建一个时间对象,参数有小时、分钟、秒、微秒。

- hour:获取时间对象的小时部分。
- minute:获取时间对象的分钟部分。
- second:获取时间对象的秒部分。
- microsecond:获取时间对象的微秒部分。

(2) strftime(format):将时间对象格式化为指定的字符串格式。

下面是一些例子。

1	from datetime import *	
2	print(time.min, time.max)	#最小、最大时刻。打印：00:00:00 23:59:59.999999
3	a = time(23,59,34,333)	
4	b = time(22,9,4,3)	
5	print(a)	# 打印：23:59:34.000333
6	print(a.hour,a.minute,a.second,a.microsecond)	# 打印：23 59 34 333
7	print(a>b)	# 比较。打印：True
8	print(a.strftime('%H:%M:%S'))	# 按格式打印：23:59:34
9	print(a.strftime('%H-%M-%S'))	# 按格式打印：23-59-34
10	#print(a-b)	# 这一句是错的,time不能相减,datetime可以减

3. datetime类

datetime类可以看作date类和time类的合体,由year、month、day、hour、minute、

second、microsecond 等组成，功能差不多。下面是例子。

```
1    from datetime import *
2    start = datetime.now()
3    print(datetime.now())              # 当前时间。打印：2024 - 03 - 14 17:18:52.743116
4    a = datetime(2026,5,14,23,56,9)
5    print(a.month, a.second)           # 打印：5 9
6    b = a + timedelta(weeks = 7)
7    b += timedelta(days = 7)
8    b += timedelta(hours = 8)          # 还有 minutes、seconds
9    print(b - a)                       # 打印：56 days, 8:00:00
10   print(a > b)                       # 打印：False
11   end = datetime.now()               # 当前时间
12   print((end - start).microseconds)  # 打印时间差：459741
```

下面看一道例题。

例 3.2 2021 年第十二届 Python 大学 A 组试题 F 时间显示 lanqiaoOJ 1452

时间限制：1s 内存限制：512MB 本题总分：15 分

问题描述：小蓝要和朋友合作开发一个显示时间的网站。在服务器上，朋友已经获取了当前的时间，用一个整数表示，值为从 1970 年 1 月 1 日 00:00:00 到当前时刻经过的毫秒数。

现在小蓝要在客户端显示出这个时间。小蓝不用显示出年、月、日，只需要显示出时、分、秒，毫秒也不用显示，直接舍去即可。给定一个用整数表示的时间，请将这个时间对应的时、分、秒输出。

输入：输入一行，包含一个正整数，表示时间，时间不超过 10^{18}。

输出：输出用时、分、秒表示的当前时间，格式形如 HH:MM:SS，其中 HH 表示时，值为 0 到 23；MM 表示分，值为 0 到 59；SS 表示秒，值为 0 到 59。当时、分、秒不足两位时补前导 0。

输入样例：	输出样例：
46800999	13:00:00

这道题是 Python 日期功能的简单应用，代码如下：

```
1    from datetime import *
2    s = datetime(1970, 1, 1)
3    d = timedelta(milliseconds = 1)
4    n = int(input())
5    n = s + n * d
6    print(n.strftime("% H:% M:% S"))
```

再看一道例题。

例 3.3 2012 年第三届国赛 星期几 lanqiaoOJ 729

问题描述：本题为填空题。1949 年的国庆节是星期六，2012 年的国庆节是星期一，那么从建国到 2012 年有几次国庆节正好是星期日？

对于这种简单的日期问题，用 Python 可以直接求解。

```
1    from datetime import *
```

```
2   cnt = 0
3   for i in range(1949,2013):
4       a = date(i,10,1)
5       if a.weekday() == 6: cnt += 1
6   print(cnt)
```

【练习题】

lanqiaoOJ：高斯日记711、星系炸弹670、日期问题103、第几天614、回文日期498、跑步锻炼597、航班时间175、特殊时间2119、日期统计3492。

3.1.4 set 和字典去重

算法竞赛经常需要去除重复的数据,在 Python 中这个需求可以用 set 或字典实现。

1. set()

在 Python 中,集合 set 是一种无序、可变的数据类型,用于存储多个不重复的元素。set() 基于哈希表实现,查找和插入速度快。

set() 的常用操作如下:

(1) 创建一个空集合。用 set() 函数创建一个空集合,例如 st＝set()。

(2) 创建一个非空集合。用{}创建一个非空集合,例如 t＝{1, 2, 3}。

(3) 添加元素。用 add()向集合中添加元素,例如 st. add(4)。

(4) 删除元素。用 remove()从集合中移除指定的元素,如果元素不存在,则抛出 KeyError 异常,例如 st. remove(3)。

(5) 集合运算。集合支持多种常见的集合运算,包括并集、交集和差集等。用 union() 计算两个集合的并集,用 intersection()计算两个集合的交集,用 difference()计算两个集合的差集。

(6) 成员关系判断。用 in 关键字判断一个元素是否属于集合,例如 if 1 in st：。

(7) 长度计算。用 len()函数获取集合中元素的个数,例如 length＝len(st)。

(8) 遍历集合。用 for 循环遍历集合中的元素。

2. 字典

在 C++中有 map 映射,在 Python 中类似的功能是字典。

字典中存储键值对。每个键都是唯一的,一个键与一个值相关联,值可以是任意数据类型,例如数、字符串、列表甚至是字典。

键值对的例子,例如学生的姓名和学号,把姓名看成键,学号看成值,键值对是{姓名,学号}。当需要查某个学生的学号时,通过姓名可以查到。如果用字典存{姓名,学号}键值对,只需要计算 O(1)次,就能通过姓名得到学号。字典的效率非常高。

字典的常用操作如下:

(1) 字典的定义和初始化。用{}定义字典,可以存任意多的键值对。键和值用冒号分开,键值对之间用逗号分开。例如 dict={'tom': 'boy', 'joy': 30, 'jack':'beijing'}。

(2) 访问字典的值。例如 print(dict['tom']),打印了键'tom'的值。

(3) 添加键值对。可以随时往字典中添加键值对。例如 dict['rose']＝35,添加了一个键值对。

（4）修改字典中的值。例如 dict['tom']＝'girl'。

（5）删除键值对。例如 del dict['tom']。

3. 例题

下面用两道例题说明如何用 set() 和字典实现去重。

例 3.4　Pow Set　http://oj.ecustacm.cn/problem.php?id＝1797

问题描述：给定 n、m，考虑集合 S＝{a^b|2≤a≤n，2≤b≤m}，其中 a^b 表示 a 的 b 次方，求集合 S 去重后有多少个元素。

输入：输入两个正整数 n 和 m，2≤n，m≤500。

输出：输出一个数字，表示答案。

输入样例：	输出样例：
5 5	15

本题很直白，首先算幂 a^b，然后判重。集合 S 内的元素最多有 n×m 个，由于 n 和 m 都不大，可以直接算。

Python 可以直接算大数 a^b，然后用 set 或者字典判重，代码非常简单。

（1）用 set 判重。

```
1  n,m = map(int,input().split())
2  s = set()
3  for i in range(2,n+1):
4      for j in range(2,m+1):
5          s.add(i ** j)
6  print(len(s))
```

（2）用字典判重。

```
1  n, m = map(int, input().split())
2  d = {}
3  for i in range(2, n+1):
4      for j in range(2, m+1):
5          d[i ** j] = 1      # 将指数的结果作为键,初始值为1
6  print(len(d))             # 输出字典中键的数量,即不重复的指数的个数
```

再看一道例题。

例 3.5　眼红的 Medusa　https://www.luogu.com.cn/problem/P1571

问题描述：Miss Medusa 到北京领科技创新奖。她发现很多人和她一样获得了科技创新奖，有些人还获得了另一个奖项——特殊贡献奖。Miss Medusa 决定统计有哪些人获得了两个奖项。

输入：输入的第一行包含两个整数 n、m，表示有 n 个人获得科技创新奖，m 个人获得特殊贡献奖。第二行 n 个正整数，表示获得科技创新奖的人的编号。第三行有 m 个正整数，表示获得特殊贡献奖的人的编号。

输出：输出一行，为获得两个奖项的人的编号，按在科技创新奖获奖名单中的先后次序输出。

读书破万卷　水木书签

May all your wishes come true

下笔如有神

May all your wishes
come true

如果知识是通向未来的大门，
我们愿意为你打造一把打开这扇门的钥匙！

https://www.shuimushuhui.com/

图书详情 | 配套资源 | 课程视频 | 会议资讯 | 图书出版

清华大学出版社
TSINGHUA UNIVERSITY PRESS

输入样例：	输出样例：
4 3	2 8
2 15 5 6 8	
8 9 2	

评测用例规模与约定：对于 60% 的评测用例，$0 \leqslant n, m \leqslant 1000$，获得奖项的人的编号小于 2×10^9；对于 100% 的评测用例，$0 \leqslant n, m \leqslant 10^5$，获得奖项的人的编号小于 2×10^9。输入数据保证第二行任意两个数不同，第三行任意两个数不同。

本题查询 n 和 m 个数中哪些是重的。一种做法是检查 m 个数中的每一个数，如果它在 n 个数中出现过，就说明获得了两个奖项。下面分别用字典和 set 实现。

（1）用字典实现。把 m 个数放进字典 mp 中，然后遍历 mp 中的每个数，如果在 n 个数中有，就输出。下面代码的计算复杂度是多少？字典的每次操作是 $O(\log_2 m)$ 的，第 6 行的复杂度是 $O(m \log_2 m)$，第 7～9 行的复杂度是 $O(n \log_2 m)$，所以总计算复杂度是 $O(m \log_2 m + n \log_2 m)$。

```
1  n, m = map(int, input().split())
2  if n == 0 and m == 0: exit()              # 特判
3  mp = {}
4  a = list(map(int, input().split()))
5  b = list(map(int, input().split()))
6  for i in range(m): mp[b[i]] = True
7  for i in range(n):
8      if a[i] in mp:
9          print(a[i], end = " ")            # 如果出现过，则直接输出
```

（2）用 set 实现。

```
1  n, m = map(int, input().split())
2  if n == 0 and m == 0: exit()              # 特判
3  st = set()
4  a = list(map(int, input().split()))
5  b = list(map(int, input().split()))
6  for i in range(m): st.add(b[i])
7  for i in range(n):
8      if a[i] in st:
9          print(a[i], end = " ")            # 如果出现过，则直接输出
```

3.2 列表与数组

扫一扫
视频讲解

列表是 Python 最常用、最强大的序列类型。列表由一系列按特定顺序排列的元素组成，在列表中可以存放任意类型的元素，可以把数字、字符串、混合数据、嵌套列表等放进列表，甚至同一个列表中的元素之间可以没有任何关系。

数组是最简单的数据结构，有一维数组、二维数组、三维数组等。Python 如何实现数组？用列表（list）。由于数组在 Python 中用列表 list 实现，本书后文提到数组时常用列表来替代。

3.2.1 列表的常用功能

列表用于处理线性数据。所谓线性数据，是指数据按顺序一个接一个地串在一起。

```
1   a = []                          # 创建空列表，注意列表使用方括号
2   a = [0, 1, 2, 3, 5, 8, 13]      # 初始化列表，注意整个列表可以直接打印
3   print(a)
4   print( * a)                     # 加上" * "，在打印时不出现括号
5   a[0] = 1                        # 数组的索引和修改
6   a.append(a[ -2] + a[ -1])       # append()
7   a.pop()                 # 弹出并返回末尾元素，可以当栈使用；其实还可以指定位置，默认是末尾
8   a.insert(0, 1)                  # 同 vector 的 insert(position, val)
9   a.remove(1)                     # 按值移除元素（只删第一个出现的），若不存在，则抛出错误
10  print(len(a))                   # 求列表的长度
11  a.reverse()                     # 原地逆置
12  print(a)
13  sorted(a)                       # 获得排序后的列表，但是 a 不变
14  print(a)
15  a.sort()                        # 原地排序，可以指定参数 key 作为排序标准
16  print(a)
17  a.count(1)                      # 类似 std::count()
18  a.index(1)                      # 返回值首次出现项的索引号，若不存在，则抛出错误
19  a.clear()                       # 同 vector 的 clear()
```

3.2.2 用列表实现数组

用列表实现一维、二维、三维数组。

1. 一维数组

```
1   a = []                          # 定义一个空的一维数组
2   for i in range(1,10): a.append(i)
3   print(a)                        # 打印：[1, 2, 3, 4, 5, 6, 7, 8, 9]
4   b = [1, 2, 3, 4, 5]             # 定义一个包含多个元素的一维数组
5   print(b)                        # 打印：[1, 2, 3, 4, 5]
6   c = [1, "hello", 3.14, True]    # 定义一个包含不同数据类型的一维数组
7   print(c)                        # 打印：[1, 'hello', 3.14, True]
8   d = [0] * 10
9   d[3] = 5
10  d.append(9)
11  print(d)                        # 打印：[0, 0, 0, 5, 0, 0, 0, 0, 0, 0, 9]
12  e = [i for i in range(1,10)]    # 定义并赋值
13  print(e)                        # 打印：[1, 2, 3, 4, 5, 6, 7, 8, 9]
14  print(min(e))                   # 打印：1
15  print(max(e))                   # 打印：9
16  print(max(e[2:5]))              # 打印：5
17  print(max(e[2: -1]))            # 打印：8
18  print(sum(e[2:]))               # 打印：42
19  print(sum(e))                   # 打印：45
```

数组 a[]是从 a[0]开始的，不是从 a[1]开始的。不过，有些题目从 a[1]开始更符合逻辑。

例如第一行输入一个整数 n，第二行输入 n 个整数。把 n 个整数存入数组 a[1]～a[n]，如下写代码：

```
1   n = int(input())                # 例如输入：5
```

```
2    a = [0] + list(map(int,input().split()))    # 例如输入：1 2 3 4 5
3    #a = [0] + [int(i) for i in input().split()] # 这样写也行
4    print(a)                                      # 打印：[0, 1, 2, 3, 4, 5]
```

用下面的例题说明一维数组的应用。

 例3.6　2022年第十三届蓝桥杯省赛C/C++大学A组试题D：选数异或 lanqiaoOJ 2081

问题描述：给定一个长度为 n 的数列 $A_1, A_2, \cdots, A_n$ 和一个非负整数 x，有 m 次查询，问每次查询能否从某个区间[l, r]中选择两个数使它们的异或等于 x。

输入：输入的第一行包含 3 个整数 n、m、x。第二行包含 n 个整数 $A_1, A_2, \cdots, A_n$。接下来的 m 行，每行包含两个整数 l_i、r_i，表示查询区间$[l_i, r_i]$。

输出：对于每个查询，如果该区间内存在两个数的异或为 x，则输出 yes，否则输出 no。

输入样例：	输出样例：
4 4 1	yes
1 2 3 4	no
1 4	yes
1 2	no
2 3	
3 3	

评测用例规模与约定：对于 20% 的评测用例，$1 \leqslant n, m \leqslant 100$；对于 40% 的评测用例，$1 \leqslant n, m \leqslant 1000$；对于所有评测用例，$1 \leqslant n, m \leqslant 100000, 0 \leqslant x < 220, 1 \leqslant l_i \leqslant r_i \leqslant n, 0 \leqslant A_i < 220$。

这里用暴力法做：对于每个查询，验算区间内两个数的异或，复杂度为 $O(n^2)$。共 m 个查询，总复杂度为 $O(mn^2)$，只能通过 20% 的测试。

```
1    n, m, x = map(int,input().split())
2    a = [0] + list(map(int,input().split()))     # 从a[1]开始
3    for i in range(m):
4        flag = 0                                  # = 0,表示不存在异或为x
5        L, R = map(int,input().split())
6        for j in range(L,R):
7            for k in range(j + 1,R + 1):
8                if a[j]^a[k] == x: flag = 1
9        if flag == 1: print('yes')
10       else: print('no')
```

2. 二维数组

```
1    # 定义一个全0的二维数组,4行3列
2    a = [[0 for _ in range(3)] for _ in range(4)]
3    a[1][2] = 9                    # 数组元素的访问和赋值
4    print(a)                       # 打印：[[0, 0, 0], [0, 0, 9], [0, 0, 0], [0, 0, 0]]
5    b = [[]]                       # 定义空二维数组
6    c = [[1, 2], [4, 5], [7, 8]]   # 定义3行2列的二维数组
7    # 遍历二维数组
8    for row in c:                  # 遍历行
9        for e in row:              # 遍历一行中的所有元素
```

10	print(e,end = ' ')	# 打印：1 2 4 5 7 8
11	print()	
12	# 也可以这样按二维数组的方式遍历	
13	for x in range(3):	# 遍历 x
14	for y in range(2):	# 遍历 y
15	print(c[x][y],end = ' ')	# 打印：1 2 4 5 7 8

用下面的例题说明二维数组的定义和应用。

 例 3.7　2023 年第十四届蓝桥杯省赛 Python 大学 A 组试题 F：子矩阵 lanqiaoOJ 3521

时间限制：20s 内存限制：512MB 本题总分：15 分

问题描述：给定一个 $n \times m$（n 行 m 列）的矩阵。设一个矩阵的价值为其所有数中最大值和最小值的乘积。求给定矩阵的所有大小为 $a \times b$（a 行 b 列）的子矩阵的价值的和。答案可能很大，只需要输出答案对 998244353 取模后的结果。

输入：输入的第一行包含 4 个整数，分别表示 n、m、a、b，相邻整数之间使用一个空格分隔。接下来 n 行，每行包含 m 个整数，相邻整数之间使用一个空格分隔，表示矩阵中的每个数 $A_{i,j}$。

输出：输出一个整数，代表答案。

输入样例：	输出样例：
2 3 1 2	58
1 2 3	
4 5 6	

评测用例规模与约定：对于 40% 的评测用例，$1 \leqslant n, m \leqslant 100$；对于 70% 的评测用例，$1 \leqslant n, m \leqslant 500$；对于所有评测用例，$1 \leqslant a \leqslant n \leqslant 1000$，$1 \leqslant b \leqslant m \leqslant 1000$，$1 \leqslant A_{i,j} \leqslant 10^9$。

本题通过 70% 和 100% 的测试需要用到高级算法。这里只给出能通过 40% 测试的简单代码，该代码直接模拟了题目的要求。

第 5、6、8、9 行共有 4 重 for 循环，计算复杂度是 $O(n^2 m^2)$，只能通过 40% 的测试。

```
1  n ,m ,a ,b = map(int,input().split())
2  A = [[]for i in range(n)]                            # 定义二维矩阵
3  for i in range(n): A[i] = list(map(int,input().split()))     # 读二维矩阵
4  ans = 0
5  for i in range(n - a + 1):
6      for j in range(m - b + 1):
7          Zmax,Zmin = A[i][j], A[i][j]                 # 最大、最小的初值就设为子矩阵第一个
8          for u in range(a):
9              for v in range(b):
10                 Zmax = max(Zmax,A[i + u][j + v])
11                 Zmin = min(Zmin,A[i + u][j + v])
12         ans = (ans + Zmax * Zmin) % 998244353
13 print(ans)
```

3. 三维数组

```
1  # 定义一个全 0 的三维数组
2  a = [[[0 for _ in range(2)] for _ in range(3)] for _ in range(4)]
3  a[3][2][1] = 9          # 数组元素的访问和赋值
4  print(a)                # 打印：[[[0, 0], [0, 0], [0, 0]], [[0, 0], [0, 0], [0, 0]],
5                          [[0, 0], [0, 0], [0, 0]], [[0, 0], [0, 0], [0, 9]]]
```

```
6    b = [[[]]]                                          # 定义空三维数组
7    c = [[[1, 2],[3, 4]],[[5, 6],[7, 8]],[[9, 10],[11, 12]]]  # 定义三维数组
8    # 遍历三维数组
9    for x in c:
10       for y in x:
11          for z in y:
12             print(z,end = '')                          # 打印: 1 2 3 4 5 6 7 8 9 10 11 12
13   print()
14   # 或者直接用三维数组的方式遍历
15   for x in range(3):                                    # 遍历 x
16       for y in range(2):                                # 遍历 y
17          for z in range(2):                             # 遍历 z
18             print(c[x][y][z],end = '')                  # 打印: 1 2 3 4 5 6 7 8 9 10 11 12
```

3.3 链 表

扫一扫

视频讲解

数组的特点是使用连续的存储空间,访问每个数组元素非常快捷、简单。但是在某些情况下,数组的这些特点变成了缺点:

(1) 需要占用连续的空间。若某个数组很大,可能没有这么大的连续空间给它用。不过这一般发生在较大的工程软件中,在竞赛中不用考虑占用的空间是否连续。

(2) 删除和插入的效率很低。例如删除数组中间的一个数据,需要把后面所有的数据往前挪动,以填补这个空位,产生大量的复制开销,计算量为 O(n)。中间插入数据,也同样需要挪动大量的数据。在算法竞赛中这是经常出现的考点,此时不能简单地使用数组。

数据结构“链表”能解决上述问题,它不需要把数据存储在连续的空间上,而且删除和增加数据都很方便。链表把数据元素用指针串起来,这些数据元素的存储位置可以是连续的,也可以不连续。

链表有单向链表和双向链表两种。单向链表如图 3.2 所示,指针是单向的,只能从左向右单向遍历数据。链表的头和尾比较特殊,为了方便从任何一个位置出发能遍历到整个链表,让首尾相接,尾巴 tail 的 next 指针指向头部 head 的 data。由于链表是循环的,所以任意位置都可以成为头或尾。有时其应用场景比较简单,不需要循环,可以让第一个节点始终是头。

图 3.2 单向链表

双向链表是对单向链表的优化。每个数据节点有两个指针,pre 指针指向前一个节点,next 指针指向后一个节点。双向链表也可以是循环的,最后节点的 next 指针指向第一个节点,第一个节点的 pre 指针指向最后的节点,如图 3.3 所示。

图 3.3 双向链表

在需要频繁访问前后几个节点的场合可以使用双向链表。例如删除一个节点 now 的操作,前一个节点是 pre,后一个节点是 next,那么让 pre 指向 next,now 被跳过,相当于被删除。此时需要找到 pre 和 next 节点,如果是双向链表,很容易得到 pre 和 next;如果是单向链表,不方便找到 pre。

链表的操作有初始化、遍历、插入、删除、查找、释放等。

和数组相比,链表的优点是删除和插入很快,例如删除功能,在找到节点后,直接断开指向它的指针,再指向它后面的节点即可,不需要移动其他所有节点。

链表是一种简单的数据结构,和数组一样,它的缺点是查找慢。例如在查找 data 等于某个值的节点时,需要遍历整个链表才能找到它,计算量是 O(n)。

在参加算法竞赛时,参赛者虽然可以自己手写链表,不过为了加快编码速度,一般用列表 list 来实现链表。

3.3.1 用列表 list 实现链表

列表 list 可以当成数组用,也可以实现链表、队列、栈的功能。

下面的代码演示了用列表 list 实现链表的各种操作。

```
1   # 链表的初始化
2   li = [1,2,3,4,5,6,5];
3   # 在链表的末尾添加一个节点,数字 99
4   li.append(99)
5   print(li)                        # 打印:[1, 2, 3, 4, 5, 6, 5, 99]
6   # 统计链表中数字 5 的个数
7   print(li.count(5))               # 打印:2
8   # 链表的插入:在链表头插入一个节点,数字 88
9   li.insert(0,88)
10  print(li)                        # 打印:[88, 1, 2, 3, 4, 5, 6, 5, 99]
11  # 链表的插入:在数字 5 的前面插入 33
12  index = li.index(5)              # 先找到 5 的位置,然后再插入
13  li.insert(index,33)
14  print(li)                        # 打印:[88, 1, 2, 3, 4, 33, 5, 6, 5, 99]
15  # 链表的插入:在 5 的后面插入 56
16  index = li.index(5)
17  li.insert(index + 1,56)
18  print(li)                        # 打印:[88, 1, 2, 3, 4, 33, 5, 56, 6, 5, 99]
19  # 链表节点的删除:找到 4,删除 4
20  index = li.index(4)
21  li.pop(index)
22  print(li)                        # 打印:[88, 1, 2, 3, 33, 5, 56, 6, 5, 99]
23  # 链表节点的删除:删除第一个 5
24  li.remove(5)
25  print(li)                        # 打印:[88, 1, 2, 3, 33, 56, 6, 5, 99]
26  # 链表节点的删除:删除第一个节点
27  del li[0]
28  # 链表节点的删除:删除最后一个节点
29  li.pop()                         # 第一种删除方法
30  print(li)                        # 打印:[1, 2, 3, 33, 56, 6, 5]
31  del li[ - 1]                     # 第二种删除方法
32  print(li)                        # 打印:[1, 2, 3, 33, 56, 6]
```

在上面的例子中,链表内的元素是数字,其实其他类型也可以,例如字符串,而且在同一个链表中可以混用,这是列表的功能。

用下面的简单题说明链表的应用。

 例3.8 小王子单链表 lanqiaoOJ 1110

问题描述：小王子有一天迷上了排队的游戏,桌子上有标号为 1～10 的 10 个玩具,现在小王子将它们排成一列,可小王子还是太小了,他不确定到底想把哪个玩具摆在哪里,直到最后才能排成一条直线,求玩具的编号。已知他排了 M 次,每次都是选取标号为 X 的玩具放到最前面,求每次排完后玩具的编号序列。

输入：第一行是一个整数 M,表示小王子排玩具的次数。随后 M 行,每行包含一个整数 X,表示小王子要把编号为 X 的玩具放在最前面。

输出：输出共 M 行,第 i 行输出小王子第 i 次排完序后玩具的编号序列。

输入样例：	输出样例：
5	3 1 2 4 5 6 7 8 9 10
3	2 3 1 4 5 6 7 8 9 10
2	3 2 1 4 5 6 7 8 9 10
3	4 3 2 1 5 6 7 8 9 10
4	2 4 3 1 5 6 7 8 9 10
2	

本题是单链表的直接应用。

把 1～10 这 10 个数据存到 10 个节点上,即 toy[0]～toy[9]这 10 个节点。toy[0]始终是链表的头。注意第 7 行、第 8 行的功能相同,都是打印整个链表,第 8 行的写法更简单。

```
1  toy = [1, 2, 3, 4, 5, 6, 7, 8, 9, 10]        # 定义链表
2  m = int(input())
3  while m > 0:
4      x = int(input())
5      toy.remove(x)                             # 删除链表中的 x
6      toy.insert(0, x)                          # 在链表的头部插入 x
7      #for i in toy: print(i, end = " ")        # 输出链表
8      print( * toy)                             # 输出链表
9      m -= 1
```

3.3.2 手写链表

用列表实现链表在逻辑上没有问题,但实际上列表并不能达到真正链表的效率。因为列表实际上是一个数组,插入和删除数据需要挪动很多节点。

下面手写一个链表,并对比它和用列表实现的链表的性能。

(1) 手写链表,并测试性能。

```
1  from time import *
2  class Node():
3      def __init__(self,data):                  # 初始化一个链表节点
4          self.data = data
5          self.next = None
6  class SingleLinkList():
7      def __init__(self, node = None):          # 给链表的节点赋值
8          self.__head = node
9      def right_insert(self,x, y):              # 插入一个节点
```

```
10          pre = self.__head
11          while pre.data != x: pre = pre.next
12          node = Node(y)
13          node.next = pre.next
14          pre.next = node
15      def print_list(self):                    # 打印链表
16          cur = self.__head
17          while cur != None:
18              print(cur.data, end = ' ')
19              cur = cur.next
20  n = 100000
21  start = time()
22  a = SingleLinkList(Node(0))
23  for i in range(1, n): a.right_insert(0, i)   # 连续插入 n 个节点
24  end = time()
25  print("time = ", end - start)                # 统计时间
26  #a.print_list()
```

（2）测试用列表模拟的链表的性能。

```
1  from time import *
2  n = 100000
3  start = time()
4  a = [0]
5  for i in range(1, n): a.insert(a.index(0) + 1, i)   # 连续插入 n 个节点
6  end = time()
7  print("time = ", end - start)                       # 统计时间
```

这两份代码的功能一样，都是往链表的第 2 个节点插入 n＝100000 个数，用时分别为 0.117 秒和 2.34 秒。这说明列表模拟的链表性能很低。如果题目对链表的性能要求很高，只能手写链表。

最后用一道例题说明链表的应用。

 例 3.9　重新排队 lanqiaoOJ 3255

问题描述：给定按从小到大的顺序排列的数字 1 到 n，随后对它们进行 m 次操作，每次将一个数字 x 移动到数字 y 之前或之后。请输出完成这 m 次操作后它们的顺序。

输入：第一行为两个数字 n、m，表示初始状态为 1 到 n 从小到大排列，后续有 m 次操作。第二行到第 m＋1 行，每行 3 个数 x、y、z。当 z＝0 时，将 x 移动到 y 之后；当 z＝1 时，将 x 移动到 y 之前。

输出：输出一行，包含 n 个数字，中间用空格隔开，表示 m 次操作完成后的排列顺序。

输入样例：	输出样例：
5 3	2 1 3 5 4
3 1 0	
5 2 1	
2 1 1	

下面的代码用列表实现链表的功能。

```
1  n, m = map(int, input().split())
2  lis = list(range(1, n + 1))                  # 初始化 list = {1, 2, 3, …, n}
3  for _ in range(m):
```

4	x, y, z = map(int, input().split())	
5	lis.remove(x)	# 删除 x
6	idx = lis.index(y)	# 找到 y
7	if z == 0: lis.insert(idx + 1, x)	# 将 x 放在 y 的后面
8	if z == 1: lis.insert(idx, x)	# 将 x 放在 y 的前面
9	print(* lis)	# 打印完整链表

【练习题】

lanqiaoOJ：约瑟夫环 1111、小王子双链表 1112、种瓜得瓜种豆得豆 3150、自行车停放 1518。

洛谷：单向链表 B3631、队列安排 P1160。

扫一扫
视频讲解

3.4 队 列 ✳

队列(Queue)也是一种简单的数据结构。普通队列的数据存取方式是"先进先出"，只能往队尾插入数据、从队头移出数据。队列在生活中的原型就是排队，例如人们在网红店排队买奶茶，排在队头的人先买到奶茶然后离开，后来的人排到队尾。

图 3.4 是队列的原理，队头 head 指向队列中的第一个元素 a_1，队尾 tail 指向队列中的最后一个元素 a_n。元素只能从队头方向出去，并且只能从队尾进入队列。

图 3.4 队列

队列的主要操作如表 3.2 所示。

表 3.2 队列的主要操作

操 作	说 明
push()	在队列的尾部插入一个元素
front()	返回队首元素,但不会删除
pop()	删除队首元素
back()	返回队尾元素
size()	返回元素的个数
empty()	检查队列是否为空

先给出手写队列代码。这个手写队列是用列表 list 实现的，进队尾用 append()实现，队列自动扩展，不会有溢出问题。

```
1  n, m = map(int, input().split())
2  que = [i for i in range(1, n + 1)]
3  head, tail = 0, n - 1                # 队头和队尾
4  while tail - head + 1 != 0:
5      for i in range(1, m):
6          que.append(que[head])
7          head += 1
8          tail += 1
9      print(que[head], end = '')
10     head += 1
```

队列是一种线性数据结构，线性数据结构的主要缺点是查找较慢。如果要在队列中查找某个元素，只能从头到尾一个一个查找。

3.4.1 Python 队列

Python[①] 的队列可以用 list、Queue、deque 实现。list 极慢，Queue 较慢，deque 最快。后面对它们进行测试，结论是 deque 比 Queue 快 10 倍以上。

1. list

list 当作队列使用时有如表 3.3 所示的操作。

表 3.3　list 当作队列使用时的操作

操　　作	说　　明
q. append()	从队尾插入
del q[0]	从队头删除，并返回
len(q)	队列的大小
if not q	判断队列是否为空

下面是样例：

```
1   n = 10
2   q = []                          # 定义队列
3   for i in range(n): q.append(i)  # 加入队列
4   print(q)                        # 打印：[0, 1, 2, 3, 4, 5, 6, 7, 8, 9]
5   print(len(q))                   # 打印：10
6   for i in range(n):
7       print(q[0], end = '')       # 打印队头。打印：0 1 2 3 4 5 6 7 8 9
8       del q[0]                    # 删除队头
9   print()
10  print(len(q))                   # 打印：0
11  if not q: print('empty')        # 打印：empty
```

2. Queue

Queue 当作队列使用时有如表 3.4 所示的操作。

表 3.4　Queue 当作队列使用时的操作

操　　作	说　　明
q. put()	从队尾插入
q. get()	从队头删除，并返回
q. qsize()	队列的大小
q. empty()	队列是否为空

下面是样例：

```
1   from queue import *
2   n = 10
3   q = Queue()
4   for i in range(n): q.put(i)     # 加入队列
5   print(q.qsize())                # 打印：10
6   print(q.empty())                # 打印：False
```

---

① deque 文档：https://docs.python.org/3/library/collections.html#collections.deque。

```
 7  for i in range(n):
 8      a = q.get()                          # 读队头,并删除
 9      print(a,end = '')                    # 打印：0 1 2 3 4 5 6 7 8 9
10  print()
11  print(q.qsize())                         # 打印：0
12  print(q.empty())                         # 打印：True
```

3. deque

建议大家在参加算法竞赛时只使用 deque,原因是算法竞赛的代码都是单线程的,在这种场景下 deque 比 list、Queue 快很多。

deque 是双向队列,队头和队尾都能插入和弹出。在当成普通队列使用时,只用它的队头弹出、队尾插入功能即可。deque 的常用操作如表 3.5 所示。

表 3.5   deque 的常用操作

操　　作	说　　明
append(x)	在 deque 的右侧插入元素 x
appendleft(x)	在 deque 的左侧插入元素 x
pop()	从 deque 的右侧删除并返回一个元素
popleft()	从 deque 的左侧删除并返回一个元素
clear()	清空 deque 中的所有元素
count(x)	返回 deque 中元素 x 的个数
remove(value)	从 deque 中删除第一个值为 value 的元素,如果没有找到,则抛出 ValueError 异常
rotate(n)	将 deque 中的所有元素向右移动 n 步,如果 n 为负数,则向左移动

下面是 deque 当作队列使用时的样例：

```
 1  from collections import *
 2  n = 10
 3  q = deque()                              # 定义队列
 4  for i in range(n): q.append(i)           # 加入队列
 5  print(len(q))                            # 打印：10
 6  if q: print('not empty')                 # 打印：not empty
 7  for i in range(n):
 8      a = q.popleft()
 9      print(a,end = '')                    # 打印：0 1 2 3 4 5 6 7 8 9
10  print()
11  print(len(q))                            # 打印：0
12  if not q: print('empty')                 # 打印：empty
```

4. 对比 list、Queue 和 deque 的性能

（1）测试 list 实现的队列。

```
 1  from time import *
 2  start = time()
 3  n = 100000
 4  q = []
 5  for i in range(n): q.append(i)           # 加入队列
 6  for i in range(n): del q[0]              # 删除队头
 7  end = time()
 8  print("time = ", end - start)            # 统计时间
```

代码的功能是往队列中加入 100000 个数,并逐一删除,用时 1.2352 秒。如果加入 100 万个数,则运行时间超过一分钟。

（2）测试 Queue 实现的队列。

```
1   from queue import *
2   from time import *
3   start = time()
4   n = 1000000
5   q = Queue()
6   for i in range(n): q.put(i)        ♯ 加入队列
7   for i in range(n): q.get()          ♯ 删除队头
8   end = time()
9   print("time = ", end - start)       ♯ 统计时间
```

代码的功能是往队列中加入 100 万个数，并逐一删除，用时 4.0948 秒，比 list 快很多。

（3）测试 deque 实现的队列。

```
1   from collections import *
2   from time import *
3   start = time()
4   n = 1000000
5   q = deque()
6   for i in range(n): q.append(i)       ♯ 加入队列
7   for i in range(n): q.popleft()       ♯ 删除队头
8   end = time()
9   print("time = ", end - start)        ♯ 统计时间
```

代码的功能是往队列中加入 100 万个数，并逐一删除，用时 0.2187 秒，比 Queue 快 19 倍。

3.4.2 例题

用下面的例题介绍队列的应用。

例 3.10 约瑟夫问题 https://www.luogu.com.cn/problem/P1996

问题描述：有 n 个人，编号为 1～n，按顺序围成一圈，从第一个人开始报数，数到 m 的人出圈，再由下一个人重新从 1 开始报数，数到 m 的人再出圈，依次类推，直到所有的人都出圈，请依次输出出圈人的编号。

输入：输入两个整数 n 和 m，1≤n,m≤100。

输出：按顺序输出 n 个整数，表示每个出圈人的编号。

输入样例：	输出样例：
10 3	3 6 9 2 7 1 8 5 10 4

约瑟夫问题是一个经典问题，可以用队列、链表等数据结构实现。下面的代码用队列来模拟报数，方法是反复排队，从队头出去，然后重新排到队尾，每一轮数到 m 的人离开队伍。

先用 Queue 实现，第 6 行把队头移到队尾，第 7 行让数到 m 的人离开。

```
1   from queue import Queue
2   n, m = map(int, input().split())
3   q = Queue()
4   for i in range(1, n + 1): q.put(i)
5   while not q.empty():
6       for i in range(1, m): q.put(q.get())      ♯ 读队头，重新排到队尾
7       print(q.get(), end = ' ')                  ♯ 第 m 个人离开队伍，并输出
```

再用 deque 实现,第 5 行用了简单的写法。

```
1   from collections import deque
2   n, m = map(int, input().split())
3   dq = deque(range(1, n + 1))
4   while dq:
5       dq.rotate( - (m - 1))              # 把前 m - 1 个数挪到队列的尾部
6       print(dq.popleft(), end = ' ')      # 队头是第 m 个数,删除并打印它
```

再看一道例题。

 例 3.11   机器翻译 lanqiaoOJ 511

问题描述:小晨的计算机上安装了一个机器翻译软件,他经常用这个软件翻译英语文章。

这个翻译软件的原理很简单,它只是从头到尾依次将每个英文单词用对应的中文含义来替换。对于每个英文单词,软件会先在内存中查找这个单词的中文含义,如果内存中有,软件就会用它进行翻译;如果内存中没有,软件就会在外存中的词典内查找,查出单词的中文含义后翻译,并将这个单词和译义放入内存,以备后续的查找和翻译。

假设内存中有 M 个单元,每个单元能存放一个单词和译义。在软件将一个新单词存入内存前,如果当前内存中已存入的单词数不超过 M−1,软件会将新单词存入一个未使用的内存单元;若内存中已存入 M 个单词,软件会清空最早进入内存的那个单词,腾出单元存放新单词。

假设一篇英语文章的长度为 N 个单词。给定这篇待译文章,翻译软件需要去外存查找多少次词典?假设在翻译开始前内存中没有任何单词。

输入:输入共两行。每行中的两个数之间用一个空格隔开。第一行为两个正整数 M 和 N,代表内存容量和文章的长度。第二行为 N 个非负整数,按照文章的顺序,每个数(大小不超过 1000)代表一个英文单词。文章中的两个单词是同一个单词,当且仅当它们对应的非负整数相同。其中,0<M≤100,0<N≤1000。

输出:输出一行,包含一个整数,为软件需要查词典的次数。

输入样例:	输出样例:
3 7	5
1 2 1 5 4 4 1	

用一个哈希表 hashtable[] 模拟内存,若 hashtable[x] = true,表示 x 在内存中,否则表示不在内存中。用队列对输入的单词排队,当内存超过 M 时,删除队头的单词。

```
1    from collections import deque
2    hashtable = [False] * 1003                  # 哈希表的初始化,默认为 False
3    m, n = map(int, input().split())            # 输入 m 和 n
4    ans = 0                                      # 初始化答案为 0
5    q = deque()                                  # 初始化队列
6    line = list(map(int, input().split()))      # 读第 2 行
7    for x in line:                              # 处理每个数
8        if hashtable[x] is False:               # 如果 x 不在哈希表中
9            hashtable[x] = True                 # 将 x 加入哈希表
10           if len(q) < m:                      # 如果队列未满
11               q.append(x)                     # 将 x 加入队列
12           else:                               # 如果队列已满
13               hashtable[q.popleft()] = False  # 队首元素出队并从哈希表中删除
```

14	q.append(x)	# 将 x 加入队列
15	ans += 1	# 答案加 1
16	print(ans)	# 输出答案

【练习题】

lanqiaoOJ：餐厅排队 3745、小桥的神秘礼物盒 3746、CLZ 银行问题 1113、繁忙的精神疗养院 3747。

3.5　　　　　　　优 先 队 列

前一节的普通队列，特征是只能从队头、队尾进出，不能在中间插队或出队。

本节的优先队列不是一种"正常"的队列。在优先队列中，所有元素有一个"优先级"，一般就用元素的数值作为它的优先级，或者越小越优先，或者越大越优先。让队头始终是队列内所有元素的最值（最大值或最小值）。队头弹走之后，新的队头仍保持为队列中的最值。举个例子：一个房间，有很多人进来；规定每次出来一人，要求这个人是房间中最高的那个；如果某人刚进去，发现自己是房间里面最高的，则不用等待，能立刻出去。

优先队列的一个简单应用是排序：以最大优先队列为例，先让所有元素进入队列，然后再一个一个弹出，弹出的顺序就是从大到小排序。优先队列更常见的应用是动态的，进、出同时发生：一边进队列，一边出队列。

如何实现优先队列？先试一试最简单的方法。以最大优先队列为例，如果简单地用数组存放这些元素，设数组中有 n 个元素，那么其中最大值是队头，要找到它，需要逐一在数组中找，计算量是 n 次比较。这样是很慢的，例如有 n＝100 万个元素，就得比较 100 万次。把这里的 n 次比较的计算量记为 $O(n)$。

优先队列有没有更好的实现方法？常见的高效方法是使用二叉堆这种数据结构[①]。它非常快，每次弹出最大值队头，只需要计算 $O(\log_2 n)$ 次。例如 n＝100 万的优先队列，取出最大值只需要计算 $\log_2(100 万)＝20$ 次。

在竞赛中，参赛人员一般不用自己写二叉堆来实现优先队列，而是直接使用系统提供的 PriorityQueue。初学者只需要学会如何使用它即可。

Python 优先队列 PriorityQueue 的基本操作如下：

```
pq = PriorityQueue()              # 定义队列
pq.put([priority, value])         # 进队列
pq.get()                          # 取出队首
```

put() 函数进入队列的可以是列表，第一个参数 priority 表示数据的优先级。如果只有一个参数，表示优先级和值，值越小优先级越高，队首总是最小值。下面是例子。

（1）一个参数。

```
1 | from queue import *
2 | pq = PriorityQueue()
3 | pq.put(1)
```

---
① 《算法竞赛》，清华大学出版社，罗勇军、郭卫斌著，第 27 页"1.5 堆"。

```
4    pq.put(73)
5    pq.put(6)
6    while not pq.empty():              # 逐个从优先队列取出最小值
7        print(pq.get(),end = ' ')      # 打印
```

这个参数也可以是字符串,注意这个参数是可以比较大小的,类型需要一致。如果两个元素分别是数字和字符,则无法比较,是非法的。

```
1    from queue import *
2    pq = PriorityQueue()
3    pq.put('ab')
4    pq.put('bc')
5    pq.put('dd')
6    while not pq.empty():              # 逐个从优先队列取出最小值
7        print(pq.get(),end = ' ')      # 打印: ab bc dd
```

（2）用列表做参数。列表的第一个元素可以是字符串。

```
1    from queue import *
2    pq = PriorityQueue()
3    pq.put([1, 'tom', 33])
4    pq.put([73, 453])
5    pq.put([6, True])
6    while not pq.empty():              # 逐个从优先队列取出最小值
7        print(pq.get(),end = ' ')      # 打印: [1, 'tom', 33] [6, True] [73, 453]
```

用下面的例题介绍优先队列的应用。

 例 3.12   丑数 http://oj.ecustacm.cn/problem.php?id＝1721

问题描述：给定素数集合 $S＝\{p_1,p_2,\cdots,p_k\}$，丑数指一个正整数满足所有质因数都出现在 S 中，1 默认是第一个丑数。例如 $S＝\{2,3,5\}$ 时，前 20 个丑数为 1、2、3、4、5、6、8、9、10、12、15、16、18、20、24、25、27、30、32、36。现在 $S＝\{3,7,17,29,53\}$，求第 20220 个丑数是多少？

这是一道填空题,下面直接给出代码。

```
1    from queue import *
2    s = set()                         # 判重
3    s.add(1)                          # 第一个丑数是1
4    q = PriorityQueue()               # 队列中是新生成的丑数
5    q.put(1)                          # 第一个丑数是1,进入队列
6    n = 20220
7    ans = 0
8    prime = [3, 7, 17, 29, 53]
9    for i in range(1, n＋1):          # 从队列中由小到大取出 20220 个丑数
10       now = q.get()
11       ans = now                     # 把队列中最小的数取出来,它也是已经取出的最大的数
12       for j in range(5):            # 5 个素数
13           tmp = now * prime[j]       # 从已取出的最大值开始乘以 5 个素数
14           if tmp not in s:           # tmp 这个数没有出现过
15               s.add(tmp)             # 放到 set 的里面
16               q.put(tmp)             # 把 tmp 放进队列
17   print(ans)
```

再看一道例题。

例 3.13 分牌 http://oj.ecustacm.cn/problem.php?id=1788

问题描述：有 n 张牌，每张牌上有一个数字 a[i]，现在需要将这 n 张牌尽可能地分给更多的人，每个人需要分到 k 张牌，并且每个人分到手的牌中不能有相同数字。请保证可以将牌尽可能地分给更多的人，输出任意一种分法即可。

输入：输入的第一行为正整数 n 和 k，1≤k≤n≤1000000。第二行包含 n 个整数 a[i]，1≤a[i]≤1000000。

输出：输出 m 行，m 为可以分给的人数，数据保证 m 大于或等于 1。第 i 行输出第 i 个人手中牌的数字。输出任意一个解即可。

输入样例：	输出样例：
样例1：	样例1：
6 3	1 2 4
1 2 1 2 3 4	1 2 3
样例2：	样例2：
14 3	6 1 3
3 4 1 1 1 2 3 1 2 1 1 5 6 7	2 4 1
	5 1 2
	1 3 7

题意是有 n 个数字，其中有重复数字。把 n 个数字分成多份，每份 k 个数字，问最多能分成多少份。

很显然这道题用"隔板法"。用板子隔成 m 个空间，每个空间有 k 个位置。把 n 个数按数量排序，先把数量最多的数，每个隔板内放一个；再把数量第二多的，每个隔板放一个；依次类推，直到放完所有的数。由于每个数在每个空间内只放一个，所以每个空间内不会有重复的数。

例如 n＝10，k＝3，这 10 个数是{5，5，5，5，2，2，2，4，4，7}，按数量从多到少排好了序。用隔板隔出 4 个空间[][][][]。

先放 5：[5][5][5][5]

再放 2：[5,2][5,2][5,2][5]

再放 4：[5,2,4][5,2,4][5,2][5]

再放 7：[5,2,4][5,2,4][5,2,7][5]

结束，答案是{5,2,4}、{5,2,4}、{5,2,7}。

如何编码？下面用优先队列编程。第 10 行用二元组(−num[i]，i)表示每个数的数量和数字。优先队列会把每个数按数量从多到少拿出来，相当于按数量多少排序。

代码的执行步骤：把所有数放进队列；每次拿出 k 个不同的数并输出，直到结束。

代码的计算复杂度：进出一次队列是 $O(\log_2 n)$，共 n 个数，总复杂度为 $O(n\log_2 n)$。

Python 的优先队列实现是最小堆，因此在将元素插入堆时需要将其取相反数，以达到最大堆的效果。

```
1    from heapq import *
```

```
 2   N = 1000010
 3   num = [0] * N
 4   n, k = map(int, input().split())
 5   nums = list(map(int, input().split()))
 6   for x in nums: num[x] += 1                # x 这个数有 num[x]个
 7   q = []
 8   for i in range(N):
 9       if num[i] > 0:
10           heappush(q, (-num[i], i))        # 将元素插入堆时将其取相反数
11   while len(q) >= k:                        # 队列中数量大于k,说明还够用
12       tmp = []
13       for i in range(k):                   # 取 k 个数,且这 k 个数不同,这是一份
14           tmp.append(heappop(q))
15       for i in range(k):                   # 打印一份,共 k 个数
16           print(tmp[i][1], end = ' ')
17           if i == k - 1: print()
18           tmp[i] = (tmp[i][0] + 1, tmp[i][1])
19           if tmp[i][0] != 0:               # 没用完,再次进队列
20               heappush(q, tmp[i])
```

【练习题】

lanqiaoOJ:小蓝的神奇复印机 3749、Windows 的消息队列 3886、小蓝的智慧拼图购物 3744、餐厅就餐 4348。

3.6　栈

栈(stack)是比队列更简单的数据结构,它的特点是"先进后出"。

队列有两个口,其中一个入口、一个出口。栈只有唯一的一个口,既从这个口进入,又从这个口出来。栈像只有一个门的房子,而队列这个房子既有前门又有后门,所以写栈的代码比写队列的代码更简单。

栈在编程中有基础的应用,例如常用的递归,在系统中是用栈来保存现场的。栈需要用空间存储,如果栈的深度太大,或者存进栈的数组太大,那么总数会超过系统为栈分配的空间,就会爆栈导致栈溢出。不过,在算法竞赛中一般不会出现这么大的栈。

栈的常见操作如下。

- empty():返回栈是否为空。
- size():返回栈的长度。
- top():查看栈顶元素。
- push():进栈,向栈顶添加元素。
- pop():出栈,删除栈顶元素。

栈的这些操作的计算量都是 O(1),效率很高。

Python 的栈可以用 list、deque 和 LifoQueue 这 3 种方法实现。比较它们的运行速度,可见 list 和 deque 一样快,而 LifoQueue 慢得多,建议大家使用 list。

用 list 模拟栈有一个好处——不用担心栈空间不够大,因为 list 自动扩展空间。list 的栈操作非常快,因为栈顶是 list 的末尾元素,栈只有一个出入口,只在 list 的末尾进行进栈

和出栈操作,操作极为快捷。用 list 实现的栈功能如表 3.6 所示。

表 3.6　用 list 实现的栈功能

操　　作	说　　明
st＝[]	定义栈 st
append()	把 item 放到栈顶
st[−1]	返回栈顶的元素,但不会删除
pop()	删除栈顶的元素
len()	返回栈中元素的个数

用下面的例子给出用列表 list 模拟栈的应用。

 例 3.14　表达式括号的匹配 https://www.luogu.com.cn/problem/P1739

　　问题描述:假设一个表达式由英文字母(小写)、运算符(＋、−、＊、/)和左右圆(小)括号构成,以@作为结束符。请编写一个程序检查表达式中的左右圆括号是否匹配,若匹配,输出 YES,否则输出 NO。表达式的长度小于 255,左圆括号少于 20 个。

　　输入:输入一行,为表达式。

　　输出:输出一行,为 YES 或 NO。

输入样例:	输出样例:
2＊(x＋y)/(1−x)@	YES

　　合法的括号组合例如"(())"和"()()()",像")(()"这样是非法的。括号组合合法的特点是左括号先出现,右括号后出现;左括号和右括号一样多。

　　括号组合的合法检查是栈的经典应用。用一个栈存储所有的左括号,遍历字符串的每一个字符,处理流程如下。

　　(1)若字符是'(',进栈。

　　(2)若字符是')',有两种情况:如果栈不空,说明有一个匹配的左括号,弹出这个左括号,然后继续读下一个字符;如果栈空了,说明没有与右括号匹配的左括号,字符串非法,输出 NO,程序退出。

　　(3)在读完所有字符后,如果栈为空,说明每个左括号有匹配的右括号,输出 YES,否则输出 NO。

　　下面是例 3.14 的 Python 代码,栈用 list 模拟。

```
1   st = []                          # 定义栈,用 list 实现
2   flag = True                      # 判断左括号和右括号的数量是否一样多
3   s = input().strip()
4   for x in s:
5       if x == '(': st.append("(")  # 进栈
6       if x == ")":
7           if len(st)!= 0:          # len():栈的长度
8               st.pop()             # 出栈,也可以写成 del st[−1],st[−1]是栈顶
9           else:                    # 栈已空,没有匹配的左括号
10              flag = False
11              break
12  if len(st) == 0 and flag: print('YES')
13  else: print('NO')
```

再用一道例题说明栈的应用。

 例 3.15 排列 http：//oj. ecustacm. cn/problem. php？id＝1734

问题描述：给定一个 1～n 的排列，每个＜i，j＞对的价值是 j－i＋1，计算所有满足以下条件的＜i，j＞对的总价值。(1)1≤i＜j≤n；(2)a[i]～a[j]的数字均小于 min(a[i]，a[j])；(3)a[i]～a[j]不存在其他数字则直接满足。

输入：第一行包含正整数 N(N≤300000)；第二行包含 N 个正整数，表示一个 1～N 的排列 a。

输出：输出一个正整数，表示答案。

输入样例：	输出样例：
7	24
4 3 1 2 5 6 7	

把符合条件的一对＜i，j＞称为一个"凹"。首先模拟检查"凹"，了解执行的过程。以"3 1 2 5"为例，其中的"凹"有"3-1-2"和"3-1-2-5"；以及相邻的"3-1""1-2""2-5"。一共 5 个"凹"，总价值为 13。

像"3-1-2"和"3-1-2-5"这样的"凹"，需要检查连续 3 个以上的数字。

例如"3-1-2"，从"3"开始，下一个应该比"3"小，如"1"，再后面的数字比"1"大，才能形成"凹"。

再例如"3-1-2-5"，前面的"3-1-2"已经是"凹"了，最后的"5"也会形成新的"凹"，条件是这个"5"必须比中间的"1-2"大才行。

总结上述过程：先检查"3"；再检查"1"，符合"凹"；再检查"2"，比前面的"1"大，符合"凹"；再检查"5"，比前面的"2"大，符合"凹"。

以上方法是检查一个"凹"的两头，还有一种方法是"嵌套"。一旦遇到比前面小的数字，那么以这个数字为头，可能形成新的"凹"。例如"6 4 2 8"，其中的"6-4-2-8"是"凹"，内部的"4-2-8"也是"凹"。如果大家学过递归、栈，就会发现这是嵌套，所以本题用栈来做很合适。

以"6 4 2 8"为例，用栈模拟找"凹"。若新的数比栈顶的数小，就进栈；如果比栈顶的数大，就出栈，此时找到了一个"凹"并计算价值。在图 3.5 中，圆圈内的数字是数在数组中的下标位置，用于计算题目要求的价值。

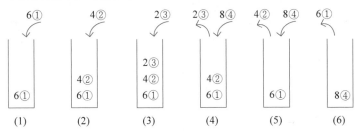

图 3.5 用栈统计"凹"

图(1)：6 进栈。

图(2)：4 准备进栈，发现比栈顶的 6 小，说明可以形成"凹"，4 进栈。

图(3)：2 准备进栈，发现比栈顶的 4 小，说明可以形成"凹"，2 进栈。

图（4）：8 准备进栈，发现比栈顶的 2 大，这是一个凹"4-2-8"，对应下标"②--④"，弹出 2，然后计算价值，j−i+1=④−②+1=3。

图（5）：8 准备进栈，发现比栈顶的 4 大，这是一个凹"6-4-8"，对应下标"①--④"，也就是原数列的"6-4-2-8"。弹出 4，然后计算价值，j−i+1=④−①+1=4。

图（6）：8 终于进栈，数字也处理完了，结束。

在上述过程中，只计算了长度大于或等于 3 的"凹"，没有计算题目中"(3)a[i]～a[j]不存在其他数字"的长度为 2 的"凹"，所以最后统一加上这种情况的价值(n−1)×2=6。

最后统计"6 4 2 8"的总价值是 3+4+6=13。

下面是例题的代码。

```
1   n = int(input())
2   a = [int(x) for x in input().split()]
3   st = []                                      ♯ 定义栈，用 list 实现
4   ans = 0
5   for i in range(n):
6       while len(st) != 0 and a[st[-1]] < a[i]:  ♯ st[-1]是栈顶
7           st.pop()                              ♯ 弹出栈顶
8           if len(st) != 0:
9               last = st[-1]                     ♯ 读栈顶
10              ans += (i - last + 1)
11      st.append(i)                              ♯ 进栈
12  ans += (n - 1) * 2
13  print(ans)
```

【练习题】

lanqiaoOJ：妮妮的神秘宝箱 3743、直方图的最大建筑面积 4516、小蓝的括号串 2490、小邋遢的衣橱 1229。

洛谷：小鱼的数字游戏 P1427、后缀表达式 P1449、栈 P1044、栈 B3614、日志分析 P1165。

3.7　二　叉　树

前几节介绍的数组、队列、栈、链表等数据结构都是线性的，它们存储数据的方式是把相同类型的数据按顺序一个接一个地串在一起。线性表形态简单，难以实现高效率的操作。

二叉树是一种层次化的、高度组织性的数据结构。二叉树的形态使得它有天然的优势，在二叉树上做查询、插入、删除、修改、区间等操作极为高效，基于二叉树的算法也很容易实现高效率的计算。

3.7.1　二叉树的概念

二叉树的每个节点最多有两个子节点，分别称为左孩子、右孩子，以它们为根的子树称为左子树、右子树。二叉树的每一层以 2 的倍数递增，所以二叉树的第 k 层最多有 2^{k-1} 个节点。根据每一层的节点分布情况，有以下常见的二叉树。

(1) 满二叉树。其特征是每一层的节点数都是满的。第一层只有一个节点，编号为 1；

第二层有两个节点,编号为 2、3;第三层有 4 个节点,编号为 4、5、6、7;……;第 k 层有 2^{k-1} 个节点,编号为 2^{k-1}、$2^{k-1}+1$、……、2^k-1。

一棵 n 层的满二叉树,一共有 $1+2+4+\cdots+2^{n-1}=2^n-1$ 个节点。

(2) 完全二叉树。如果满二叉树只在最后一层有缺失,并且缺失的节点都在最后,称之为完全二叉树。

图 3.6 演示了一棵满二叉树和一棵完全二叉树。

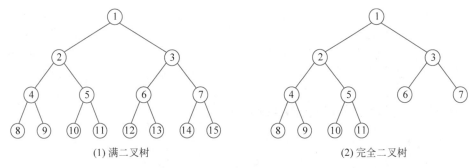

(1) 满二叉树   (2) 完全二叉树

图 3.6   满二叉树和完全二叉树

(3) 平衡二叉树。如果一棵二叉树的任意左子树和右子树的高度差不大于 1,称之为平衡二叉树。若只有少部分子树的高度差超过 1,则这是一棵接近平衡的二叉树。

(4) 退化二叉树[①]。如果二叉树上的每个节点都只有一个孩子,称之为退化二叉树。退化二叉树实际上已经变成了一根链表。如果绝大部分节点只有一个孩子,少数有两个孩子,也看成退化二叉树。

图 3.7 演示了一棵平衡二叉树和一棵退化二叉树。

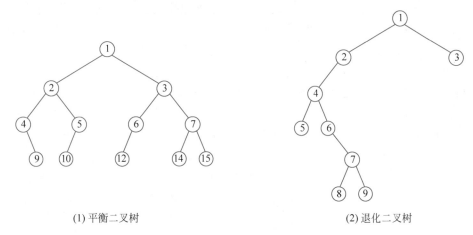

(1) 平衡二叉树   (2) 退化二叉树

图 3.7   平衡二叉树和退化二叉树

二叉树之所以应用广泛,得益于它的形态。高级数据结构大部分和二叉树有关,下面列出二叉树的一些优势。

(1) 在二叉树上能进行极高效率的访问。一棵平衡的二叉树,例如满二叉树或完全二叉树,每一层的节点数量大约是上一层数量的两倍,也就是说,一棵有 N 个节点的满二叉

---

① 本作者曾拟过一句赠言:"二叉树对链表说,我也会有老的一天,那时就变成了你。"

树,树的高度是 $O(\log_2 N)$。从根节点到叶子节点,只需要走 $\log_2 N$ 步,例如 N=100 万,树的高度仅有 $\log_2 N$=20,只需要走 20 步就能到达 100 万个节点中的任意一个。但是,如果二叉树不是满的,而且很不平衡,甚至在极端情况下变成退化二叉树,访问效率会降低。维护二叉树的平衡是高级数据结构的主要任务之一。

（2）二叉树很适合做从整体到局部、从局部到整体的操作。二叉树中的一棵子树可以看成整棵树的一个子区间,求区间最值、区间和、区间翻转、区间合并、区间分裂等,用二叉树都很快捷。

（3）基于二叉树的算法容易设计和实现。例如二叉树用 BFS 和 DFS 搜索处理都极为简便。二叉树可以一层一层地搜索,是 BFS 的典型应用场景。二叉树的任意一个子节点,是以它为根的一棵二叉树,这是一种递归的结构,用 DFS 访问二叉树极容易编码。

3.7.2 二叉树的存储和编码

1. 二叉树的存储方法

如果要使用二叉树,首先要定义和存储它的节点。

二叉树的一个节点包括 3 个值:节点的值、指向左孩子的指针、指向右孩子的指针。

在算法竞赛中一般用类来定义二叉树。下面定义一个大小为 N 的类。N 的值根据题目要求设定,有时节点多,例如 N=100 万。

```
1  class Node:                              # 定义二叉树结构体
2      def __init__(self):
3          self.v = ''                      # 把 value 简写为 v
4          self.ls = 0                       # 左右孩子,把 lson、rson 简写为 ls、rs
5          self.rs = 0
6  t = [Node() for i in range(N)]           # 把 tree 简写为 t
```

这段代码定义了一个二叉树的类。首先定义了一个名为 Node 的类,表示二叉树的节点。每个节点有 3 个属性:v 表示节点的值,ls 表示左孩子节点的索引,rs 表示右孩子节点的索引。然后创建一个名为 t 的列表,创建了 N 个 Node 对象,用于构建二叉树。代码中缩写的命名是为了简洁和方便理解,v 代表 value,ls 和 rs 代表 lson 和 rson。

tree[i] 表示这个节点存储在第 i 个位置,lson 是它的左孩子在 tree[] 的位置,rson 是它的右孩子的位置。lson 和 rson 指向孩子的位置,也可以称为指针。

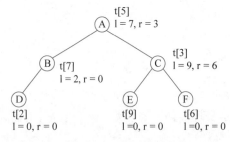

图 3.8 二叉树的静态存储

图 3.8 演示了一棵二叉树的存储,圆圈内的字母是这个节点的 value 值。根节点存储在 tree[5] 上,它的左孩子 lson=7,表示左孩子存储在 tree[7] 上,右孩子 rson=3,表示右孩子存储在 tree[3] 上。在该图中把 tree 简写为 t,lson 简写为 l,rson 简写为 r。

在编码时一般不用 tree[0],因为 0 常被用来表示空节点,例如叶子节点 tree[2] 没有孩子,就把它的左右孩子赋值为 lson=rson=0。

2. 二叉树存储的编码实现

下面编写代码演示图 3.8 中二叉树的建立,并输出二叉树。

第13~18行建立二叉树,然后用 print_tree() 输出二叉树。

```
1   N = 100
2   class Node:                      # 定义静态二叉树结构体
3       def __init__(self):
4           self.v = ''             # 把 value 简写为 v
5           self.ls = 0             # 左右孩子,把 lson、rson 简写为 ls、rs
6           self.rs = 0
7   t = [Node() for i in range(N)]   # 把 tree 简写为 t
8   def print_tree(u):               # 打印二叉树
9       if u:
10          print(t[u].v, end = ' ') # 打印节点 u 的值
11          print_tree(t[u].ls)      # 继续搜左孩子
12          print_tree(t[u].rs)      # 继续搜右孩子
13  t[5].v, t[5].ls, t[5].rs = 'A', 7, 3
14  t[7].v, t[7].ls, t[7].rs = 'B', 2, 0
15  t[3].v, t[3].ls, t[3].rs = 'C', 9, 6
16  t[2].v = 'D'                     # t[2].ls = 0; t[2].rs = 0; 可以不写,因为 t[] 已初始化为 0
17  t[9].v = 'E'                     # t[9].ls = 0; t[9].rs = 0; 可以不写
18  t[6].v = 'F'                     # t[6].ls = 0; t[6].rs = 0; 可以不写
19  root = 5                         # 根是 tree[5]
20  print_tree(5)                    # 输出: A B D C E F
```

初学者可能看不懂 print_tree() 是怎么工作的。它是一个递归函数,先打印这个节点的值 $t[u].v$,然后继续搜它的左右孩子。图 3.8 的打印结果是"A B D C E F",步骤如下:

(1) 打印根节点 A。

(2) 搜左孩子,是 B,打印出来。

(3) 继续搜 B 的左孩子,是 D,打印出来。

(4) D 没有孩子,回到 B,发现 B 也没有右孩子,继续回到 A。

(5) A 有右孩子 C,打印出来。

(6) 打印 C 的左右孩子 E、F。

这个递归函数执行的步骤称为"先序遍历",先输出父节点,然后再搜左右孩子并输出。

另外还有"中序遍历"和"后序遍历",将在后面讲解。

3. 二叉树的极简存储方法

如果是满二叉树或者完全二叉树,有更简单的编码方法,连 lson、rson 都不需要定义,因为可以用数组的下标定位左右孩子。

一棵节点总数量为 k 的完全二叉树,设 1 号点为根节点,有以下性质:

(1) $p>1$ 的节点,其父节点是 $p/2$。例如 $p=4$,父亲是 $4/2=2$;$p=5$,父亲是 $5/2=2$。

(2) 如果 $2×p>k$,那么 p 没有孩子;如果 $2×p+1>k$,那么 p 没有右孩子。例如 $k=11$,$p=6$ 的节点没有孩子;$k=12$,$p=6$ 的节点没有右孩子。

(3) 如果节点 p 有孩子,那么它的左孩子是 $2×p$,右孩子是 $2×p+1$。

在图 3.9 中,圆圈内是节点的值,圆圈外的数字是节点的存储位置。

下面的代码,用 ls(p) 找 p 的左孩子,用 rs(p) 找 p 的右孩子。在 ls(p) 中把 $p*2$ 写成 $p<<1$,用了位运算。

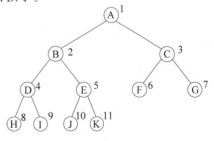

图 3.9 一棵完全二叉树

```
1  N = 100
2  t = [''] * N                                        # 简单地用一个数组定义二叉树
3  def ls(p): return p << 1                            # 定位左孩子,也可以写成 p * 2
4  def rs(p): return (p << 1) | 1                      # 定位右孩子,也可以写成 p * 2 + 1
5  t[1] = 'A'; t[2] = 'B'; t[3] = 'C'
6  t[4] = 'D'; t[5] = 'E'; t[6] = 'F'; t[7] = 'G'
7  t[8] = 'H'; t[9] = 'I'; t[10] = 'J'; t[11] = 'K'
8  print(t[1] + ':lson = ' + t[ls(1)] + ' rson = ' + t[rs(1)])   # 输出 A:lson = B rson = C
9  print(t[5] + ':lson = ' + t[ls(5)] + ' rson = ' + t[rs(5)])   # 输出 E:lson = J rson = K
```

其实,即使二叉树不是完全二叉树,而是普通二叉树,也可以用这种简单方法来存储。如果某个节点没有值,那就空着这个节点不用,方法是把它赋值为一个不该出现的值,例如赋值为 0 或无穷大 INF。这样虽然会浪费一些空间,但好处是编程非常简单。

3.7.3 例题

二叉树是很基本的数据结构,大量算法、高级数据结构都是基于二叉树的。二叉树有很多操作,最基础的操作是搜索(遍历)二叉树的每个节点,有先序遍历、中序遍历、后序遍历。这 3 种遍历都用到了递归函数,二叉树的形态天然适合用递归来编程。图 3.10 所示为一个二叉树例子。

图 3.10 二叉树例子

(1) 先(父)序遍历,父节点在最前面输出。先输出父节点,再访问左孩子,最后访问右孩子。图 3.10 的先序遍历结果是 ABDCEF。为什么? 把结果分解为 A-BD-CEF。父亲是 A,然后是左孩子 B 和它带领的子树 BD,最后是右孩子 C 和它带领的子树 CEF。这是一个递归的过程,每棵子树也满足先序遍历,例如 CEF,父亲是 C,然后是左孩子 E,最后是右孩子 F。

(2) 中(父)序遍历,父节点在中间输出。先访问左孩子,然后输出父节点,最后访问右孩子。图 3.10 的中序遍历结果是 DBAECF。为什么? 把结果分解为 DB-A-ECF。DB 是左子树,然后是父亲 A,最后是右子树 ECF。每棵子树也满足中序遍历,例如 ECF,先左孩子 E,然后是父亲 C,最后是右孩子 F。

(3) 后(父)序遍历,父节点在最后输出。先访问左孩子,然后访问右孩子,最后输出父节点。图 3.10 的后序遍历结果是 DBEFCA。为什么? 把结果分解为 DB-EFC-A。DB 是左子树,然后是右子树 EFC,最后是父亲 A。每棵子树也满足后序遍历,例如 EFC,先左孩子 E,然后是右孩子 F,最后是父亲 C。

这 3 种遍历,中序遍历是最有用的,它是二叉查找树的核心。

例 3.16 二叉树的遍历 https://www.luogu.com.cn/problem/B3642

问题描述:给定一棵有 $n(n \leqslant 10^6)$ 个节点的二叉树,给出每个节点的两个子节点编号(均不超过 n),建立一棵二叉树(根节点的编号为 1),如果是叶子节点,则输入 0 0。在建好这棵二叉树之后,依次求出它的先序、中序、后序遍历。

输入:第一行一个整数 n,表示节点数。之后 n 行,第 i 行两个整数 l、r,分别表示节点 i 的左右子节点编号。若 l=0,表示无左子节点,r=0 同理。

输出：输出 3 行,每行 n 个数字,用空格隔开。第一行是这棵二叉树的先序遍历,第二行是这棵二叉树的中序遍历,第三行是这棵二叉树的后序遍历。

输入样例：	输出样例：
7	1 2 4 3 7 6 5
2 7	4 3 2 1 6 5 7
4 0	3 4 2 5 6 7 1
0 0	
0 3	
0 0	
0 5	
6 0	

下面是代码。

```
1   N = 100005
2   t = [0] * N                          # tree[0]不用,0 表示空节点
3   class Node:
4       def __init__(self, v, ls, rs):
5           self.v = v
6           self.ls = ls
7           self.rs = rs
8   def preorder(p):                     # 求先序序列
9       if p != 0:
10          print(t[p].v, end = '')      # 先序输出
11          preorder(t[p].ls)
12          preorder(t[p].rs)
13  def midorder(p):                     # 求中序序列
14      if p != 0:
15          midorder(t[p].ls)
16          print(t[p].v, end = '')      # 中序输出
17          midorder(t[p].rs)
18  def postorder(p):                    # 求后序序列
19      if p != 0:
20          postorder(t[p].ls)
21          postorder(t[p].rs)
22          print(t[p].v, end = '')      # 后序输出
23  n = int(input())
24  for i in range(1, n + 1):
25      a, b = map(int, input().split())
26      t[i] = Node(i, a, b)
27  preorder(1);print()
28  midorder(1);print()
29  postorder(1); print()
```

再看一道例题。

 例 3.17　2023 年第十四届蓝桥杯省赛 Python 大学 A 组试题 I：子树的大小 lanqiaoOJ 3526

时间限制：15s 内存限制：512MB 本题总分：25 分

问题描述：给定一棵包含 n 个节点的完全 m 叉树,节点按从根到叶、从左到右的顺序依次编号。例如图 3.11 是一棵拥有 11 个节点的完全三叉树。

请求出第 k 个节点对应的子树拥有的节点数量。

输入：输入包含多组查询。输入的第一行包含一个整数 T，表示查询次数。接下来 T 行，每行包含 3 个整数 n、m、k，表示一组查询。

输出：输出一个正整数，表示答案。

图 3.11　一棵完全三叉树

输入样例：	输出样例：
3	1
1　2　1	2
11　3　4	24
74　5　3	

评测用例规模与约定：对于 40% 的评测用例，$T \leqslant 50, n \leqslant 10^6, m \leqslant 16$；对于 100% 的评测用例，$1 \leqslant T \leqslant 10^5, 1 \leqslant k \leqslant n \leqslant 10^9, 2 \leqslant m \leqslant 10^9$。

这道题可以帮助大家理解树的结构。

第 u 个节点的最左孩子的编号是多少？第 u 号点前面有 u−1 个点，每个点各有 m 个孩子，再加上 1 号点，可得第 u 个点的左孩子下标为 $(u-1) \times m+2$。例如图 3.11 中的 3 号点，求它的最左孩子的编号。3 号点前面有两个点，即 1 号点和 2 号点，每个点都有 3 个孩子，1 号点的孩子是 {2,3,4}，2 号点的孩子是 {5,6,7}，共 6 个孩子。那么 3 号点的最左孩子的编号是 $1+2 \times 3+1=8$。

同理，如果第 u 个节点的孩子是满的，它的最右孩子的编号为 $u \times m+1$。

分析第 u 个节点的情况：

① 点 u 在最后一层。此时点 u 的最左孩子的编号大于 n，即 $(u-1) \times m+2 > n$，说明这个孩子不存在，也就是说点 u 在最后一层，那么以点 u 为根的子树的节点数量是 1，就是 u 自己。

② 点 u 不是最后一层，且 u 的孩子是满的，即最右孩子的编号 $u \times m+1 \leqslant n$。此时可以继续分析 u 的孩子的情况。

③ 点 u 不是最后一层，u 有左孩子，但是孩子不满，此时 u 在倒数第 2 层，它的最右孩子的编号就是 n。以 u 为根的子树的数量=右孩子编号−（左孩子编号−1）+u 自己，即 $n-((u-1) \times m+1)+1=n-u \times m+m$。

下面用两种方法求解。

（1）DFS，通过 40% 的测试。DFS 将在第 6 章讲解，请大家在学过第 6 章以后回头看这个方法。

在情况②，用 DFS 继续搜 u 的所有孩子，下面的代码实现了上述思路。

代码的计算量是多少？每个点都要计算一次，共 t 组查询，所以总复杂度是 O(nt)，只能通过 40% 的测试。

```python
def dfs(n,m,u):
    ans = 1                                  # u 点自己算一个
    if m * u - (m - 2) > n: return ans       # 情况 1），u 点在最后一层，ans = 1
    elif m * u + 1 <= n:                      # 情况 2），u 在倒数第 2 层且孩子满了
        for c in range(m * u - (m - 2), m * u + 2):   # 深搜 u 的每个孩子
            ans += dfs(n,m,c)                 # 累加每个孩子的数量
        return ans
    else: return n + m - m * u               # 情况 3），u 在倒数第 2 层且孩子不满
```

```
9    t = int(input())
10   for _ in range(t):
11       n,m,k = map(int,input().split())
12       print(dfs(n,m,k))
```

（2）模拟。

上面的DFS方法，对于情况②，把每个点的每个孩子都做了一次DFS，计算量很大。

其实每一层算一次即可，在情况②时每一层也只需要算一次。以题目中的图为例，计算以点1为根的节点数量。1号点这一层有一个节点；它的下一层是满的，有3个节点，左孩子是2，右孩子是4；再下一层，2号点的左孩子是5，4号点的孩子是11，那么这一层有 $11-5+1=7$ 个节点。累加得 $1+3+7=11$。

计算量是多少？每一层只需要计算一次，共 $O(\log_2 n)$ 层，t组查询，总计算复杂度是 $O(t\log_2 n)$，能通过100%的测试。

```
1    t = int(input())
2    for _ in range(t):
3        n, m, k = map(int, input().split())
4        ans = 1                          # k点自己算一个
5        ls,rs = k,k                      # 从k点开始，分析它的最左和最右孩子
6        while True:
7            ls = (ls - 1) * m + 2        # 这一层的最左孩子
8            rs = rs * m + 1              # 这一层的最右孩子
9            if ls > n: break             # 情况1），已经到最后一层，结束
10           if rs >= n:                  # 情况3），孩子不满
11               ans += n - ls + 1        # 加上孩子的数量
12               break
13           ans += rs - ls + 1           # 情况2），这一层是满的，累加这一层的所有孩子
14       print(ans)
```

再看一道例题。

 例3.18　FBI树　https://www.luogu.com.cn/problem/P1087

问题描述：把由"0"和"1"组成的字符串分为3类，全"0"串称为B串，全"1"串称为I串，既含"0"又含"1"的串则称为F串。FBI树是一种二叉树，它的节点类型也包括F节点、B节点和I节点3种。由一个长度为 2^N 的"01"串S可以构造出一棵FBI树T，递归的构造方法如下：

① T的根节点为R，其类型与串S的类型相同。

② 若串S的长度大于1，将串S从中间分开，分为等长的左右子串 S_1 和 S_2；由左子串 S_1 构造R的左子树 T_1，由右子串 S_2 构造R的右子树 T_2。

现在给定一个长度为 2^N 的"01"串，请用上述构造方法构造一棵FBI树，并输出它的后序遍历序列。

输入：第一行是一个整数 $N(0\leqslant N\leqslant 10)$。第二行是一个长度为 2^N 的"01"串。

输出：输出一个字符串，即FBI树的后序遍历序列。

输入样例：	输出样例：
3	IBFBBBFIBFIIIFF
10001011	

评测用例规模与约定：对于40%的评测用例，$N\leqslant 2$；对于100%的评测用例，$N\leqslant 10$。

首先确定用满二叉树来存题目的 FBI 树,满二叉树用静态数组实现。当 N＝10 时,串的长度是 $2^N＝1024$,有 1024 个元素,需要建一棵大小为 4096 的二叉树 tree[4096]。

题目要求建一棵满二叉树,从左到右的叶子节点就是给定的串 S,并且把叶子节点按规则赋值为字符 F、B、I,把它们上一层的父节点也按规则赋值为字符 F、B、I。最后用后序遍历打印二叉树。

下面是代码。

```
1   def ls(p): return p << 1              # 定位左孩子：p * 2
2   def rs(p): return p << 1|1            # 定位右孩子：p * 2 + 1
3   def build_FBI(p,left,right):
4       if left == right:                # 到达叶子节点
5           if s[right] == '1': tree[p] = 'I'
6           else: tree[p] = 'B'
7           return
8       mid = (left + right)//2          # 分成两半
9       build_FBI(ls(p),left,mid)        # 递归左半
10      build_FBI(rs(p),mid + 1,right)   # 递归右半
11      if tree[ls(p)] == 'B' and tree[rs(p)] == 'B':
12          tree[p] = 'B'                # 左右孩子都是 B,自己也是 B
13      elif tree[ls(p)] == 'I' and tree[rs(p)] == 'I':
14          tree[p] = 'I'                # 左右孩子都是 I,自己也是 I
15      else: tree[p] = 'F'
16  def postorder(p):                    # 后序遍历
17      if tree[ls(p)] != '': postorder(ls(p))
18      if tree[rs(p)] != '': postorder(rs(p))
19      print(tree[p],end = '')
20  n = int(input())
21  s = input().strip()
22  tree = [''] * 4400                    # tree[]存满二叉树
23  build_FBI(1,0, len(s) - 1)
24  postorder(1)
```

【练习题】

lanqiaoOJ：完全二叉树的权值 183。

洛谷：American Heritage P1827、求先序排列 P1030。

扫一扫
视频讲解

3.8　并　查　集

并查集通常被认为是一种"高级数据结构",可能是因为用到了集合这种"高级"方法。不过,并查集的编码很简单,数据存储方式也仅用到了最简单的一维数组,可以说并查集是"并不高级的高级数据结构"。

并查集的英文为 Disjoint Set,直译是"不相交集合"。其实意译为"并查集"非常好,因为它概括了并查集的 3 个要点：并、查、集。并查集是"不相交集合上的合并、查询"。

并查集精巧、实用,在算法竞赛中很常见,原因有三点：简单且高效、应用很直观、容易与其他数据结构和算法结合。并查集的经典应用有判断连通性、最小生成树 Kruskal 算法[①]、最

---

① 并查集是 Kruskal 算法的绝配,如果不用并查集,Kruskal 算法很难实现。本作者曾拟过一句赠言："Kruskal 对并查集说,咱们一辈子是兄弟！"

近公共祖先(Least Common Ancestors,LCA)等。

通常用"帮派"的例子来说明并查集的应用背景。在一个城市中有 n 个人,他们分成不同的帮派;给出一些人的关系,例如 1 号、2 号是朋友,1 号、3 号也是朋友,那么他们都属于一个帮派;在分析完所有的朋友关系之后,问有多少个帮派,每个人属于哪个帮派。给出的 n 可能大于 10^6。如果用并查集实现,不仅代码很简单,而且计算复杂度几乎是 O(1),效率极高。

并查集效率高,是因为用到了"路径压缩[①]"这一技术。

3.8.1 并查集的基本操作

用"帮派"的例子说明并查集的 3 个基本操作:初始化、合并、查找。

(1) 初始化。在开始的时候,帮派的每个人是独立的,相互之间没有关系。把每个人抽象成一个点,每个点有独立的集,n 个点就有 n 个集。也就是说,每个人的帮主就是自己,共有 n 个帮。

如何表示集? 非常简单,用一维数组 int s[] 来表示,s[i] 的值就是点 i 所属的并查集。初始化 s[i]=i,也就是说,点 i 的集就是 s[i]=i,例如点 1 的集 s[1]=1,点 2 的集 s[2]=2,等等。

用图 3.12 说明并查集的初始化。左边的图给出了点 i 与集 s[i] 的值,下画线数字表示集。右边的图表示点和集的逻辑关系,用圆圈表示集,方块表示点。初始时,每个点属于独立的集,5 个点有 5 个集。

 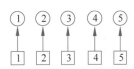

图 3.12 并查集的初始化

(2) 合并。把两个点合并到一个集,就是把两个人所属的帮派合并成一个帮派。

如何合并? 如果 s[i]=s[j],就说明 i 和 j 属于同一个集。操作很简单,把它们的集改成一样即可。下面举例说明。

例如点 1 和点 2 是朋友,把它们合并到一个集。具体操作是把点 1 的集 1 改成点 2 的集 2,s[1]=s[2]=2。当然,把点 2 的集改成点 1 的集也行。经过这个合并,1 和 2 合并成一个帮派,帮主是 2。

图 3.13 演示了合并的结果,此时有 5 个点、4 个集,其中 s[2] 包括两个点。

 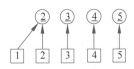

图 3.13 合并(1, 2)

下面继续合并,合并点 1 和点 3。合并的结果是让 s[1]=s[3]。

首先查找点 1 的集,发现 s[1]=2。再继续查找 2 的集,s[2]=2,2 的集是自己,无法继

[①] 本作者曾拟过一句赠言:"路径压缩担任总经理之后,并查集公司的管理效能实现了跨越式发展。"

续,查找结束。这个操作是查找 1 的帮主。

再查找点 3 的集,s[3]＝3。由于 s[2]不等于 s[3],说明 2 和 3 属于不同的帮派。下面把点 2 的集 2 合并到点 3 的集 3。具体操作是修改 s[2]＝3,也就是让 2 的帮主成为 3。此时点 1、2、3 都属于一个集:s[1]＝2、s[2]＝3、s[3]＝3。1 的上级是 2,2 的上级是 3,这 3 个人的帮主是 3,形成了一个多级关系。

图 3.14 演示了合并的结果。为了简化图示,把点 2 和集 2 画在了一起。

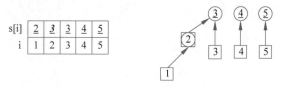

图 3.14 合并(1,3)

继续合并,合并点 2 和点 4。结果如图 3.15 所示,合并过程请读者自己分析。合并的结果是 s[1]＝2、s[2]＝3、s[3]＝4、s[4]＝4。4 是 1、2、3、4 的帮主。另外还有一个独立的集 s[5]＝5。

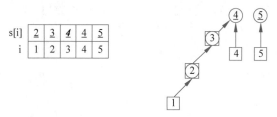

图 3.15 合并(2,4)

(3) 查找某个点属于哪个集。从上面的图示可知,这是一个递归的过程,例如找点 1 的集,递归步骤是 s[1]＝2、s[2]＝3、s[3]＝4、s[4]＝4,最后点的值和它的集相等,递归停止,就找到了集。

(4) 统计有多少个集。只要检查有多少个点的集等于自己(自己是自己的帮主),就有多少个集。如果 s[i]＝i,这是这个集的根节点,是它所在的集的代表(帮主);统计根节点的数量,就是集的数量。在上面的图示中,只有 s[4]＝4、s[5]＝5,有两个集。

从上面的图中可以看到,并查集是"树的森林",一个集是一棵树,有多少棵树就有多少个集。有些树的高度可能很大(帮派中每个人都只有一个下属),递归步骤是 O(n)的。此时这个集变成了一个链表,出现了并查集的"退化"现象,使得递归查询十分耗时。这个问题可以用"路径压缩"来彻底解决。经过路径压缩后的并查集,查询效率极高,是 O(1)的。

用下面的例题给出并查集的基本操作的编码。

 例 3.19   亲戚 https://www.luogu.com.cn/problem/P1551

问题描述:若某个家族过于庞大,要判断两个人是否为亲戚,确实很不容易,现在给出某个亲戚关系图,求任意给出的两个人是否具有亲戚关系。规定:x 和 y 是亲戚,y 和 z 是亲戚,那么 x 和 z 也是亲戚。如果 x,y 是亲戚,那么 x 的亲戚都是 y 的亲戚,y 的亲戚也都是 x 的亲戚。

输入:第一行包含3个整数 n、m、p,n, m, p≤5000,分别表示有 n 个人,m 个亲戚关系,查询 p 对亲戚关系。以下 m 行,每行两个数 M_i、M_j,1≤M_i,M_j≤n,表示 M_i 和 M_j 有亲戚关系。接下来 p 行,每行两个数 P_i、P_j,查询 P_i 和 P_j 是否具有亲戚关系。

输出:输出 p 行,每行一个 Yes 或 No,表示第 i 个查询的答案为"具有"或"不具有"亲戚关系。

输入样例:	输出样例:
6 5 3	Yes
1 2	Yes
1 5	No
3 4	
5 2	
1 3	
1 4	
2 3	
5 6	

下面是并查集的代码。

```
1   N = 5010
2   s = []                                # 定义并查集
3   def init_set():                       # 并查集的初始化
4       global s
5       #s = [i for i in range(N)]         # 与下一行的功能一样
6       s = list(range(N))
7   def find_set(x):                      # 查找
8       global s
9       #if x == s[x]: return x
10      #else: return find_set(s[x])       # 将这两行合并为下面一行
11      return x if x == s[x] else find_set(s[x])
12  def merge_set(x, y):                  # 合并
13      global s
14      x = find_set(x)
15      y = find_set(y)
16      if x != y: s[x] = s[y]            # y 成为 x 的上级,x 的集改成 y 的集
17  def main():
18      init_set()
19      n, m, p = map(int, input().split())
20      for _ in range(m):                # 合并
21          x, y = map(int, input().split())
22          merge_set(x, y)
23      for _ in range(p):                # 查询
24          x, y = map(int, input().split())
25          if find_set(x) == find_set(y): print("Yes")
26          else: print("No")
27  if __name__ == "__main__": main()
```

(1) 初始化 init_set()。

(2) 查找 find_set()。递归函数,若 x == s[x],这是一个集的根节点,结束。若 x != s[x],继续递归查找根节点。

(3) 合并 merge_set(x, y)。合并 x 和 y 的集,先递归找到 x 的集,再递归找到 y 的集,然后把 x 合并到 y 的集上。如图 3.16 所示,x 递归到根 b,y 递归到根 d,最后合并为 set[b]=d。合并后,这棵树变长了,查询效率变低。

下一节用路径压缩来优化并查集的退化问题。

图 3.16 合并

3.8.2 路径压缩

在做并查集题目时,大家一定会用到路径压缩这个优化技术。路径压缩是并查集真正的核心,不过它的原理和代码极为简单。

在上一节的查询函数 find_set() 中,查询元素 i 所属的集需要递归搜索整个路径直到根节点,返回值是根节点。这条搜索路径可能很长,从而导致超时。

如何优化?如果在递归返回的时候顺便把这条路径上所有的点所属的集改成根节点(所有人都只有帮主一个上级,不再有其他上级),那么下次再查询这条路径上的点属于哪个集,就能在 O(1) 的时间内得到结果。如图 3.17(a) 所示,在第一次查询点 1 的集时需要递归路径查 3 次;在递归返回时把路径上的 1、2、3 所属的集都改成 4,使得所有点的集都是 4,如图 3.17(b) 所示。这样下次再查询 1、2、3、4 所属的集,只需要递归一次就查到了根。

(a)   (b)

图 3.17 路径压缩

路径压缩的代码非常简单。把上一节代码中的 find_set() 改成以下路径压缩的代码。

```
1   def find_set(x):
2       if(x != s[x])s[x] = find_set(s[x])      # 路径压缩
3       return s[x]
```

以上介绍了查询时的路径压缩,那么合并时也需要做路径压缩吗?一般不需要,因为合并需要先查询,查询用到了路径压缩,间接地优化了合并。

在路径压缩之前,查询和合并都是 O(n) 的。经过路径压缩之后,查询和合并平均都是 O(1) 的,并查集显示出了巨大的威力。

3.8.3 例题

例 3.20 修复公路 https://www.luogu.com.cn/problem/P1111

问题描述:A 地区在地震过后,连接所有村庄的公路都被损坏而无法通车。政府派人修复这些公路,给出 A 地区的村庄数 N 和公路数 M,公路是双向的,并告知每条公路连着哪两个村庄,以及什么时候能修完这条公路,问最早什么时候任意两个村庄能够通车,即最早什么时候任意两个村庄都存在至少一条修复完成的道路(可以由多条公路连成一条道路)。

输入:第一行包含两个正整数 N、M。下面 M 行,每行 3 个正整数 x、y、t,告知这条公路连着 x 和 y 两个村庄,在时间 t 时能修复完成这条公路。

输出:如果全部公路修复完毕仍然存在两个村庄无法通车,则输出 -1,否则输出最早什么时候任意两个村庄能够通车。

输入样例:	输出样例:
4 4	5
1 2 6	
1 3 4	
1 4 5	
4 2 3	

评测用例规模与约定:$1 \leqslant x$,$y \leqslant N \leqslant 10^3$,$1 \leqslant M$,$t \leqslant 10^5$。

题目看起来像图论的最小生成树,不过用并查集可以简单地解决。

本题实际上是连通性问题,连通性也是并查集的一个应用场景。

先按时间 t 把所有道路排序,然后按时间 t 从小到大逐个加入道路,合并村庄。如果在某个时间所有村庄已经通车,这就是最小通车时间,输出并结束。如果所有道路都已经加入,但是还有村庄没有合并,则输出-1。

用并查集处理村庄的合并,在合并时统计通车村庄的数量。

下面的代码没有写合并函数 merge_set(),而是把合并功能写在第 16~19 行,做了灵活处理。第 18 行,如果村庄 x 和 y 已经连通,那么连通的村庄数量不用增加;第 19 行,如果村庄 x 和 y 没有连通,则合并并查集。

```
1   def find_set(x, s):                          # 用"路径压缩"优化的查询
2       if x != s[x]: s[x] = find_set(s[x], s)   # 路径压缩
3       return s[x]
4   def main():
5       n, m = map(int, input().split())
6       #s = [i for i in range(m + 1)]           # 并查集的初始化
7       s = list(range(m + 1))                    # 和上一行的功能一样
8       e = []
9       for _ in range(m):
10          x, y, t = map(int, input().split())
11          e.append((x, y, t))
12      e.sort(key = lambda x: x[2])              # 按时间 t 排序
13      ans = 0                                   # 答案,最早通车时间
14      num = 0                                   # 已经连通的村庄数量
15      for i in range(m):
16          x = find_set(e[i][0], s)              # 第 18~20 行
17          y = find_set(e[i][1], s)
18          if x == y: continue                   # x 和 y 已经连通,num 不用增加
19          s[x] = y                              # 合并并查集,即把村庄 x 合并到 y 上
20          num += 1                              # 连通的村庄加 1
21          ans = max(ans, e[i][2])               # 当前最大通车时间
22      if num != n - 1:print("-1")
```

```
23        else: print(ans)
24   if __name__ == "__main__":main()
```

再看一道比较难的例题。

 例 3.21　2019 年第十届蓝桥杯省赛 C/C++大学 A 组试题 H：修改数组
　　　　　　lanqiaoOJ 185

　　问题描述：给定一个长度为 N 的数组 A＝[A_1，A_2，…，A_N]，数组中可能有重复出现的整数。小明要按以下方法将其修改为没有重复整数的数组。小明会依次修改 A_2、A_3、……、A_N。当修改 A_i 时，小明会检查 A_i 是否在 $A_1 \sim A_{i-1}$ 中出现过。如果出现过，小明会给 A_i 加 1；如果新的 A_i 仍在之前出现过，小明会持续给 A_i 加 1，直到 A_i 没有在 $A_1 \sim A_{i-1}$ 中出现过。当 A_N 也经过上述修改之后，显然 A 数组中没有重复的整数了。现在给定初始的 A 数组，请计算出最终的 A 数组。

　　输入：第一行包含一个整数 N，第二行包含 N 个整数 A_1、A_2、……、A_N。

　　输出：输出 N 个整数，依次是最终的 A_1、A_2、……、A_N。

输入样例：	输出样例：
5 2 1 1 3 4	2 1 3 4 5

　　评测用例规模与约定：对于 80% 的评测用例，1≤N≤10000；对于所有评测用例，1≤N≤100000，1≤A_i≤1000000。

　　这是一道好题，很难想到可以用并查集来做。

　　先尝试暴力的方法：每读入一个新的数，就检查前面是否出现过，每一次需要检查前面所有的数。共有 n 个数，每个数检查 O(n) 次，所以总复杂度是 $O(n^2)$，编写代码提交可能通过 30% 的测试。

　　容易想到一个改进的方法：用 hash。定义 vis[] 数组，vis[i] 表示数字 i 是否已经出现过。这样就不用检查前面所有的数了，基本上可以在 O(1) 的时间内定位到。

　　然而本题有一个特殊的要求："如果新的 A_i 仍在之前出现过，小明会持续给 A_i 加 1，直到 A_i 没有在 $A_1 \sim A_{i-1}$ 中出现过。"这导致在某些情况下仍然需要做大量的检查。以 5 个 6 为例：A[]＝{6，6，6，6，6}。

　　第一次读 A[1]＝6，设置 vis[6]＝1。

　　第二次读 A[2]＝6，先查到 vis[6]＝1，则把 A[2] 加 1，变为 a[2]＝7；再查 vis[7]＝0，设置 vis[7]＝1。检查了两次。

　　第三次读 A[3]＝6，先查到 vis[6]＝1，则把 A[3] 加 1 得 A[3]＝7；再查到 vis[7]＝1，再把 A[3] 加 1 得 A[3]＝8，设置 vis[8]＝1；最后查 vis[8]＝0，设置 vis[8]＝1。检查了 3 次。

　　……

　　每次读一个数，仍需要检查 O(n) 次，总复杂度仍然是 $O(n^2)$。

　　下面给出 hash 代码，提交后能通过 80% 的测试。

```
1   N = 1000002            # A 的 hash,1≤A_i≤1000000
2   vis = [0] * N          # hash: vis[i]=1 表示数字 i 已经存在
3   n = int(input())
```

```
4    A = [int(i) for i in input().split()]    # 读一行 n 个整数
5    for a in A:
6        while vis[a] == 1:                     # 若 a 已经出现过,加 1。若加 1 后再出现,则继续加 1
7            a += 1
8        vis[a] = 1                             # 标记该数字
9        print(a, end = " ")                    # 打印
```

这道题用并查集非常巧妙。

前面提到本题用 hash 方法,在特殊情况下仍然需要做大量的检查,问题出在"持续给 A_i 加 1,直到 A_i 没有在 $A_1 \sim A_{i-1}$ 中出现过",也就是说问题出在那些相同的数字上。当处理一个新的 A[i] 时,需要检查所有与它相同的数字。

如果把这些相同的数字看成一个集合,就能用并查集处理。

用并查集 s[i] 表示访问到 i 这个数时应该将它换成的数字。以 A[]={6,6,6,6,6} 为例,如图 3.18 所示。初始化时 set[i]=i。

(a) 读第一个 6　　　　(b) 读第二个 6　　　　(c) 读第三个 6

图 3.18　用并查集处理数组 A

图 3.18(a)读第一个数 A[0]=6。6 的集 set[6]=6。紧接着更新 set[6]=set[7]=7,作用是后面再读到某个 A[k]=6 时,可以直接赋值 A[k]=set[6]=7。

图 3.18(b)读第二个数 A[1]=6。6 的集 set[6]=7,更新 A[1]=7。紧接着更新 set[7]=set[8]=8,作用是后面再读到某个 A[k]=6 或 7 时,可以直接赋值 A[k]=set[6]=8 或者 A[k]=set[7]=8。

图 3.18(c)读第三个数 A[2]=6。请读者自己分析。

下面是代码,只用到并查集的查询,没用到合并。这里必须用"路径压缩"优化才能加快查询速度,通过 100% 的测试,如果没有用路径压缩,仍然会超时。

```
1    def find_set(x, s):                        # 用"路径压缩"优化的查询
2        if x != s[x]: s[x] = find_set(s[x], s)    # 路径压缩
3        return s[x]
4    def main():
5        N = 1000002
6        A = [0] * N
7        s = list(range(N))                     # 定义并查集,并完成初始化
8        n = int(input())
9        A = [0] + [int(i) for i in input().split()]   # 读一行 n 个整数,存到 A[1]~A[N]
10       for i in range(1, n + 1):
11           root = find_set(A[i], s)           # 查询到并查集的根
12           A[i] = root
13           s[root] = find_set(root + 1, s)    # 加 1
14       # for i in range(1, n + 1): print(A[i], end = " ")
15       print( * A[1:])                         # 功能和上一行一样,打印 A[1]~A[N]
16   if __name__ == "__main__": main()
```

【练习题】

lanqiaoOJ:蓝桥幼儿园 1135、简单的集合合并 3959、合根植物 110。

洛谷：一中校运会之百米跑 P2256、村村通 P1536、家谱 P2814、选择题 P6691。

3.9　扩展学习

数据结构是算法大厦的砖石，它们渗透在所有问题的代码实现中。数据结构和算法密不可分。

本章介绍了一些基础数据结构：数组、链表、队列、栈、二叉树。在竞赛中既可以用库函数来实现题目，也可以手写代码实现。对于库函数，大家应该重点掌握，大多数题目能直接用库函数实现，编码简单快捷，不容易出错。如果需要手写数据结构，一般使用静态数组来模拟，这样做编码快且不容易出错。

对于基础数据结构，程序员应该能不假思索地、条件反射般地写出来，使得它们成为大脑的"思想钢印"。

在学习基础数据结构的基础上可以继续学习高级数据结构。大部分高级数据结构很难，是算法竞赛中的难题。在蓝桥杯这种短时个人赛中，高级数据结构并不多见，近年来考过并查集、线段树。读者可以多练习线段树，线段树是标志性的中级知识点，是从初级水平进入中级水平的里程碑。

学习计划可以按以下知识点展开。

中级：树上问题、替罪羊树、树状数组、线段树、分块、莫队算法、块状链表、LCA、树上分治、Treap 树、笛卡儿树、K-D 树。

高级：Splay 树、可持久化线段树、树链剖分、FHQ Treap 树、动态树、LCT。

在计算机科学中，各种数据结构的设计、实现、应用非常精彩，它们对数据的访问方式、访问的效率、空间利用各有侧重。通过合理选择和设计数据结构，可以优化算法的执行时间和空间复杂度，从而提高程序的性能。

第 4 章

排序和排列

　　排序是基本的数据处理，竞赛队员需要理解各
种排序算法的思想和编码，并且熟练掌握排序函数
在各种场景下的应用；排列是基础的数据操作。
排序和排列都是蓝桥杯大赛必备的考点。

排序是数据处理的基本操作之一,每次算法竞赛都会有很多题目用到排序。排序算法是计算机科学中基础且常用的算法,排序后的数据更易于处理和查找。在计算机科学的发展历程中,对排序算法的研究一直深受人们重视,出现了很多算法,在思路、效率、应用等方面各有特色。通过学习排序算法,读者可以理解不同算法的优势和局限性,并根据具体情况选择最合适的算法,以提高程序的性能和效率。学习排序算法还有助于培养大家的逻辑思维和问题解决能力,在解决其他类型的问题时也能够运用类似的思维方法。

排列也是一种常用的数据处理,本章介绍一些比较简单的编码方法。

扫一扫
视频讲解

4.1　十大排序算法

在参加竞赛时,绝大多数情况下并不需要自己手写排序的代码,而是直接用系统提供的排序函数 sort()。强烈建议读者学习各种排序算法,掌握原理,并自己动手练习写出代码,因为各种排序算法有不同的思路,能启发和丰富大家的计算思维,而且很多算法的原理来源于这些排序算法。

在众多排序算法中有 10 种经典算法,本节用下面的例题详解这 10 种排序算法。

例 4.1　排序 https://www.luogu.com.cn/problem/P1177

问题描述:将读入的 N 个数从小到大排序后输出。

输入:第一行为一个正整数 N。第二行包含 N 个以空格隔开的正整数 a_i。

输出:将给定的 N 个数从小到大输出,数之间以空格隔开。

说明:对于 20% 的数据,$1 \leqslant N \leqslant 10^3$;对于 100% 的数据,$1 \leqslant N \leqslant 10^5$,$1 \leqslant a_i \leqslant 10^9$。

输入样例:	输出样例:
5	1 2 4 4 5
4 2 4 5 1	

4.1.1　选择排序

选择排序(Selection Sort)是最简单、直观的排序算法,虽然效率不高,但是易于理解和实现。

排序的目的是什么? 例如对 n 个数从小到大排序,就是把杂乱无序的 n 个数放到它们应该在的位置。

最直接的做法是找到最小的数,放在第 1 个位置;找到第 2 小的数,放在第 2 个位置;……;找到第 n 大的数,放在第 n 个位置。

这个思路就是选择排序,具体操作描述如下。

(1) 第一轮,在 n 个数中找到最小的数,然后与第 1 个位置的数交换,这样就把最小的数放到了第 1 个位置,如图 4.1 所示。

图 4.1　找最小的数,放到第 1 个位置

（2）第二轮，在第 2～n 个数中找到最小的数，然后与第 2 个位置的数交换，这样就把第 2 小的数放到了第 2 个位置，如图 4.2 所示。

图 4.2　找第 2 小的数，放到第 2 个位置

（3）第三轮，在第 3～n 个数中找到最小的数，……

一共执行 n−1 轮操作，第 i 轮找到第 i 小的数，放到第 i 个位置，就排好序了。

例 4.1 的选择排序的代码如下。

```
1   def selection_sort():
2       global a, n
3       for i in range(n−1):
4           m = i                       # m：记录a[i]~a[n−1]的最小数所在的位置
5           for j in range(i + 1, n):   # 找a[i]~a[n−1]的最小数
6               if a[j] < a[m]: m = j
7           a[i], a[m] = a[m], a[i]      # 交换
8   n = int(input())
9   a = list(map(int, input().split()))
10  selection_sort()
11  print( * a)                         # 或者：for i in range(n): print(a[i], end = " ")
```

选择排序算法的计算量是多少？找最小的数需要比较 n−1 次，找第 2 小的数需要比较 n−2 次，……，一共需要比较约 $n^2/2$ 次，把它的计算复杂度记为 $O(n^2)$。直接看代码也能得到这个结论：有两重 for 循环，分别循环约 n 次，共循环 $O(n^2)$ 次。

将上述代码提交到判题系统，只能通过 20% 的测试。判题系统一般给一秒的执行时间，计算机一秒大约能计算一亿次。本题 20% 的数据，有 $n \leqslant 10^3$，能在一秒内算完。若 $n = 10^5$，选择排序需要计算 $n^2 = 100$ 亿次，超时。

选择排序是一种"死脑筋"的算法，它与原数列的特征无关，不管原数列是不是有序，都得计算 $O(n^2)$ 次。下面的"冒泡排序算法"就聪明得多，如果第一轮找最大数时发现数列已经有序，就停止不再做排序计算。

选择排序虽然低效，但也有优点：（1）简单易写；（2）不占用额外的空间，排序就在原来的数列上操作。

4.1.2　冒泡排序

冒泡排序（Bubble Sort）也是一种简单、直观的排序算法，它的算法思想和选择排序差不多，略有区别。

第一轮，找到最大的数，放在第 n 个位置。

第二轮，找到第 2 大的数，放在第 n−1 个位置。

……

第 n 轮，找到最小的数，放在第 1 个位置。

与选择排序相比，冒泡排序用到了"冒泡"这个小技巧。以"第一轮，找到最大的数，放在第 n 个位置"为例，对 a[0] ～ a[n−1] 做冒泡排序，操作如下：

（1）从第 1 个数 a[0] 开始，比较 a[0] 和 a[1]，如果 a[0]>a[1]，交换。这一步把前两个

数中的大数放到了第 2 个位置，如图 4.3 所示。

（2）比较 a[1] 和 a[2]，如果 a[1]＞a[2]，交换。这一步把前 3 个数中的最大数放到了第 3 个位置，如图 4.4 所示。

图 4.3　比较 a[0] 和 a[1]　　　　　　　　图 4.4　比较 a[1] 和 a[2]

（3）比较 a[2] 和 a[3]，……

依次比较相邻的两个数，直到最后两个数 a[n−2] 和 a[n−1]，就把最大的数放到了第 a[n−1] 个位置，一共比较了 n−1 次。

将这个过程形象地比喻为"冒泡"，最大的元素像气泡一样慢慢地"浮"到了顶端。

以上是"第一轮，最大元素的冒泡"，其他的数也用同样的方法处理，一共做 n−1 轮冒泡。第 i 轮找第 i 大的数，冒泡到 a[n−i]，就把第 i 大的数放到了第 n−i 个位置。

例 4.1 的冒泡排序的代码如下。

```
1   def bubble_sort():
2       global a, n
3       for i in range(n - 1):
4           swapped = False
5           for j in range(n - i - 1):
6               if a[j] > a[j + 1]:
7                   a[j], a[j + 1] = a[j + 1], a[j]
8                   swapped = True
9           if not swapped: break
10              # 优化：这一轮冒泡没有发生交换，说明已经有序，结束
11  n = int(input())
12  a = list(map(int, input().split()))
13  bubble_sort()
14  print( * a) # 或者: for i in range(n): print(a[i], end = " ")
```

冒泡排序算法的计算复杂度：第 3 行和第 5 行有两重 for 循环，计算复杂度为 $O(n^2)$，和选择排序的计算复杂度一样。

冒泡排序算法可以进一步优化：若两个相邻的数已经有序，那么不用冒泡；在第 i 轮求第 i 大的数时，若一次冒泡都没有发生，说明整个数列已经有序，算法结束。代码第 4 行的 swapped 用于判断是否发生了冒泡。所以冒泡排序算法是"聪明"的排序算法。

4.1.3　插入排序

插入排序（Insertion Sort）是一种"动态"算法：在一个有序数列上逐个新增数据，当新增一个数 x 时，把它插到有序数列中的合适位置，使数列仍然保持有序。初始时数列是空的，在逐个插入所有的 n 个数据后，这 n 个数据就排好序了。

如何把 x 插到合适位置？简单的做法是从有序数列的最后一个数开始，逐个与 x 比较，若这个数比 x 大，就继续往前找，直到找到比 x 小的数，把 x 插到它的后面。

具体操作以{3，7，4，5，6，1，8，2}为例。

（1）从第一个数 a[0] 开始。它构成了长度为 1 的有序数列{a[0]}，如图 4.5 所示。

（2）新增 a[1]，把它插到有序数列{a[0]}中，如图 4.6 所示。

若 a[1]≥a[0],完成。

若 a[1]<a[0],把 a[1]插到 a[0]的前面。方法是先把 a[0]挪到数列的第 2 个位置,然后把 a[1]放到数列的第 1 个位置,得到新的有序数列{a[0],a[1]}。

(3) 新增 a[2],把它插到有序数列{a[0],a[1]}中,如图 4.7 所示。

| 图 4.5 | 处理第一个数 3 | 图 4.6 | 处理第 2 个数 7 并插到正确的位置 | 图 4.7 | 处理第 3 个数 4 并插到正确的位置 |

(4) 新增 a[3],……

插入排序的原理:将待排序的元素划分为"已排序"和"未排序"两部分,每次从"未排序"元素中选择一个插到"已排序"元素中的正确位置。插入排序的一个例子是打扑克时的抓牌,每抓一张牌,就插到手中排好序的牌中。

下面是例 4.1 的插入排序的代码,其执行过程:从 a[1]开始遍历数组,将当前要插入的数作为 key,然后将它和前面的有序数列一一比较,如果发现前一个数大于 key,则将它后移一位,直到找到一个前面的数不再大于 key,就找到了 key 应该插入的位置,将 key 插到该位置即可。

```
1   def insertion_sort():
2       global a, n
3       for i in range(1, n):
4           key = a[i]                    # 记下 a[i],准备把它插到前面合适的地方
5           j = i - 1
6           while j >= 0 and a[j] > key:   # 若 key 比 a[j]小
7               a[j + 1] = a[j]            # 把 a[j]往后挪,给 key 腾位置
8               j -= 1
9           a[j + 1] = key                # 把 key 插到这里
10  n = int(input())
11  a = list(map(int, input().split()))
12  insertion_sort()
13  print( * a)                           # 或者: for i in range(n): print(a[i], end = " ")
```

插入排序的计算复杂度取决于第 3 行的 for 循环和第 6 行的 while 循环,这是两重循环,各循环 O(n)次,总计算复杂度为 $O(n^2)$。

插入排序是不是和冒泡排序一样"聪明"? 也就是说,如果待排序的数列已经有序,再运行插入排序算法,插入排序是否知道序列已经排好序了? 此时第 6 行的 while 循环的判断条件 a[j]>key 始终不成立,while 内的第 7、8 行不会执行,而第 9 行实际上就是 a[i] = key,没有任何变化。也就是说,再次插入都是插到末尾,不用插到中间。那么 for、while 这两重循环实际上变成了只有 for 循环,一共计算 O(n)次即结束。所以插入排序和冒泡排序一样"聪明"。

下一节的希尔排序是对插入排序的优化,其核心思想是让数列尽量有序,从而减少while 循环。

4.1.4   希尔排序

希尔排序(Shell Sort)是一种基于插入排序的高效算法。希尔排序算法的思想非常经

典,希望读者仔细体会。

先给出例 4.1 的希尔排序的代码,可以看到,shell_sort() 仅是分多次做插入排序 insertion_sort()。代码的关键处是称为"排序间距"的变量 gap,通过多轮 gap 操作,减少了插入排序时的 while 循环的计算。

```
1   def insertion_sort(gap):
2       global a, n
3       for i in range(gap, n):
4           key = a[i]
5           j = i-1
6           while j >= gap - 1 and a[j - gap + 1] > key:
7               a[j + 1] = a[j - gap + 1]
8               j -= gap                   # 若要测试计算量,在这里统计: cnt += 1
9           a[j + 1] = key
10  def shell_sort():
11      for gap in range(n//2, 0, -1):    # 希尔排序的精髓在这里
12          insertion_sort(gap)
13  n = int(input())
14  a = list(map(int, input().split()))
15  shell_sort()
16  print( * a)                           # 或者: for i in range(n): print(a[i], end = " ")
```

以 a[]＝{8,7,6,5,4,3,2,1}的 8 个数从小到大排序为例说明希尔排序的步骤。

(1) gap＝8/2＝4,对间距为 4 的数排序。共有 4 组数的间距为 4,这 4 组是{8,4}、{7,3}、{6,2}、{5,1}。分别在这 4 组数的内部做插入排序。例如,{8,4}做插入排序的结果是{4,8},如图 4.8 所示。在这一轮,每组内的数做插入排序时都要进入代码第 6 行的 while 循环执行交换操作,共执行 4 次。经过这一轮操作,较大的数挪到了右边,更靠近它们排序后的终止位置。

图 4.8　gap＝4 的排序结果

(2) gap＝4/2＝2,对间距为 2 的数排序。共有两组数的间距为 2,这两组数是{4,2,8,6}、{3,1,7,5}。分别在这两组数的内部做插入排序,例如,{4,2,8,6}做插入排序的结果是{2,4,6,8},如图 4.9 所示。在这一轮,每组内的数做插入排序时有些不需要进入代码第 6 行的 while 循环。例如处理 8 时,它前面的 2、4 已经排好序且更小,8 不用做什么操作。这就是上一轮 gap＝4 的排序操作带来的好处。

图 4.9　gap＝2 的排序结果

(3) gap＝2/2＝1,对间距为 1 的数排序,实际上 gap＝1 的希尔排序就是基本的插入排序。由于前两轮的操作,在这一轮有很多数不用进入代码第 6 行的 while 循环,例如 4、6、8 这 3 个数。即使进入了 while 循环,也只需要做极少的交换操作,例如处理到{5}时,它前面已经得到{1,2,3,4,6},那么{5}只需要插到{6}的前面即可,如图 4.10 所示。

希尔排序在多大程度上改善了插入排序?可以直接对比两份代码的计算量。有兴趣的读者可以这样做:定义一个全局变量 cnt,在 insertion_sort()的 while 循环中累加 cnt,统计

图 4.10　gap＝1 的排序结果

进入了多少次 while 循环。输入数列 $\{8,7,6,5,4,3,2,1\}$，分别执行插入排序和希尔排序，得到插入排序 cnt＝28 次，希尔排序 cnt＝12。显然希尔排序好很多。

根据严格的算法分析[①]，希尔排序的计算复杂度约为 $O(n^{1.5})$。当 $n＝10^5$ 时，计算量约 3000 万次，远小于 $O(n^2)$ 的 100 亿次。

最后概括希尔排序的思路：希尔排序是一种基于插入排序的排序算法，它将一个序列分成若干个子序列，对每个子序列使用插入排序，最后再对整个序列使用一次插入排序。shell_sort() 函数使用 gap 对数组进行分组，然后对每个子序列使用插入排序，最后对整个序列使用插入排序。在插入排序的过程中，每次将元素插到已经排好序的序列中，而这个已经排好序的序列是由前面的插入排序操作得到的，每次操作都相当于将元素插到一个较小的序列中，因此可以更快地将元素插到正确的位置。

4.1.5　计数排序

计数排序（Counting Sort）是基于哈希思想的一种排序算法，它使用一个额外的数组（称为计数数组）来统计每个数出现的次数，然后基于次数输出排序后的数组。

下面以数列 $a[]＝\{5,2,7,3,4,3\}$ 为例说明计数排序的操作步骤。

（1）找到数列的最大值 7，创建计数数组 cnt[8]。

（2）把数列中的每个数看成 cnt[i] 的下标 i，对应的 cnt[i] 计数。例如 $\{5\}$ 对应 cnt[5]＝1，$\{2\}$ 对应 cnt[2]＝1，两个 $\{3\}$ 对应 cnt[3]＝2，等等，如图 4.11 所示。

cnt[i]	0	0	1	2	1	1	1	0	1
i	0	1	2	3	4	5	6	7	

图 4.11　计数排序

（3）遍历 cnt[]，若 cnt[i]＝k，输出 k 次 i。输出结果就是排序结果。

概括地说，计数排序是一种非比较性的排序算法，它使用元素的值作为键值确定元素在序列中出现的次数，从而实现排序。

例 4.1 的计数排序的代码如下。

```
1   def counting_sort():
2       global a, n
3       max_num = max(a)                    # 找到最大值
4       cnt = [0] * (max_num + 1)           # 创建数组 cnt[]
5       for i in range(n): cnt[a[i]] += 1   # 把 a[i] 放到对应的空间中
6       i = 0
7       for j in range(max_num + 1):        # 输出排序的结果
8           while cnt[j] > 0:
9               a[i] = j
10              i += 1
11              cnt[j] -= 1
12  n = int(input())
13  a = list(map(int, input().split()))
14  counting_sort()
15  print( * a)                             # 或者: for i in range(n): print(a[i], end = " ")
```

① https://oi-wiki.org/basic/shell-sort/

counting_sort()函数首先遍历数组,找到数组中的最大值 max_num,然后创建计数数组 cnt[],大小为 max_num+1,用于存储元素出现的次数。接着遍历数组,把每个数出现的次数存储在计数数组中。最后遍历计数数组,将数组中的元素按照次数从小到大依次输出,从而得到一个有序数组。

计数排序的时间复杂度取决于第 7 行的 for 循环,共循环 max_num 次,计算量由 max_num 决定。

这使得计数排序的应用场景非常窄,只适合"小而紧凑"的数列,当所有的数值都不太大且均匀分布时,计数排序才有好的效果。例如 $n=10^5$,且 $0 < a[i] < 10^5$ 时,效率极高,可以在 O(n) 的时间内排序。

如果数列中的数很大,则不适合用计数排序。此时需要创建极大的数组 cnt[],不仅浪费空间,而且计算时间极长。例如对 $\{5, 10^9\}$ 排序,虽然只有两个数,却需要创建大小为 $10^9=1$GB 的数组,且需要在代码第 7 行循环 10^9 次。

将代码提交到判题系统,有 40% 的测试返回 Memory Limit Exceeded,说明代码对这 40% 的测试数据排序时使用的空间超出了内存限制。

4.1.6 桶排序

桶排序(Bucket Sort)是分治思想的应用,它的要点如下:

(1) 有 k 个桶,把要排序的 n 个数尽量均匀地分到每个桶中。

(2) 要求桶之间也是有序的,即第 i 个桶内所有的数小于第 i+1 个桶内所有的数。

(3) 在每个桶的内部排序。

(4) 把所有的桶合起来就是排序的结果。

例如有 100 个数,这些数的大小在 1~100 内,把它们分到 10 个桶中,第 1 个桶放 1~10 内的数,第 2 个桶放 11~20 内的数,……,然后分别在每个桶内排序,最后把所有桶的数合起来输出,就是排序的结果。

为什么分成多个桶,然后在各个桶内排序,能提高效率?这就是分治的威力,下面做一个简单分析。设有一个排序算法,计算复杂度为 $O(n^2)$。把这 n 个数分到 k 个桶中,每个桶装 $\frac{n}{k}$ 个数,且第 i 个桶的所有数小于第 i+1 个桶的所有数。每个桶内排序的计算量是 $\frac{n^2}{k^2}$,k 个桶的总计算量是 $k \times \frac{n^2}{k^2} = \frac{n^2}{k}$。所以结论是使用 k 个桶进行分治,能把原来 $O(n^2)$ 的计算量减少到 $O\left(\frac{n^2}{k}\right)$,优化了 k 倍。

桶排序并不是一个简单的算法,它的性能取决于以下几点:

(1) 桶的数量 k。要求 k≤n,在极端情况下 k=n,且一个桶内只有一个数,那么总计算量就减少为 O(n),达到了最优的计算复杂度。但这几乎是做不到的,所以需要设定一个合适的 k。

(2) 保证桶之间也是有序的,即让第 i 个桶的所有数小于第 i+1 个桶的所有数。简单的做法是按数字的大小分到每个桶中。例如数的大小在 1~100 内,设置 k=10 个桶,第 1 个桶放 1~10 内的数,第 2 个桶放 11~20 内的数,……,这样桶之间就有序了。但是这个简单的方法可能导致分布不均匀,有些桶内数太少,有些桶内数太多。

(3)快速地把 n 个数分开放到 k 个桶中。桶排序的总时间包括两部分,即把 n 个数分到 k 个桶的时间,以及分别在 k 个桶内排序的时间。如果前者耗时太长,也会影响桶排序的性能。

(4)均匀地把 n 个数分开放到 k 个桶中。只有均匀分布,才能发挥分治的威力。在极端情况下,有可能所有的数都分到了一个桶中,其他的桶都是空的,等于没有分桶。例如 100 个数,第 1 个数是 1,其他数都在 91~100 内,把这 100 个数分到 10 个桶中,第 1 个桶放 1~10 内的数,第 2 个桶放 11~20 内的数,……,第 10 个桶放 91~100 内的数,那么结果是第 1 个桶内有 1 个数,第 10 个桶内有 99 个数,其他桶是空的。这样分桶毫无意义,所以需要设计一个合理的分桶算法。

(5)桶内排序。在桶内的排序也需要算法,选用适合的算法会更加高效。

由于上述原因,桶排序不是一个简单的算法,而是多个技术的综合,所以本节没有给出例 4.1 的桶排序的代码。

计数排序可以看作桶排序的一个特例,此时 k 远大于 n,大部分桶是空的。

4.1.7　基数排序

基数排序(Radix Sort)是一种非比较性的排序算法,它不是直接比较各数据的大小,而是按照数据的位数依次进行排序。

"基数"指每个元素的进制位上的取值范围。例如,对于十进制数,每个元素的进制位上的取值范围是 0~9,因此基数为 10;对于二进制数,每个元素的进制位上的取值范围是 0~1,因此基数为 2。

基数排序有最低位优先法(Least Significant Digit first,LSD)、最高位优先法(Most Significant Digit first,MSD)两种,这里介绍较为简单的 LSD 基数排序。

LSD 基数排序是一种反常识的排序方法,它不是先比较高位再比较低位,而是反过来,先比较低位再比较高位。下面以排序{5,47,23,19,17,31}为例。

第 1 步:先按个位的大小排序,得到{31,23,05,47,17,19}。

第 2 步:再按十位的大小排序,得到{05,17,19,23,31,47}。其中 5 只有个位,把它的十位补 0。基数排序需要将所有待比较的数值统一为同样的数位长度,如果某些数的位不够,在前面补 0 即可。

因为所有数字中最大的只有两位,所以只需两步就结束了,得到有序排列。

更特别的是,上述操作并不是用比较的方法得到的,而是用"哈希"的思路:直接把数字放到对应的"桶"里。有 10 个桶,分别标记为 0~9。第 1 步按个位的数字放,第 2 步按十位的数字放。表 4.1 中第 2 步得到的序列就是结果。

表 4.1　LSD 基数排序示例

桶(基数)	0	1	2	3	4	5	6	7	8	9
第 1 步		31		23		05		47、17		19
第 2 步	05	17、19	23	31	47					

LSD 基数排序的复杂度:n 个数,最大的数有 d 位(例如上面的例子,最大的是两位数),每一位有 k 种可能(十进制,0~9 共 10 种情况),复杂度是 $O(d \times (n+k))$,存储空间是

$O(n+k)$。例如对 10000 个最大 5 位的数字进行排序，$n=10000$，$d \leqslant 5$，$k=10$，复杂度 $d \times (n+k) \approx 10000 \times 5$。

对比快速排序，一次快速排序的复杂度为 $n \log_2 n \approx 10000 \times 13$。对比快速排序等排序方法，基数排序在 d 比较小的情况下，即所有的数字差不多大时，是更好的方法。如果 d 比较大，基数排序并不比快速排序更好。

LSD 基数排序也可以看成桶排序的一个特例，上面处理十进制的 0～9，基数为 10，就是 10 个桶。

当基数为其他数值时，桶的数量也不同。例如：

（1）把数字看成二进制，每一位是 0～1，基数为 2，有两个桶。

（2）把数字看成二进制，并且把它按每 16 位划分，例如数字 0xE1BE13DC34，划分成 00E1-BE13-DC34，16 位二进制的范围为 0～65535，基数为 65536，有 65536 个桶。这样做的好处是可以用位操作来处理，速度稍微快一些。

（3）对字符串排序，一个字符串的一个字符是 char 型，8 位二进制的范围为 0～255，基数为 256，就是 256 个桶。

下面给出例 4.1 的 LSD 基数排序的代码。radix_sort() 函数首先遍历数组，找到数组中的最大值 max_num，然后使用 exp 记录当前排序的位数，从个位开始，依次按照位数进行排序，直到最高位。在每次排序中使用计数排序的方法，将元素分配到桶中，然后按照桶的顺序将元素重新排序，最后将排序后的数组复制到原数组中。

```python
 1  def radix_sort():
 2      global a, n
 3      exp = 1
 4      max_num = max(a)                # 找出最大值，目的是知道最大数有多少位
 5      tmp = [0] * len(a)
 6      while max_num // exp > 0:        # 从个位开始，一直到最高位
 7          bucket = [0] * 10
 8          for i in range(n): bucket[(a[i] // exp) % 10] += 1
 9          for i in range(1, 10): bucket[i] += bucket[i - 1]
10          for i in range(n - 1, -1, -1):
11              k = (a[i] // exp) % 10
12              tmp[bucket[k] - 1] = a[i]
13              bucket[k] -= 1
14          for i in range(n): a[i] = tmp[i]
15          exp *= 10
16  n = int(input())
17  a = list(map(int, input().split()))
18  radix_sort()
19  print(*a)                           # 或者：for i in range(n): print(a[i], end = " ")
```

4.1.8 归并排序

归并排序（Merge Sort）和快速排序是分治思想的应用，学习它们，对于理解分治法、提高算法思维能力十分有帮助。

先思考一个问题：如何用分治思想设计排序算法？

分治法有分解、解决、合并 3 个步骤，具体思路如下：

（1）分解。把原来无序的数列分成两部分，对每个部分，再继续分解成更小的两部

分……在归并排序中,只是简单地把数列分成两部分。在快速排序中,是把序列分成左右两部分,左部分的元素都小于右部分的元素。分解操作是快速排序的核心操作。

(2) 解决。分解到最后不能再分解,排序。

(3) 合并。把每次分开的两个部分合并到一起。归并排序的核心操作是合并,其过程类似于交换排序。快速排序并不需要合并操作,因为在分解过程中左右部分已经是有序的。

图 4.12 所示的例子给出了归并排序的操作步骤。初始数列经过 3 趟归并之后,得到一个从小到大的有序数列。

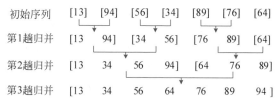

图 4.12　归并排序

归并排序的主要操作如下:

(1) 分解。把初始序列分成长度相同的左右两个子序列,然后把每个子序列再分成更小的两个子序列……,直到子序列只包含一个数。这个过程用递归实现,图 4.12 中的第一行是初始序列,每个数是一个子序列,可以看成递归到达的最底层。

(2) 求解子问题,对子序列排序。最底层的子序列只包含一个数,其实不用排序。

(3) 合并。归并两个有序的子序列,这是归并排序的主要操作,过程如图 4.13 所示。例如在图(1)中,i 和 j 分别指向子序列{13,94,99}和{34,56}的第 1 个数,进行第一次比较,发现 a[i]<a[j],把 a[i] 放到临时空间 b[] 中。共经过 4 次比较,得到 b[] = {13,34,56,94,99}。

```
a[]: [13   94   99]  [34   56]      a[]: [13   94   99]  [34   56]
       ↑             ↑                      ↑            ↑
      i=0           j=3                     i=1          j=3
b[]: [13                    ]       b[]: [13   34              ]
         (1) 第1次比较                        (2) 第2次比较

a[]: [13   94   99]  [34   56]      a[]: [13   94   99]  [34   56]
       ↑             ↑                      ↑                 ↑
      i=1           j=4                     i=1               j=4
b[]: [13   34   56          ]       b[]: [13   34   56   94   99]
         (3) 第3次比较                        (4) 第4次比较
```

图 4.13　归并排序的一次合并

下面分析归并排序的计算复杂度。对 n 个数进行归并排序:

(1) 需要 $\log_2 n$ 趟归并。

(2) 在每一趟归并中有很多次合并操作,一共需要 O(n) 次比较。

总计算复杂度是 $O(n\log_2 n)$。

空间复杂度:由于需要一个临时的 b[] 存储结果,所以空间复杂度是 O(n)。

归并排序的缺点:需要额外的空间,需要做大量的数据复制。

例 4.1 的归并排序的代码如下。

```
1   def Merge(L, mid, R):
2       global a, b
3       i = L
4       j = mid + 1
5       t = 0
6   # 一个子序列中的数都处理完了，另一个还没有，把剩下的直接复制过来
7       while(i <= mid and j <= R):
8           if(a[i] > a[j]):
9               b[t] = a[j]
10              j += 1
11          else:
12              b[t] = a[i]
13              i += 1
14          t += 1
15      while(i <= mid):
16          b[t] = a[i]
17          i += 1
18          t += 1
19      while(j <= R):
20          b[t] = a[j]
21          j += 1
22          t += 1
23      for i in range(t): a[L + i] = b[i]    # 把排好序的b[ ]复制回a[ ]
24  def Mergesort(L, R):
25      if L < R:
26          mid = (L + R)//2                  # 平分成两个子序列
27          Mergesort(L, mid)
28          Mergesort(mid + 1, R)
29          Merge(L, mid, R)                  # 合并
30  n = int(input())
31  a = list(map(int, input().split()))
32  b = [0] * len(a)
33  Mergesort(0, n - 1)
34  print( * a)                               # 或者：for i in range(n): print(a[i], end = " ")
```

4.1.9　快速排序

快速排序[①]（Quick Sort）和归并排序都是分治法的应用。

快速排序的思路：把序列分成左右两部分，使得左边所有的数都比右边的数小；递归这个过程，直到不能再分为止。如何把序列分成左右两部分？最简单的办法是设定两个临时空间 X、Y 和一个基准数 t；检查序列中所有的元素，将比 t 小的放在 X 中，比 t 大的放在 Y 中。其实不用这么麻烦，直接在原序列上操作即可，不需要使用临时空间 X、Y。

直接在原序列上进行划分的方法有很多种，这里介绍一种很容易操作的方法。

```
i j         t
5  2  8  3  4   尾部的 t 是基准数，i 指向比 t 小的左部分，j 指向比 t 大的右部分。
```

```
   i  j      t
5  2  8  3  4   若 data[j] >= data[t]，j++。
```

----

① 快速排序可能是影响最大的排序算法。*Computing in Science and Engineering* 杂志在 2000 年发过一篇文章 "The Top 10 Algorithms"，把快速排序列为 20 世纪十大算法之一。文章这样介绍快速排序算法："排序是许多计算领域的核心问题，因此将解决该问题的方法列为前十名也就不足为奇了。Quick Sort 是用于一般输入的最佳实用排序算法之一。此外，它的复杂性分析和结构为开发各种应用的通用算法技术提供了丰富的灵感来源。"

	i	j	t
2	5	8	3	4

若 data[j] < data[t]，交换 data[j] 和 data[i]，然后 i++,j++。

	i	j	t
2	3	8	5	4

继续。

		i	j	t
2	3	4	5	8

最后交换 data[i] 和 data[t]，得到结果。i 指向基准数的当前位置。

下面分析复杂度。

每一次划分都把序列分成了左右两部分，在这个过程中需要比较所有的元素，共 $O(n)$ 次。如果每次划分是对称的，也就是说左右两部分的长度差不多，那么一共需要划分 $O(\log_2 n)$ 次，总复杂度为 $O(n\log_2 n)$。

如果划分不是对称的，左部分和右部分的数量差别很大，那么复杂度会高一些。在极端情况下，例如左部分只有一个数，剩下的全部都在右部分，那么最多可能划分 n 次，总复杂度是 $O(n^2)$。所以，快速排序的效率和数据本身有关。

在一般情况下快速排序的效率很高，甚至比归并排序更好。读者可以观察到，下面给出的例 4.1 的快速排序的代码比归并排序的代码更简洁，代码中的比较、交换、复制操作很少。

```
1   def qsort(L, R):
2       i, j = L, R
3       key = a[(L + R) // 2]
4       while i <= j:
5           while a[i] < key: i += 1
6           while a[j] > key: j -= 1
7           if i <= j:
8               a[i], a[j] = a[j], a[i]
9               i += 1
10              j -= 1
11      if j > L: qsort(L, j)
12      if i < R: qsort(i, R)
13  n = int(input())
14  a = list(map(int, input().split()))
15  qsort(0, n-1)
16  print(* a)                    # 或者: for i in range(n): print(a[i], end = " ")
```

快速排序几乎是目前所有排序法中速度最快的方法。sort() 函数就是基于快速排序算法的，并针对快速排序的缺点做了很多优化。

4.1.10 堆排序

堆排序(Heap Sort)使用二叉堆来排序。二叉堆是一棵二叉树，如果是一个最小堆，那么树根是最小值。在把树根取出后，新的树根是剩下的树上的最小值。首先把需要排序的 n 个数放进二叉堆，然后依次取出树根，就从小到大排好序了。由于把数放进二叉堆和从二叉堆取出，计算复杂度都是 $O(\log_2 n)$，所以 n 个数的总复杂度是 $O(n\log_2 n)$。

由于自己编程实现二叉堆比较麻烦，这里直接使用优先队列。优先队列是用二叉堆实现的。

```
1   import queue
2   n = int(input())
3   a = list(map(int, input().split()))
4   pq = queue.PriorityQueue()
5   for i in range(n): pq.put(a[i])                    # 将输入的数插入小根堆
6   while not pq.empty(): print(pq.get(), end = ' ')   # 依次输出，就是从小到大
```

4.2 排 序 函 数

在算法竞赛中，一般不需要自己写排序算法，而是直接使用库函数，例如 C++的 sort()函数，Python 的 sort()和 sorted()函数，Java 的 sort()函数。

4.2.1 sort()和 sorted()函数

Python 有 sort()和 sorted()两个排序函数。

1. sort()

sort()函数是 Python 中列表对象的方法，用于对列表进行原地排序（即直接修改原始列表），没有返回值。

sort()函数的语法如下：

```
list.sort(key = None, reverse = False)
```

其中，key 和 reverse 都是可选参数。

key：用于指定排序的比较键。它可以是一个函数，该函数接受列表中的每个元素作为输入，并返回一个用于比较的键。其默认值为 None，表示使用元素本身进行比较。

reverse：用于指定排序的顺序，reverse＝True 为降序，reverse＝False 为升序（默认）。

sort()函数通过比较元素的键来进行排序，具体的比较方式取决于元素的类型和比较键的定义。对于数字类型的元素，按照数值大小进行比较；对于字符串类型的元素，按照字典序进行比较；对于其他类型的元素，可以通过自定义比较键来指定比较方式。

需要注意的是，sort()函数会直接修改原始列表，而不会返回一个新的排序后的列表。如果要得到一个新的排序后的列表而不改变原始列表，可以使用 sorted()。

2. sorted()

sorted()用于对可迭代对象进行排序，并返回一个新的已排序的列表。与 sort()不同，sorted()函数不会修改原始对象，而是返回一个新的排序后的列表。

sorted()函数的语法如下：

```
sorted(iterable, key = None, reverse = False)
```

其中，iterable 是要排序的可迭代对象，例如列表、元组或字符串，key 和 reverse 都是可选参数。

key：用于指定排序的比较键。它可以是一个函数，该函数接受可迭代对象中的每个元素作为输入，并返回一个用于比较的键。其默认值为 None，表示使用元素本身进行比较。

reverse：用于指定排序的顺序，reverse＝True 为降序，reverse＝False 为升序（默认）。

sorted()函数通过比较元素的键来进行排序，具体的比较方式取决于元素的类型和比较键的定义。对于数字类型的元素，按照数值大小进行比较；对于字符串类型的元素，按照字典序进行比较；对于其他类型的元素，可以通过自定义比较键来指定比较方式。

总结 sort()和 sorted()的区别：(1)sort()是应用在 list 上的方法，而 sorted()可以对所有可迭代的对象进行排序操作；(2)sort()是在原列表上排序，而 sorted()返回一个新的列表,不改变原列表。

3. 类的排序(对应 C 语言的结构体排序)

这是一个必须掌握的知识点,方法见下面的例子以及后面的例题。sort()和 sorted()都能对类做排序,有两种写法。

(1) 简洁写法,例如:

```
s.sort(key = lambda x:x[i], reverse = True)
a = sorted(s,key = lambda x:x[i], reverse = True)
```

(2) 自己写比较函数,例如:

```
def cmp():                        # 定义比较函数
s.sort(key = functools.cmp_to_key(cmp))
a = sorted(s, key = functools.cmp_to_key(cmp))
```

4. sort()和 sorted()的例子

```
1   a = [3,7,9,3,4,1,2]
2   a.sort()                           # 直接在 a 上升序排序,a 改变了
3   print(a)                           # 输出:[1, 2, 3, 3, 4, 7, 9]
4   b = sorted(a,reverse = True)
5   print(b)                           # 将排序结果给 b,输出:[9, 7, 4, 3, 3, 2, 1]
6   print(a)                           # a 不变,输出:[1, 2, 3, 3, 4, 7, 9]
7
8   a.sort(reverse = True)             # 降序
9   print(a)                           # 输出:[9, 7, 4, 3, 3, 2, 1]
10
11  a = "abadae"
12  print(sorted(a))                   # 输出:['a', 'a', 'a', 'b', 'd', 'e']
13  # 这样是错的:a.sort(),因为 sort()应用在 list 上,a 不是 list
14
15  s1 = [('b', 'A', 15), ('c', 'B', 12), ('e', 'B', 10)]
16  s2 = sorted(s1, key = lambda s: s[2])   # 按第 3 个排序,默认为升序
17  print(s2)                          # 输出:[('e', 'B', 10), ('c', 'B', 12), ('b', 'A', 15)]
18  s3 = sorted(s1, key = lambda s: s[2], reverse = True)   # 按第 3 个排序,降序
19  print(s3)                          # 输出:[('b', 'A', 15), ('c', 'B', 12), ('e', 'B', 10)]
20
21  s = "hello world"
22  s = ''.join(sorted(s, reverse = True))
23  # 在 Python 中字符串不可变,不能直接在原字符串上进行排序
24  # 可以将字符串转换为列表进行排序,然后再转换为字符串
25  print(s)                           # 输出:wroolllhed。注意最后一个是空格
```

sort()不能对数组的一部分排序,只能对整个数组排序;sorted()虽然可以对数组的一部分排序,但是不能直接在原数组上排序。

4.2.2　lambda 在排序中的应用

lambda 函数是一种匿名函数,也就是没有函数名的函数。如果一个函数的功能简单,而且只用一次,那么可以把它封装在 lambda 表达式中,不再需要定义函数和考虑函数的命名,使代码更简洁。

lambda 函数的语法如下:

函数对象名 = lambda 参数列表:表达式

参数列表中是函数的参数，可以有多个参数，用逗号分隔；表达式是函数的返回值。

下面代码中第 1 行定义了一个普通函数 add()，第 4 行和第 6 行是它的 lambda 写法。第 9 行是一个例子，对列表 b 中的每个元素进行平方运算，用 lambda 函数来实现。

```
1  def add(a, b):                         # 普通函数
2      return a + b
3  print(add(2,3))                        # 输出：5
4  add = lambda a, b: a + b               # 把 add()定义为匿名函数
5  print(add(2,3))                        # 输出：5
6  print((lambda a, b: a + b)(2,3))       # lambda 的直接调用。输出：5
7
8  b = [1, 2, 3, 4, 5]
9  b2 = list(map(lambda x: x ** 2, b))
10 print(b2)                              # 输出：[1, 4, 9, 16, 25]
```

在使用 sort()、sorted()做复杂排序时，参数 key 常用 lambda 实现，以使代码更简洁。下面举几个例子。

（1）按字符串的长度进行排序。

```
1  a = ['apple', 'cherry', 'banana', 'watermelon']
2  a.sort(key = lambda x: len(x))
3  print(a)           # 输出：['apple', 'cherry', 'banana', 'watermelon']
```

（2）按奇偶排序，把所有奇数放到前面，偶数放到后面。

```
1  a = [1,3,4,6,7,3,9]
2  a.sort(key = lambda x: x % 2 == 0)
3  print(a)                    # 输出：[1, 3, 7, 3, 9, 4, 6]
```

（3）二维表的排序。

```
1  # 按一个关键字排序
2  a = [('tom', 76), ('jerry', 98), ('bill', 98)]
3  b = sorted(a, key = lambda x:x[0], reverse = True)     # 按姓名降序排序
4  print(b)                            # 输出：[('tom', 76), ('jerry', 98), ('bill', 98)]
5  c = sorted(a, key = lambda x:x[1], reverse = True)     # 按成绩降序排序
6  print(c)                            # 输出：[('jerry', 98), ('bill', 98), ('tom', 76)]
7  # 按多关键字排序
8  d = sorted(a, key = lambda x:(x[1], x[0]))
9                     # 先按成绩升序排序,成绩相等时按姓名排序
10 print(d)                            # 输出：[('tom', 76), ('bill', 98), ('jerry', 98)]
11 e = sorted(a, key = lambda x:(x[1], x[0]), reverse = True)
12                    # 先按成绩降序排序,成绩相等时按姓名降序排序
13 print(e)                            # 输出：[('jerry', 98), ('bill', 98), ('tom', 76)]
```

其他例子参考下一节的例题。

4.2.3　例题

下面用几道例题分别演示简单排序、自定义排序、结构体排序、字符串排序等多种情况。

1. sort()的简单应用，从小到大排序

 例 4.2　输油管道问题 http://oj. ecustacm. cn/problem. php?id=1099

问题描述：某石油公司计划建造一条由东向西的主输油管道，该管道要穿过一个有 n 口油井的油田，从每口油井都要有一条输油管道沿最短路径（或南或北）与主管道相连。

如果给定 n 口油井的位置,即它们的 x 坐标(东西向)和 y 坐标(南北向),应该如何确定主管道的最优位置,即使各油井到主管道之间的输油管道长度总和最小的位置。

输入:输入的第一行为正整数 n(1≤n≤10000);接下来 n 行,每行两个整数 x、y,表示第 i 个油井的位置(−10000≤x,y≤10000)。

输出:输出一行整数,表示管道长度总和的最小值。

输入样例:	输出样例:
5	6
1 2	
2 2	
1 3	
3 −2	
3 3	

已知 n 个油井的 y 坐标,把它们排序,$y_0 \leq y_1 \leq \cdots \leq y_{n-1}$。

设主管道的 y 坐标是 m,那么就是求 $|y_0 - m| + |y_1 - m| + \cdots + |y_{n-1} - m|$ 的最小值。

m 肯定大于 y_0 小于 y_{n-1},猜测是平均值或者中位数。容易证明是中位数,例如 n=7,m 是 y_3;n=8,m 是 y_3 或 y_4。

本例题的代码如下。

```
1   n = int(input())
2   y = []
3   for i in range(n):
4       x, yi = map(int, input().split())      # 忽略 x 坐标
5       y.append(yi)
6   y.sort()                                    # 对 n 个 y 值排序
7   m = y[n//2]                                 # m 是中位数
8   ans = 0
9   for i in range(n): ans += abs(m - y[i])
10  print(ans)
```

2. sort() 的简单应用,从大到小排序

 例 4.3 肖恩的排序 https://www.lanqiao.cn/problems/3333/learning/

问题描述:肖恩提出了一种新的排序方法,该排序方法需要一个标准数组 B 和一个待排序数组 A。在确保对于所有位置 i 都有 A[i]>B[i] 的前提下,肖恩可以自由选择 A 数组的排序结果。请计算按照这种排序方法,待排序数组 A 有多少种可能的结果。

对于任意一个位置 i,如果两次排序后 A[i] 不是同一个数字,那么这两种排序方法就被认为是不同的。结果可能很大,需要将结果对 $10^9 + 7$ 取余。

输入:第一行输入一个数字 n,为两个数组的长度。第二行输入 n 个数字,表示待排序数组 A 中的所有元素。第三行输入 n 个数字,表示标准数组 B 中的所有元素。

数据保证 $1 \leq n \leq 10^5$,$1 \leq A[i] \leq 10^9$,$1 \leq B[i] \leq 10^9$。

输出:输出一个数字,表示所有的排列数对 $10^9 + 7$ 取余后的结果。

输入样例：	输出样例：
5	4
2 3 5 6 8	
1 2 3 4 5	

用这道题熟悉从大到小排序。

先考虑简单、直接的做法。题目要求"所有位置 i 都有 A[i]＞B[i]"，先对 A 从小到大排序，然后枚举 B 数组，对于某个 B[i]，若有一个 A[j]＞B[i]，那么 A[j]～A[n−1] 都合法。找到所有这种排列，就是答案。但是这样做计算量极大。

题目只要求 A[i]＞B[i]，那么 A[] 和 B[] 内部的顺序对答案没有影响。对于位置 i，A[i] 可以是 A[] 中所有大于 B[i] 的元素。所以对 A[] 和 B[] 排序方便计算。

先从大到小对 A[] 和 B[] 排序，然后枚举 B[] 数组，步骤如下：

B[0] 对应的 A[] 的元素是大于 B[0] 的所有 A[] 的元素，设范围是 A[i]～A[j]。

B[1] 对应的 A[] 的元素包括了两部分：第一部分是 A[i]～A[j]，因为 B[1]≤B[0]；第二部分是 A[j] 之后大于 B[1] 的 A[] 的元素。第一部分可以使用上一步的结果。另外，因为当前位置要选一个 A[]，所以符合条件的数减一。

继续枚举其他 B[] 的元素，直到结束。

把每次符合要求的 A[] 的元素个数乘起来，就是答案。

分析计算复杂度，下面代码中第 4 行和第 5 行的 sort() 是 $O(n\log_2 n)$ 的，第 8 行和第 9 行合起来是 $O(n^2)$，总复杂度为 $O(n^2)$。

```python
1  n = int(input())
2  a = list(map(int, input().split()))
3  b = list(map(int, input().split()))
4  a.sort(reverse = True)                    # 从大到小排序
5  b.sort(reverse = True)
6  cnt, ans = 0, 1
7  j = 0
8  for i in range(n):                        # 枚举每个 B[i]
9      while j < n and a[j] > b[i]:          # 找所有大于 B[i] 的数
10         cnt += 1
11         j += 1
12     ans *= cnt
13     cnt -= 1
14     ans %= int(1e9 + 7)
15 print(ans)
```

3. sort() 的自定义比较

 例 4.4　数位排序　https://www.lanqiao.cn/problems/2122/learning/

问题描述：小蓝对一个数的数位之和很感兴趣，今天他要按照数位之和给数排序。当两个数的各个数位之和不同时，将数位和较小的排在前面；当数位之和相等时，将数值小的排在前面。例如，2022 排在 409 前面，因为 2022 的数位之和是 6，小于 409 的数位之和 13。又如，6 排在 2022 前面，因为它们的数位之和相同，而 6 小于 2022。给定正整数 n、m，求对 1 到 n 使用这种方法排序时排在第 m 个的元素是多少？

输入：输入的第一行包含一个正整数 n，第二行包含一个正整数 m。

评测用例规模与约定：对于 30% 的评测用例，$1 \leqslant m \leqslant n \leqslant 300$；对于 50% 的评测用例，$1 \leqslant m \leqslant n \leqslant 1000$；对于 100% 的评测用例，$1 \leqslant m \leqslant n \leqslant 10^6$。

输出：输出一个整数，表示答案。

输入样例：	输出样例：
13	3
5	

数据范围与提示：1 到 13 的排序为 1，10，2，11，3，12，4，13，5，6，7，8，9。第 5 个数为 3。

本题看似不好做，实际上可以使用自定义比较简单地实现。用 lambda 自定义比较。

```
1   def digit_sum(x):                          # 计算 x 的数位和
2       ans = 0
3       while x:
4           ans += x % 10
5           x //= 10
6       return ans
7   '''或者用字符串处理数位和
8   def digit_sum(x):                          # 计算 x 的数位和
9       return sum(map(int,list(str(x))))
10  '''
11  n = int(input())
12  m = int(input())
13  a = list(range(1,n + 1))                   # 赋值 a[0]~a[n-1] = 1~n
14  a.sort(key = lambda i:digit_sum(i))        # 自定义比较，按 i 的数位和排序
15  print(a[m - 1])
```

若把数位和也放到 a 中，编程如下：

```
1   a = [(0,0)]
2   n = int(input())
3   m = int(input())
4   for i in range(1,n + 1):                   # 1 ~ n
5       digit_sum = sum(map(int,list(str(i)))) # 数位和
6       a.append((digit_sum,i))                # 元素的第一项是序列的数位和，第二项是序列
7   a.sort()                                   # 按列表 a 中元素的第一项排序
8   print(a[m][1])
```

4．类的排序

 例 4.5　排队接水 https://www.luogu.com.cn/problem/P1223

问题描述：有 n 个人在一个水龙头前排队接水，假如每个人接水的时间为 t_i，请编程找出这 n 个人排队的一种顺序，使得 n 个人的平均等待时间最小。

输入：第一行有一个整数 n。第二行有 n 个整数，第 i 个整数 t_i 表示第 i 个人的等待时间。

输出：输出两行，第一行为一种平均时间最短的排队顺序；第二行为这种排列方案下的平均等待时间(输出结果精确到小数点后两位)。

输入样例：	输出样例：
10	3 2 7 8 1 4 9 6 10 5
56 12 1 99 1000 234 33 55 99 812	291.90

说明：$1 \leqslant n \leqslant 1000, 1 \leqslant t_i \leqslant 10^6$，不保证 t_i 不重复。

用这道题熟悉类的排序。

让 n 个人按接水时间从小到大排序，那么平均等待时间就是最小的。将每个人定义一个类，变量包括接水时间 t 和人的编号 id。

用两种方法编程。

（1）用类来定义每个人，每个人包括接水时间 t 和人的编号 id，在类里面定义比较。

```
1   class Node:
2       def __init__(self, id, t):
3           self.id = id
4           self.t = t
5       def __lt__(self, other):              # 定义比较
6           return self.t < other.t
7   n = int(input())
8   t = list(map(int, input().split()))       # 输入 n 个人的接水时间
9   a = []
10  for i in range(0, n):
11      a.append(Node(i + 1, t[i]))           # 每个人：编号、接水时间
12  a.sort()
13  for i in range(n): print(a[i].id, end = " ")   # 输出排队顺序
14  print()
15  time = 0                                   # 总等待时间
16  for i in range(n):                         # 累加等待时间
17      time += a[i].t * (n - i - 1)
18  print("%.2f" % (time/n))                   # 计算平均时间,保留两位小数
```

（2）不定义类，直接用列表来表示每个人。

```
1   n = int(input())
2   t = list(map(int, input().split()))       # 输入 n 个人的接水时间
3   a = []
4   for i in range(0, n):
5       a.append((i + 1, t[i]))               # 每个人：编号、接水时间
6   a.sort(key = lambda x: x[1])              # 排序
7   for i in range(n): print(a[i][0], end = " ")   # 输出排队顺序
8   print()                                   # 换行
9   time = 0                                   # 总等待时间
10  for i in range(n):                         # 累加等待时间
11      time += a[i][1] * (n - i - 1)
12  print("%.2f" % (time/n))                   # 计算平均时间,保留两位小数
```

5. 复杂排序

例 4.6　分香蕉　http://oj. ecustacm. cn/problem. php?id=1093

问题描述：有 n 根香蕉，每根香蕉的质量为 a_i，有 m 只猴子，每只猴子的体重为 b_i。现在要将香蕉分给这些猴子，猴子按照从大到小的顺序依次拿香蕉。当一轮结束时，若还有多余的香蕉就会继续一根一根拿，直到被拿完。猴子都是聪明的，每次都会选择一根质量最大的香蕉。求每只猴子获得的香蕉的质量。

输入：第一行输入两个正整数 n、m($1 \leq n, m \leq 10^5$)，第二行 n 个整数，a_i 表示每根香蕉的质量($1 \leq a_i \leq 10^4$)，第三行 m 个整数，b_i 表示每只猴子的体重，保证体重互不相同($1 \leq b_i \leq 10^9$)。

输出：输出一行，包含 m 个用空格分隔的整数，表示每只猴子获得的香蕉质量之和。按照输入顺序输出对应的猴子。

输入样例：	输出样例：
5 3	7 5 3
1 2 3 4 5	
3 2 1	

这是一道有点啰嗦的排序题，需要做多次排序：(1)香蕉按质量排序；(2)猴子按分配到的香蕉排序；(3)猴子按编号排序。下面用两种方法求解。

（1）用类。

```
1   class Monkey:
2       def __init__(self, id, weight, part):        # 猴子的体重、编号、吃到的香蕉
3           self.id = id
4           self.weight = weight
5           self.part = part
6       def __lt__(self, other):                     # python 的类中，__lt__ 用于实现小于的功能
7           return self.weight > other.weight
8   n, m = map(int, input().split())
9   banana = list(map(int, input().split()))         # 输入香蕉的质量
10  banana.sort(reverse = True)                      # 对香蕉排序
11  monkey = list(map(int, input().split()))         # 输入猴子的体重
12  monkeys = []
13  for i in range(m):
14      monkeys.append(Monkey(i + 1, monkey[i], 0))
15  monkeys.sort()                                   # 猴子按体重排序
16  for i in range(len(banana)):                     # 把香蕉分成 m 份
17      monkeys[i % m].part += banana[i]
18  monkeys.sort(key = lambda x: x.id)               # 猴子按编号排序
19  for i in range(len(monkey)):
20      print(monkeys[i].part, end = ' ')
```

（2）不用类。

```
1   n, m = map(int, input().split())
2   banana = list(map(int, input().split()))         # 输入香蕉的质量
3   banana.sort(reverse = True)                      # 对香蕉排序
4   monkey = list(map(int, input().split()))         # 输入猴子的体重
5   id = [i for i in range(1, m + 1)]                # 猴子的编号
6   part = [0 for i in range(1, m + 1)]
7   weight = list(zip(id, monkey, part))
8   weight = map(list, weight)
9   weight = sorted(weight, key = lambda x:x[1], reverse = True)   # 猴子按体重排序
10  for i in range(len(banana)):                     # 把香蕉分成 m 份
11      weight[i % m][2] += banana[i]
12  weight.sort()                                    # 猴子按编号排序
13  for i in range(len(monkey)):
14      print(weight[i][2], end = ' ')
```

6. 字符串排序

 例 4.7　宇宙总统　https://www.luogu.com.cn/problem/P1781

问题描述：地球历公元 6036 年，全宇宙准备竞选一个最贤能的人当总统，共有 n 个非凡拔尖的人竞选总统，现在票数已经统计完毕，请求出谁能够当上总统。

输入：第一行一个整数 n，代表竞选总统的人数。接下来 n 行，分别为第一个候选人到第 n 个候选人的票数。

输出：输出共两行，第一行是一个整数 m，为当上总统的人的编号；第二行是当上总统的人的选票。

输入样例：	输出样例：
5	4
98765	1022356
12365	
87954	
1022356	
985678	

用这道题熟悉字符串排序。

把选票的票数当成字符串进行比较，但是需要写一个字符串比较函数 __lt__。以 "1234" 和 "990" 为例，直接按字符串比较，"1234"＜"990"，但是按数字比较，1234＞990，两者结果不同。所以需要自己写比较函数，当两个字符串等长时，直接按字符串比较；当两个字符串不等长时，长数字大于短数字。

本例题的代码如下。

```
1   class Candidate:                              # 候选人
2       def __init__(self, v, id):
3           self.v = v                            # vote,得票数
4           self.id = id                          # 编号
5       def __lt__(self, other):
6           if len(self.v) == len(other.v):       # 两数字长度一样,直接按字典序比较
7               return self.v < other.v
8           return len(self.v) < len(other.v)     # 两数字长度不一样,长数字大于短数字
9   p = []
10  n = int(input())
11  for i in range(n):
12      v = input()
13      p.append(Candidate(v, i + 1))
14  p.sort()
15  print(p[n - 1].id)
16  print(p[n - 1].v)
```

【练习题】

lanqiaoOJ：奖学金 531、双向排序 1458、统计数字 535、错误票据 205、外卖店优先级 184、第几个幸运数字 613、排个序 1264、图书管理员 344、瑞士轮 398、肖恩的大富翁 3401、蓝桥 A 梦去游乐园 3256。

扫一扫
视频讲解

洛谷：Bookshelf P2676、欢乐的跳 P1152、母舰 P2813、不重复数字 P4305、平台 P1105。

4.3　排列和组合

排列、组合、集合是做枚举时的常见需求。

（1）求 n 个元素的全排列，共 n! 种全排列。例如 {1, 2, 3}，全排列有 3!＝6 种，从小到大写出来是 {123, 132, 213, 231, 312, 321}。再例如 {A, B, C}，全排列按字典序写出来是 {ABC, ACB, BAC, BCA, CAB, CBA}。

（2）在 n 个元素中取 m 个的排列，共 $\dfrac{n!}{(n-m)!}$ 种排列。例如从 {A, B, C} 中任选两个，有 $\dfrac{3!}{(3-m)!}$＝6 种排列，即 {ab, ac, ba, bc, ca, cb}。

（3）在 n 个元素中取 m 个的组合，共 $\dfrac{n!}{m!(n-m)!}$ 种组合。

（4）另外还有一种是集合，n 个元素的子集共 2^n 个。例如 {a, b, c} 的子集有 2^3＝8 种，即 {∅}、{a}、{b}、{c}、{a, b}、{a, c}、{b, c}、{a, b, c}。为什么是 2^n 个？可以用二进制理解，例如 3 位二进制，有 000、001、……、111 共 2^3＝8 种情况，用它来对比 {a, b, c} 的子集，0 表示不选中某个元素，1 表示选中某个元素，那么就得到了 {a, b, c} 的 8 个子集。具体例子见 4.3.1 节。

Python 提供了排列函数 permutations() 和组合函数 combinations()。

求排列和组合，除了用本节的手写方法和库函数以外，更常见的方法是用 DFS，代码容易写，见第 6 章的介绍。

4.3.1　手写全排列和组合

本节给出一种简单的手写排列和组合的代码。在很多场合下不能用系统自带的排列或组合函数，需要自己手写。如果排列组合的个数不多，可以用本节这种简单方法。

1. 手写排列

以从 {1, 2, 3, 4} 中选 3 个数的排列为例。写 3 个 for 循环，第一层 for 循环是 4 选 1；第二层 for 循环去掉已经选的一个，剩下的 3 选 1；第三层是剩下的 2 选 1。

```
1  s = [1,2,3,4]
2  for i in range(4):                        # 4 选 1
3      for j in range(4):
4          if j!= i:                         # 去掉已经选的一个,剩下的 3 选 1
5              for k in range(4):
6                  if k!= j and k!= i:        # 剩下的 2 选 1
7                      print("%d%d%d"%(s[i],s[j],s[k]),end=" ")
```

代码输出：123 124 132 134 142 143 213 214 231 234 241 243 312 314 321 324 341 342 412 413 421 423 431 432

这份代码简单且效果好，但是显得笨拙。如果有 5 个以上的排列组合，需要写 5 个以上的 for 循环，代码冗长且容易出错。此时用 DFS 写更简洁。

2. 手写组合

排列数需要分先后,组合数不分先后。把前面求组合的代码去掉 if,然后从小到大输出即可。

以从 {1,2,3,4} 中选 3 个数的组合为例。

```
1  s = [1,2,3,4]
2  for i in range(4):            # 循环 3 次,选 3 个数
3      for j in range(i+1,4):    # 让第 2 个数比第 1 个大
4          for k in range(j+1,4):  # 让第 3 个数比第 2 个大
5              print("%d%d%d" % (s[i],s[j],s[k]),end=" ")
```

代码输出:123 124 134 234

3. 用二进制法输出组合

求组合还可以用二进制法。

一个包含 n 个元素的集合 $\{a_0,a_1,a_2,a_3,\cdots,a_{n-1}\}$,它的子集有 $\{\varnothing\}$、$\{a_0\}$、$\{a_1\}$、$\{a_2\}$、$\cdots\cdots$、$\{a_0,a_1,a_2\}$、$\cdots\cdots$、$\{a_0,a_1,a_2,a_3,\cdots,a_{n-1}\}$,共 2^n 个。

用二进制的概念进行对照,子集正好对应了二进制。例如 n=3 的集合 $\{a_0,a_1,a_2\}$,它的子集和二进制数的对应关系如下:

子集	$\varnothing$	a_0	a_1	a_1,a_0	a_2	a_2,a_0	a_2,a_1	a_2,a_1,a_0
二进制数	000	001	010	011	100	101	110	111

每个子集对应了一个二进制数。二进制数中的每个 1 对应了子集中的某个元素。子集中的元素是不分先后的,这正符合了组合的要求。

下面的代码通过处理每个二进制数中的 1 输出了所有的子集。

```
1  a = [1,2,3,4,5,6]
2  n = 3                        # 输出前 n 个元素 a[0]~a[n-1] 的所有子集
3  for i in range(1 << n):
4      print('{',end='')
5      for j in range(n):       # 输出一个子集,即输出 i 的二进制数中所有的 1
6          if i & (1 << j):     # 从 i 的最低位开始逐个检查每一位,如果是 1,输出
7              print(a[j],end=' ')
8      print('}',end=';')
```

代码输出:{};{1 };{2 };{1 2 };{3 };{1 3 };{2 3 };{1 2 3 };

4. 输出 n 个数中任意 m 个数的组合

根据上面子集生成的二进制方法,一个子集对应一个二进制数;一个有 m 个元素的子集,它对应的二进制数中有 m 个 1。把"输出 n 个数中任意 m 个数的组合"这个问题转化为查找 1 的个数为 m 个的二进制数,这些二进制数对应了需要输出的子集。

如何判断一个二进制数中 1 的个数为 m 个?简单的方法是对这个 n 位的二进制数逐位检查,共需要检查 n 次。

另外有一个更快的方法,可以直接定位二进制数中 1 的位置,跳过中间的 0。这个方法用到一个神奇的操作:k=k & (k-1),功能是消除 k 的二进制数的最后一个 1。

连续进行这个操作,每次消除一个 1,直到全部消除,操作次数就是 1 的个数。例如二进制数 1011,经过连续 3 次操作后,所有的 1 都消除了:

$$1011 \& (1011 - 1) = 1011 \& 1010 = 1010$$

$$1010 \,\&\, (1010 - 1) = 1010 \,\&\, 1001 = 1000$$
$$1000 \,\&\, (1000 - 1) = 1000 \,\&\, 0111 = 0000$$

使用这个操作可以计算出二进制数中1的个数,步骤如下。

(1) 用 k = k & (k − 1) 清除 k 的最后一个1。

(2) num++,用 num 统计1的个数。

(3) 继续上述操作,直到 k = 0。

下面的代码是从 a 的前4个元素中选3个的组合。

```
1   a = [1,2,3,4,5,6,7]
2   def print_set(n, m):
3       for i in range(2 ** n):              # 2 ** n 可以写成 1 << n
4           num,k = 0,i;                      # num 统计 i 中 1 的个数;k 用来处理 i
5           while(k > 0):
6               k = k & (k-1)                 # 清除 k 中的最后一个 1
7               num += 1                       # 统计 1 的个数
8           if num == m:                       # 二进制数中的 1 有 m 个,符合条件
9               for j in range(n):
10                  if(i & (2 ** j)): print(a[j], end = '')
11              print("; ",end = '')
12  n,m = 4,3
13  print_set(n,m)
```

代码输出:１２３; １２４; １３４; ２３４;

4.3.2 排列函数 permutations()

排列函数的定义为 permutations(iterable,r = None),其中 iterable 表示可迭代对象,如列表、元组、字符串等,r 表示生成的排列的长度。

功能:连续返回由 iterable 序列中的元素生成的长度为 r 的排列。如果 r 未指定或为 None,默认为 iterable 的长度,即生成包含所有元素的全排列。

下面的代码是从序列 s 中选两个元素的排列。

```
1   from itertools import *
2   s = ['a1','b2','c3']
3   for e in permutations(s, 2):
4       str = e[0] + e[1]              # 或者这样写:str = ''.join(e)
5       print(str, end = '  ')
```

代码输出:a1b2 a1c3 b2a1 b2c3 c3a1 c3b2

下面解释一个重要问题:permutations() 按什么顺序输出排列?这个问题常被初学者误解。

答案:按元素的位置顺序输出元素的排列,也就是说输出排列的顺序是位置的字典序。

例如 s = ['b', 'a', 'c'],执行 permutations(s),输出"bac bca abc acb cba cab",并不是按字符的字典序输出排列,而是按位置顺序输出。s = ['b', 'a', 'c'] 的3个元素的位置是 'b'=1、'a'=2、'c'=3,输出的排列为"bac bca abc acb cba cab",按位置表示就是"123 132 213 231 312 321",这是按从小到大的顺序输出的。

如果序列中有相同的元素,不同位置的元素被认为不同。例如 s = ['a', 'a', 'c'],执行 permutations(s),输出"aac aca aac aca caa caa"。这和 C++ 中的 next_permutation() 不同,它不会输出相同的排列,输出是"aac aca caa"。请读者特别注意这个情况。

初学者很容易犯一个错误：把元素当成了位置。例如 s=[1,3,2]，执行 permutations(s)，输出"132 123 312 321 213 231"，看起来很乱，实际上是按 3 个元素的位置'1'=1、'3'=2、'2'=3 输出有序的排列。若需要输出看起来正常的"123 132 213 231 312 321"，可以把 s=['1','3',

'2']先用 sort()排序为['1','2','3']，然后再执行 permutations()。下面是代码。

```
1  from itertools import *
2  s = [1,3,2]
3  for i in permutations(s): print(i,end = ' ')
4  print()
5  s.sort()
6  for i in permutations(s): print(i,end = ' ')
```

代码输出两行：

$(1,3,2)(1,2,3)(3,1,2)(3,2,1)(2,1,3)(2,3,1)$

$(1,2,3)(1,3,2)(2,1,3)(2,3,1)(3,1,2)(3,2,1)$

4.3.3 组合函数 combinations()

permutations()输出的是排列，元素的排列是分先后的，"123"和"321"不同。

如果只需要输出组合，不用分先后，可以用 combinations()函数。

定义：combinations(iterable，r)，其中 iterable 表示可迭代对象，如列表、元组、字符串等，r 表示生成的组合的长度。

功能：combinations()函数返回一个迭代器，该迭代器生成所有长度为 r 的组合，每个组合是一个元组。如果 r 未指定或者为 None，默认为 iterable 的长度，即生成包含所有元素的组合。

```
1  from itertools import *
2  s = ['1','3','2']
3  for e in combinations(s,2):
4      str = ''.join(e)          # 把所有元素拼起来
5      print(str,end = ' ')      # 输出：13 12 32
```

但是，如果序列 s 中有相同的字符，且 s 是列表，那么 s 中不同位置的元素被认为不同。

```
1  from itertools import *
2  s = ['1','1','3','2']
3  for e in combinations(s,2):
4      str = ''.join(e)          # 把所有元素拼起来
5      print(str,end = ' ')      # 输出：11 13 12 13 12 32
```

此时可以用集合来去重，s 用{}表示。

```
1  from itertools import *
2  s = {'1','1','3','2'}            # 自动去重
3  print(s)                         # 输出：{'3', '1', '2'}
4  for e in combinations(s,2):
5      str = ''.join(e)            # 把所有元素拼起来
6      print(str,end = ' ')        # 输出：31 32 12
```

注意第 6 行的输出是随机的，可能是 23 21 31、12 13 23、13 12 32。

如果要去重且按字典序输出，那么先转换为 list，再排序，最后生成组合。

```
1  from itertools import *
2  s = {'1','1','3','2'}            # 自动去重
```

```
3  t = list(s)                    # 转为 list
4  t.sort()                       # 排序。或者把第 3、4 行改为 t = sorted(s)
5  for e in combinations(t,2):    # 组合
6      str = ''.join(e)
7      print(str,end = ' ')       # 输出：12 13 23
```

4.3.4　例题

 例 4.8　火星人 https://www.luogu.com.cn/problem/P1088

问题描述：给定 n 个数的排列，输出这个排列后面的第 m 个排列。

输入：输入共 3 行。第一行一个正整数 n，1≤n≤10000。第二行是一个正整数 m，表示要加上去的小整数，1≤m≤100。第三行是 1 到 n 这 n 个整数的一个排列，用空格隔开。

输出：输出 n 个整数，表示改变后的排列。每两个相邻的数用一个空格分开，不能有多余的空格。

输入样例：	输出样例：
5	1 2 4 5 3
3	
1 2 3 4 5	

根据题目的要求，如果从给定的数列出发，只需要往后计算到第 m 个排列即可。由于 m≤100，总计算量很小。

如果用 permutations() 求全排列，比较麻烦，因为 permutations() 函数是按元素的位置进行排列输出的，而不是按元素的大小进行排列，前文已经说明了原因。所以只能这样编码：先把 n 个数排序成最小排列，然后从这个最小排列开始 permutations()，遇到题目给定的排列后，再往后数到第 m 个排列，输出。但是这个代码会超时，因为它做了 $O(n!)$ 次求全排列的计算，十分耗时。

```
1  from itertools import *
2  from copy import *
3  n = int(input())
4  m = int(input())
5  a = list(map(str,input().split()))
6  back = deepcopy(a)                   # 备份
7  a.sort()                             # 排序,得到最小排列
8  flag = 0
9  for e in permutations(a):            # 每次输出一个全排列,这样很耗时
10     if list(e) == back: flag = 1     # 循环到题目给的起始排列
11     if flag == 1:
12         if m == 0:
13             print( * e)              # 输出后面第 m 个排列
14             break                    # 退出
15         m -= 1
```

本题只能手工写代码，从当前排列开始，求下一个排列。连续做 m 次，就是答案。

给定一个排列，如何求它的下一个排列？从后往前比较，寻找 a[i−1] < a[i] 的位置，把 a[i−1] 与 i 到末尾中比 a[i−1] 大的最小数交换，再将 i−1 之后的数进行翻转（从小到大排序），可以得到比当前排列大的最小排列。

```
1   n = int(input())
2   m = int(input())
3   a = list(map(int, input().split()))
4   def find_next(a):
5       for i in range(n-1, 0, -1):
6           if a[i] > a[i-1]:
7               for j in range(n-1,i-1,-1):
8                   if a[j] > a[i-1]:
9                       a[j], a[i-1] = a[i-1], a[j]      # 交换
10                      return a[:i] + a[:i-1:-1]        # 翻转
11  for i in range(m): a = find_next(a)                  # 找后面第 m 个排列
12  print(* a)
```

再看一道例题。

例 4.9　选数 https://www.luogu.com.cn/problem/P1036

问题描述：已知 n 个整数 $x_1, x_2, \cdots, x_n$，以及一个整数 k（k＜n）。从 n 个整数中任选 k 个整数相加，可分别得到一系列的和。例如当 n＝4，k＝3，4 个整数分别为 3、7、12、19 时，可得全部的组合与它们的和为：

$$3＋7＋12＝22$$
$$3＋7＋19＝29$$
$$7＋12＋19＝38$$
$$3＋12＋19＝34$$

现在要求计算出和为素数的共有多少种。例如上例，只有一种的和为素数，即 3＋7＋ 19＝29。

输入：第一行两个以空格隔开的整数 n、k（1≤n≤20，k＜n）。第二行 n 个整数，分别为 $x_1, x_2, \cdots, x_n$（$1 \leqslant x_i \leqslant 5 \times 10^6$）。

输出：输出一个整数，表示种类数。

输入样例：	输出样例：
4 3	1
3 7 12 19	

用 combinations() 求组合。注意一种特殊情况，即给定的 n 数中有相同的数。例如有 n＝3 个数{1, 1, 1}，选 k＝2 个数相加，应该有 3 个组合{(1, 1),(1, 1),(1, 1)}，相加得 3 个 2，由于 2 是素数，所以答案是 3。combinations() 正好能处理这种情况，得到 3 个组合： {(1, 1),(1, 1),(1, 1)}。

```
1   from itertools import *
2   def is_prime(i):                       # 如果是素数，返回 True
3       if i <= 0 or i == 1: return False
4       if i == 2: return True
5       for j in range(3,i):
6           if i % j == 0: return False
7       return True
8
9   n,k = map(int,input().split())
10  a = [int(i) for i in input().split()]
11  b = []
```

```
12  ans = 0
13  for e in combinations(a,k):        # 所有组合
14      b.append(sum(e))               # 每个组合求和,存到 b 中
15  for i in b:                        # 统计有多少素数
16      if is_prime(i):
17          ans += 1
18  print(ans)
```

【练习题】

lanqiaoOJ：排列序数 269、拼数 782、火星人 572、带分数 208。

洛谷：组合的输出 P1157、P1706、P1618、P1008、P1378、P2525。

第 5 章 基本算法

基本算法没有复杂的逻辑和步骤,但是计算效率高、应用场景丰富,是算法竞赛必考的知识点。

在算法竞赛中有一些"通用"的算法,例如尺取法、二分法、倍增法、前缀和、差分、离散化、分治、贪心等。这些算法没有复杂的逻辑,代码也简短,但是它们的应用场合多,效率也高,广泛应用在编程和竞赛中。在蓝桥杯大赛中,这些算法几乎是必考的。本章介绍前缀和、差分、二分、贪心。

5.1 算法与算法复杂度

扫一扫

视频讲解

在前面几章讲解例题时有很多题分析了"算法复杂度",使读者对算法分析有了一定的了解。进行算法分析是做竞赛题时的一个必要步骤,用于评估问题的难度和决定使用什么算法来求解。在蓝桥杯这种赛制中,一道题往往可以用多种算法求解,例如较差算法可以通过 30% 的测试,中等算法可以通过 70% 的测试,优秀算法可以通过 100% 的测试。

本节回答两个基本问题:什么是算法? 如何评估算法?

5.1.1 算法的概念

"程序=算法+数据结构"。算法是解决问题的逻辑、方法、过程,数据结构是数据在计算机中的存储和访问方式,两者紧密结合解决复杂问题。

算法(Algorithm)是对特定问题求解步骤的一种描述,是指令的有限序列。它有 5 个特征:

(1) 输入。一个算法有零个或多个输入。程序可以没有输入,例如一个定时闹钟程序,它不需要输入,但是能够每隔一段时间就输出一个报警。

(2) 输出。一个算法有一个或多个输出。程序可以没有输入,但是一定要有输出。

(3) 有穷性。一个算法必须在执行有穷步之后结束,且每一步都在有穷时间内完成。

(4) 确定性。算法中的每一条指令必须有确切的含义,对于相同的输入只能得到相同的输出。

(5) 可行性。算法描述的操作可以通过已经实现的基本操作执行有限次来实现。

5.1.2 计算资源

计算机软件运行需要计算时间和存储空间两种资源。资源是有限的,一个算法对这两种资源的使用程度可以用来衡量该算法的优劣。

时间复杂度:代码运行需要的时间。

空间复杂度:代码运行需要的存储空间。

与这两个复杂度对应,程序设计题会给出对运行时间和空间的说明,例如"时间限制:1s,内存限制:256MB",参赛队员提交到判题系统的代码需要在 1s 内运行结束,且使用的空间不能超过 256MB。若有一个不满足,就判错。

这两个限制条件非常重要,是检验代码性能的参数,所以队员拿到题目后第一步需要分析代码运行需要的计算时间和存储空间。

如何衡量代码运行的时间? 通过代码打印运行时间可以得到一个直观的认识。

下面的 Python 代码只有一个 for 语句,代码对 k 累加 n 次,最后打印运行时间。

```
1    from time import *
2    k = 0
3    n = 10 ** 7                    # 一千万
4    s = process_time()            # 开始时间
5    for i in range(n): k += 5     # 循环 n 次
6    t = process_time()            # 终止时间
7    print(t - s)                  # 打印运行时间
```

在作者的笔记本式计算机上运行，循环 n＝一千万次，用时 1.29s。换了一台台式计算机，用时 0.234375s。Python 的 for 循环很耗时，比 C++的循环慢很多。Python 的编程题一般给 10s 的测试时间，此时代码只能做千万次左右的循环。

竞赛评测用的判题服务器（OJ 系统），性能可能比这个好一些，也可能差不多。对于 C++题目，如果题目要求"时间限制：1s"，那么内部的循环次数 n 应该在一亿次以内，Java 也在一亿次以内。对于同等规模的 Python 题目，时间限制一般是 5～10s。

由于代码的运行时间依赖于计算机的性能，不同的计算机结果不同，所以直接把运行时间作为判断标准并不准确，用代码执行的"计算次数"来衡量更加合理。例如上述代码循环了 n 次，把它的运行次数记为 O(n)，O 称为计算复杂度的"大 O 记号"。

5.1.3　算法复杂度

衡量算法性能的主要标准是时间复杂度。

时间复杂度比空间复杂度更重要。一个算法使用的空间很容易分析，而时间复杂度往往关系到算法的根本逻辑，更能说明一个程序的优劣。如果不特别说明，提到"复杂度"时一般指时间复杂度。

对于竞赛题，一般情况下做简单的时间复杂度分析即可，不用精确计算，常用"大 O 记号"做估计。

例如，在一个有 n 个数的无序数列中查找某个数 x，可能第一个数就是 x，也可能最后一个数才是 x，平均查找时间是 n/2 次，最差情况需要查找 n 次；把查找的时间复杂度记为最差情况下的 O(n)，而不是 O(n/2)。按最差情况，是因为判题系统可能故意用"很差"的数据来测试。再例如，冒泡排序算法的计算次数约等于 $n^2/2$ 次，但是仍记为 $O(n^2)$，而不是 $O(n^2/2)$，这里把 1/2 系数忽略了。

即使是同样的算法，不同的人写出的代码的效率也不一样。OJ 系统所判定的运行时间是整个代码运行所花的时间，而不是理论上算法所需要的时间。同一个算法，不同的人写出的程序，复杂度和运行时间可能差别很大，跟他使用的编程语言、逻辑结构、库函数等都有关系。所以竞赛队员需要进行训练，提高自己的编码能力，纠正自己不合理的写代码的习惯。

用"大 O 记号"表示的算法复杂度有以下分类。

（1）O(1)，常数时间。计算时间是一个常数，和问题的规模 n 无关。例如，用公式计算时，一次计算的复杂度就是 O(1)；哈希算法，用 hash 函数在常数时间内计算出存储位置；在矩阵 A[M][N]中查找第 i 行 j 列的元素，只需要访问一次 A[i][j]就够了。

（2）$O(\log_2 n)$，对数时间。计算时间是对数，通常是以 2 为底的对数，每一步计算后，问题的规模减小一半。例如在一个长度为 n 的有序数列中查找某个数，用折半查找的方法，只需要 $\log_2 n$ 次就能找到。$O(\log_2 n)$ 和 O(1) 没有太大差别。例如 n＝10^7 时，$\log_2 n < 24$。

（3）O(n)，线性时间。计算时间随规模 n 线性增长。在很多情况下，这是算法可能达到的最优复杂度，因为对输入的 n 个数，程序一般需要处理所有的数，即计算 n 次。例如查找一个无序数列中的某个数，可能需要检查所有的数。再例如图问题，有 V 个点和 E 条边，大多数图的问题，都需要搜索所有的点和边，复杂度的最优上限是 O(V+E)。

（4）O(nlog$_2$n)。这常是算法能达到的最优复杂度。例如分治法，一共 O(log$_2$n) 个步骤，每个步骤对每个数操作一次，所以总复杂度是 O(nlog$_2$n)。例如 n＝10^6 时，nlog$_2$n＝2×10^7。

（5）O(n^2)。一个两重循环的算法，复杂度是 O(n^2)。类似的复杂度有 O(n^3)、O(n^4)等。

（6）O(2^n)。一般对应集合问题，例如一个集合中有 n 个数，这些数不分先后，子集共有 2^n 个。

（7）O(n!)。一般对应排列问题。如果集合中的数分先后，按顺序输出所有的排列，共有 O(n!)个。

把上面的复杂度分成两类：多项式复杂度，包括 O(1)、O(n)、O(nlog$_2$n)、O(n^k)等，其中 k 是一个常数；指数复杂度，包括 O(2^n)、O(n!)等。

如果一个算法是多项式复杂度，称它为“高效”算法；如果是指数复杂度，则称它为“低效”算法。

对于竞赛题目的限制时间，C/C++ 一般为 1s，Java 一般为 3s，Python 一般为 5～10s。对应普通计算机的计算速度是几千万次每秒。那么，上述的时间复杂度可以换算出能解决问题的数据规模。例如，如果一个算法的复杂度是 O(n!)，当 n＝11 时，11!＝39916800，这个算法只能解决 n≤11 的问题。问题规模和可用算法如表 5.1 所示。

表 5.1   问题规模和可用算法

问题规模 n	可用算法的时间复杂度					
	O(log$_2$n)	O(n)	O(nlog$_2$n)	O(n^2)	O(2^n)	O(n!)
n≤11	√	√	√	√	√	√
n≤25	√	√	√	√	√	×
n≤5000	√	√	√	√	×	×
n≤10^6	√	√	√	×	×	×
n≤10^7	√	√	×	×	×	×
n＜10^8	√	×	×	×	×	×

在拿到题目后，大家一定要分析自己准备使用的算法的复杂度，评估自己的代码能通过多少测试。

5.2   前 缀 和

5.2.1   前缀和的概念

前缀和是一种操作简单但是非常有效的优化方法，能把计算复杂度为 O(n) 的区间计算优化为 O(1) 的端点计算。

前缀和是出题者喜欢考核的知识点，在算法竞赛中很常见，在蓝桥杯大赛中几乎必考。其原因有以下两点：

（1）原理简单，方便在很多场景下应用，与其他考点结合。

（2）可以考核不同层次的能力。前缀和的题目一般也能用暴力法求解，暴力法能通过 30% 的测试，用前缀和优化后能通过 70%～100% 的测试。

首先了解"前缀和"的概念。一个长度为 n 的数组 a[1]～a[n]，前缀和 sum[i] 等于 a[1]～a[i] 的和：

$$sum[i]=a[1]+a[2]+\cdots+a[i]$$

使用递推，可以在 O(n) 时间内求得所有前缀和：

$$sum[i]=sum[i-1]+a[i]$$

如果预计算出前缀和，就能使用它快速计算出数组中任意一个区间 a[i]～a[j] 的和，即

$$a[i]+a[i+1]+\cdots+a[j-1]+a[j]=sum[j]-sum[i-1]$$

上式说明，复杂度为 O(n) 的区间求和计算优化为 O(1) 的前缀和计算。

5.2.2 例题

前缀和是一种很简单的优化技巧，应用场合很多，在竞赛中极为常见。如果大家对题目建模时发现有区间求和的操作，可以考虑使用前缀和优化。

第 1 章曾用例题"求和"介绍了前缀和的应用，下面再举几个例子。

 例 5.1 可获得的最小取值 lanqiaoOJ 3142

问题描述：有一个长度为 n 的数组 a，需要进行 k 次操作来取出数组中的元素。每次操作必须选择以下两种操作之一：（1）取出数组中的最大元素；（2）取出数组中的最小元素和次小元素。要求在进行完 k 次操作后取出的数的和最小。

输入：第一行输入两个整数 n 和 k，表示数组长度和操作次数。第二行输入 n 个整数，表示数组 a。

数据范围：$3\leqslant n\leqslant 2\times 10^5,1\leqslant a_i\leqslant 10^9,1\leqslant k\leqslant 99999,2k<n$。

输出：输出一个整数，表示最小的和。

输入样例：	输出样例：
5 1	3
2 5 1 10 6	

第一步肯定是排序，例如从小到大排序，然后再进行两种操作。操作（1）在 a[] 的尾部选一个数，操作（2）在 a[] 的头部选两个数。

大家容易想到一种简单方法：每次在操作（1）和操作（2）中选较小的值。这是贪心法的思路。用贪心法对吗？分析之后发现用贪心法是错误的，例如{3,1,1,1,1,1,1}，做 k=3 次操作，如果每次都按贪心法，就是做 3 次操作（2），结果是 6，但是正确答案是做 3 次操作（1），结果是 5。

重新考虑所有可能的情况。设操作(2)做 p 次,操作(1)做 k－p 次,求和:

$$\sum_{i=1}^{2p} a_i + \sum_{i=n+p-k+1}^{n} a_i$$

为了找最小的和,需要把所有的 p 都试一遍。如果直接按上面的公式计算,那么验证一个 p 的计算量是 O(n),验证所有的 p,1≤p≤k,总计算量为 O(kn),超时。

大家容易发现公式的两个部分就是前缀和,分别等于 sum[2p]、sum[n]－sum[n+p-k]。如果提前算出前缀和 sum[],那么验证一个 p 的计算量是 O(1),验证所有 p 的总计算量是 O(n)。

下面是 Python 代码。对于代码的计算复杂度,第 3 行 sort() 是 O(nlog₂n),第 5、7 行的 for 循环都是 O(n),总复杂度为 O(nlog₂n)。

下面是 Python 代码。对于代码的计算复杂度,第 3 行 sort() 是 $O(n\log_2 n)$,第 5、7 行的 for 循环都是 O(n),总复杂度为 $O(n\log_2 n)$。

```
1  n, k = map(int, input().split())
2  b = list(map(int, input().split()))
3  a = [0] + sorted(b)            # a[0]不用,从a[1]开始
4  s = [0] * (n+1)                # 前缀和
5  for i in range(1, n+1): s[i] = s[i-1] + a[i]
6  ans = 10 ** 18
7  for p in range(1, k+1):
8      ans = min(s[n] - s[n+p-k] + s[2*p], ans)
9  print(ans)
```

再看一道简单题。

例 5.2　并行处理 http://oj.ecustacm.cn/problem.php?id=1811

问题描述：现在有 n 个任务需要在 GPU 上运行,但是只有两块 GPU,每块 GPU 一次只能运行一个任务,两块 GPU 可以并行处理。已知 n 个任务需要的时间,需要选择一个数字 i,将任务 1 到任务 i 放到第一块 GPU 上运行,将任务 i+1 到任务 n 放到第二块 GPU 上运行。请求出最短运行时间。

输入：输入的第一行为正整数 n,1≤n≤100000。第二行为 n 个整数 A_i,表示第 i 个任务需要的时间,1≤A_i≤10^9。

输出：输出一个数字,表示答案。

输入样例：	输出样例：
3	5
4 2 3	

题目的意思是把 n 个数划分为左右两部分,分别求和,其中一个较大、一个较小,问在所有可能的划分情况中较大的和最小的是多少? 因为 n 比较大,需要一个复杂度约为 O(n) 的算法。

这是一道很直接的前缀和题目。用前缀和在 O(n) 的时间内预计算出所有的前缀和 sum[]。若在第 i 个位置划分,左部分的和是 sum[i],右部分的和是 sum[n]－sum[i]。在所有的划分中,较大的和的最小值是 min(ans, max(sum[i], sum[n]－sum[i]))。

```
1  #pypy
2  n = int(input())
3  a = list(map(int, input().split()))
4  sum = [0] * (n + 1)                    # 前缀和
5  for i in range(1, n + 1):
```

```
6        sum[i] = sum[i - 1] + a[i - 1]          # 求前缀和
7    ans = sum[n]
8    for i in range(1, n + 1):                   # 较大的和最小是多少
9        ans = min(ans, max(sum[i], sum[n] - sum[i]))
10   print(ans)
```

下面的例题是前缀和在异或计算中的应用，这也是其常见的应用场景。

 例 5.3　2023 年第十四届蓝桥杯省赛 C/C++大学 A 组试题 H：异或和之和 lanqiaoOJ 3507

时间限制：1s　内存限制：256MB　本题总分：20 分

问题描述：给定一个数组 A_i，分别求其每个子段的异或和，并求出它们的和。或者说，对于每组满足 $1 \leqslant L \leqslant R \leqslant n$ 的 L、R，求出数组中第 L 至第 R 个元素的异或和。然后输出每组 L、R 得到的结果加起来的值。

输入：输入的第一行包含一个整数 n。第二行包含 n 个整数 A_i，相邻整数之间使用一个空格分隔。

输出：输出一个整数，表示答案。

输入样例：	输出样例：
5	39
1 2 3 4 5	

评测用例规模与约定：对于 30% 的评测用例，$n \leqslant 300$；对于 60% 的评测用例，$n \leqslant 5000$；对于所有评测用例，$1 \leqslant n \leqslant 10^5$，$0 \leqslant A_i \leqslant 2^{20}$。

$a_1 \sim a_n$ 的异或和是指 $a_1 \oplus a_2 \oplus \cdots \oplus a_n$。

下面给出 3 种方法，分别通过 30%、60%、100% 的测试。

（1）通过 30% 的测试。

本题的简单做法是直接按题意计算所有子段的异或和，然后加起来。

那么有多少个子段？

长度为 1 的子段异或和有 n 个：$a_1, a_2, \cdots, a_n$

长度为 2 的子段异或和有 n−1 个：$a_1 \oplus a_2, a_2 \oplus a_3, \cdots, a_{n-1} \oplus a_n$

……

长度为 n 的子段异或和有一个：$a_1 \oplus a_2 \oplus a_3 \oplus \cdots \oplus a_{n-1} \oplus a_n$

共 $n^2/2$ 个子段。

下面 Python 代码的第 4、5 行遍历所有的子段[L, R]，第 7 行求[L, R]的子段和，共 3 重 for 循环，计算复杂度为 $O(n^3)$，只能通过 30% 的测试。

```
1    n = int(input())
2    a = list(map(int, input().split()))
3    ans = 0
4    for L in range(n):                          # 遍历所有区间[L,R]
5        for R in range(L, n):
6            sum = 0
7            for i in range(L, R + 1):            # 子段和
8                sum ^= a[i]
```

| 9 | ans += sum | # 累加所有子段和 |
| 10 | print(ans) | |

（2）通过 60% 的测试。

本题可以用前缀和优化。

记异或和 $a_1 \oplus a_2 \oplus \cdots \oplus a_i$ 为

$$s_i = a_1 \oplus a_2 \oplus \cdots \oplus a_i$$

这里 s_i 是异或形式的前缀和，这样就把复杂度为 $O(n)$ 的子段异或和计算 $a_1 \oplus a_2 \oplus \cdots \oplus a_i$ 优化为 $O(1)$ 的求 s_i 的计算。

以包含 a_1 的子段为例，这些子段的异或和相加，等于

$$a_1 + a_1 \oplus a_2 + \cdots + a_1 \oplus \cdots \oplus a_i + \cdots + a_1 \oplus \cdots \oplus a_n = s_1 + s_2 + \cdots + s_i + \cdots + s_n$$

前缀和的计算用递推得到。普通前缀和的递推公式为 $s[i] = s[i-1] + a[i]$，异或形式的前缀和的递推公式为 $s[i] = s[i-1] \wedge a[i]$，下面代码中用这个公式的简化形式求解了前缀和。

Python 代码的计算复杂度是多少？第 4 行和第 6 行用两重循环遍历所有的子段，同时计算前缀和，计算复杂度是 $O(n^2)$，可以通过 60% 的测试。

1	n = int(input())	
2	a = list(map(int, input().split()))	
3	ans = 0	
4	for L in range(n):	
5	sum = 0	# sum 是包含 a[L] 的子段的前缀和
6	for R in range(L, n):	
7	sum ^= a[R]	# 用递推求前缀和 sum
8	ans += sum	# 累加所有子段和
9	print(ans)	

（3）通过 100% 的测试。

本题有没有进一步的优化方法？这就需要仔细地分析异或的性质了。根据异或的定义有 $a \oplus a = 0$、$0 \oplus a = a$、$0 \oplus 0 = 0$。推导子段 $a_i \sim a_j$ 的异或和：

$$a_i \oplus a_{i+1} \oplus \cdots \oplus a_{j-1} \oplus a_j = (a_1 \oplus a_2 \oplus \cdots \oplus a_{i-1}) \oplus (a_1 \oplus a_2 \oplus \cdots \oplus a_j)$$

记 $s_i = a_1 \oplus a_2 \oplus \cdots \oplus a_i$，这是异或形式的前缀和。上式转化为

$$a_i \oplus a_{i+1} \oplus \cdots \oplus a_{j-1} \oplus a_j = s_{i-1} \oplus s_j$$

若 $s_{i-1} = s_j$，则 $s_{i-1} \oplus s_j = 0$；若 $s_{i-1} \neq s_j$，则 $s_{i-1} \oplus s_j = 1$。题目要求所有子段异或和相加的结果，这等于判断所有的 $\{s_i, s_j\}$ 组合，若 $s_i \neq s_j$，则结果加 1。

如何判断两个 s 是否相等？可以用位操作的技巧，如果它们的第 k 位不同，则两个 s 肯定不等。下面以 $a_1 = 011$，$a_2 = 010$ 为例，分别计算第 k 位的异或和，并且相加：

$k = 0$，第 0 位异或和，$s_1 = 1$，$s_2 = 1 \oplus 0 = 1$，$ans_0 = a_1 + a_2 + a_1 \oplus a_2 = s_1 + s_1 \oplus s_2 + s_2 = 1 + 0 + 1 = 2$。

$k = 1$，第 1 位异或和，$s_1 = 1$，$s_2 = 1 \oplus 1 = 0$，$ans_1 = a_1 + a_2 + a_1 \oplus a_2 = s_1 + s_1 \oplus s_2 + s_2 = 1 + 1 + 0 = 2$。

$k = 2$，第 2 位异或和，$s_1 = 0$，$s_2 = 0 \oplus 0 = 0$，$ans_2 = a_1 + a_2 + a_1 \oplus a_2 = s_1 + s_1 \oplus s_2 + s_2 = 0 + 0 + 0 = 0$。

最后计算答案：$ans = ans_0 \times 2^0 + ans_1 \times 2^1 + ans_2 \times 2^2 = 6$。

本题 $0 \leqslant A_i \leqslant 2^{20}$，所有的前缀和 s 都不超过 20 位。下面代码的第 4 行逐个计算 20 位的每一位，第 7 行的 for 循环计算 n 个前缀和，总计算量约为 $20 \times n$。

```python
1   n = int(input())
2   a = [int(x) for x in input().split()]
3   ans = 0
4   for k in range(21):              # 所有 a 都不超过 20 位
5       zero, one = 1, 0             # 统计第 k 位的 0 和 1 的数量
6       cnt, sum = 0, 0             # cnt 用于统计第 k 位有多少对 si⊕sj = 1
7       for i in range(n):
8           v = (a[i] >> k) & 1     # 取 a[i] 的第 k 位
9           sum ^= v                # 对所有 a[i] 的第 k 位做异或得到 sum, sum 等于 0 或者 1
10          if sum == 0:            # 前缀和为 0
11              zero += 1           # 0 的数量加 1
12              cnt += one          # 这次 sum = 0，这个 sum 跟前面等于 1 的 sum 异或得 1
13          else:                   # 前缀异或为 1
14              one += 1            # 1 的数量加 1
15              cnt += zero         # 这次 sum = 1，这个 sum 跟前面等于 0 的 sum 异或得 1
16      ans += cnt * (1 << k)       # 第 k 位的异或和相加
17  print(ans)
```

前面的例子都是一维数组上的前缀和，下面介绍二维数组上的前缀和。

 例 5.4　领地选择 https://www.luogu.com.cn/problem/P2004

问题描述：作为在虚拟世界里统率千军万马的领袖，小 Z 认为天时、地利、人和三者是缺一不可的，所以谨慎地选择首都的位置对于小 Z 来说是非常重要的。首都被认为是一个占地 c×c 的正方形。小 Z 希望寻找到一个合适的位置，使得首都所占领的位置的土地价值和最高。

输入：第一行有 3 个整数 n、m、c，表示地图的宽和长以及首都的边长。接下来 n 行，每行 m 个整数，表示地图上每个地块的价值，价值可能为负数。

数据范围：对于 60% 的数据，n，m $\leqslant$ 50；对于 90% 的数据，n，m $\leqslant$ 300；对于 100% 的数据，$1 \leqslant n, m \leqslant 10^3, 1 \leqslant c \leqslant \min(n, m)$。

输出：一行两个整数 x、y，表示首都左上角的坐标。

输入样例：	输出样例：
3 4 2	1 2
1 2 3 1	
−1 9 0 2	
2 0 1 1	

概括题意：在 n×m 的矩形中找一个边长为 c 的正方形，把正方形内所有坐标点的值相加，使价值最大。

简单的做法是枚举每个坐标，作为正方形的左上角，然后计算出边长 c 内所有地块的价值和，找到价值和最大的坐标。时间复杂度为 $O(nmc^2)$，能通过 60% 的测试。请读者练习。

本题是二维前缀和的直接应用。

一维前缀和定义在一维数组 a[] 上：sum[i]＝a[1]＋a[2]＋…＋a[i]。

把一维数组 a[] 看成一条直线上的坐标，前缀和就是所有坐标值的和，如图 5.1 所示。

二维前缀和是一维前缀和的推广。设二维数组 a[][] 有 1～n 行、1～m 列，二维前缀和如下：

图 5.1 一维数组 a[ ]在直线上

$$\text{sum}[i][j] = a[1][1] + a[1][2] + a[1][3] + \cdots + a[1][j] +$$
$$a[2][1] + a[2][2] + a[2][3] + \cdots + a[2][j] + \cdots +$$
$$a[i][1] + a[i][2] + a[i][3] + \cdots + a[i][j]$$

把 $a[i][j]$ 的 (i,j) 看成二维平面的坐标,那么 $\text{sum}[i][j]$ 就是左下角坐标 $(1,1)$ 和右上角坐标 (i,j) 围成的方形中所有坐标点的和,如图 5.2 所示。

二维前缀和 $\text{sum}[\ ][\ ]$ 存在以下递推关系:
$\text{sum}[i][j] = \text{sum}[i-1][j] + \text{sum}[i][j-1] -$
$\text{sum}[i-1][j-1] + a[i][j]$

根据这个递推关系,用两种 for 循环可以计算出 $\text{sum}[\ ][\ ]$。

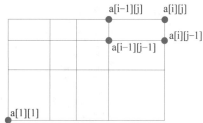

图 5.2 二维数组和二维平面

对照图 5.2 理解这个公式,$\text{sum}[i-1][j]$ 是坐标 $(1,1)\sim(i-1,j)$ 内所有的点,$\text{sum}[i][j-1]$ 是 $(1,1)\sim(i,j-1)$ 内所有的点,两者相加,其中 $\text{sum}[i-1][j-1]$ 被加了两次,所以要减去一次。

下面的 Python 代码中第 7 行让 $\text{sum}[\ ][\ ]$ 和 $a[\ ][\ ]$ 共用,从而节省一半空间,否则提交判题系统会超出空间限制。

```
1   n, m, c = map(int, input().split())
2   a = [[0] * (m + 1) for _ in range(n + 1)]
3   for i in range(1, n + 1):
4       row = list(map(int, input().split()))
5       for j in range(1, m + 1):
6           a[i][j] = row[j - 1]
7           a[i][j] = a[i-1][j] + a[i][j-1] - a[i-1][j-1] + a[i][j]
8   # 上一行等于 s[i][j] = s[i-1][j] + s[i][j-1] - s[i-1][j-1] + a[i][j]
9   Max = float('- inf')
10  x = 0
11  y = 0
12  for x1 in range(1, n - c + 2):
13      for y1 in range(1, m - c + 2):         # 枚举所有坐标点
14          x2 = x1 + c - 1
15          y2 = y1 + c - 1                      # 正方形的右下角坐标
16          ans = a[x2][y2] - a[x2][y1-1] - a[x1-1][y2] + a[x1-1][y1-1]
17          if ans > Max:
18              Max = ans
19              x = x1
20              y = y1
21  print(x, y)
```

5.3 差 分

前缀和的主要应用是差分,差分是前缀和的逆运算。

5.3.1 一维差分

与一维数组 a[] 对应的差分数组 d[] 的定义如下：

$$d[k] = a[k] - a[k-1]$$

即差分数组 d[] 是原数组 a[] 的相邻元素的差。根据 d[] 的定义，可以反过来推出：

$$a[k] = d[1] + d[2] + \cdots + d[k]$$

即 a[] 是 d[] 的前缀和，所以"差分是前缀和的逆运算"。

为了方便理解，把每个 a[] 看成直线上的坐标，把每个 d[] 看成直线上的小线段，它的两端是相邻的 a[]，如图 5.3 所示。将这些小线段相加，就得到了从起点开始的长线段 a[]。

图 5.3 把每个 d[] 看成小线段，把每个 a[] 看成从 a[1] 开始的小线段的和

差分是一种巧妙且简单的方法，它应用于区间的修改和查询问题。把给定的数据元素集 A 分成很多区间，对这些区间做很多次操作，每次操作是对某个区间内的所有元素做相同的加减操作，若一个一个地修改这个区间内的每个元素，复杂度是 O(n)，非常耗时。引入"差分数组"，当修改某个区间时，只需要修改这个区间的"端点"，就能记录整个区间的修改，而对端点的修改非常快，复杂度是 O(1)。当所有的修改操作结束后，再使用差分数组，计算出新的 A。

为什么使用差分数组能提升修改的效率？如何把 O(n) 的区间操作优化为 O(1) 的端点操作？

将区间[L，R]内的每个元素 a[] 加上 v，只需要把对应的 d[] 做以下操作。

（1）把 d[L] 加上 v：d[L] += v。

（2）把 d[R+1] 减去 v：d[R+1] -= v。

使用 d[]，能精确地实现只修改区间内元素的目的，而不会修改区间外的 a[] 值。根据前缀和 a[x] = d[1] + d[2] + \cdots + d[x]，有

（1）$1 \leqslant x < L$，前缀和 a[x] 不变。

（2）$L \leqslant x \leqslant R$，前缀和 a[x] 增加了 v。

（3）$R < x \leqslant N$，前缀和 a[x] 不变，因为被 d[R+1] 中减去的 v 抵消了。

每次操作只需要修改区间[L，R]的两个端点的 d[] 值，复杂度是 O(1)。经过这种操作后，原来直接在 a[] 上做的复杂度为 O(n) 的区间修改操作就变成了在 d[] 上做的复杂度为 O(1) 的端点操作。在完成区间修改并得到 d[] 后，最后用 d[] 计算 a[]，复杂度是 O(n)。m 次区间修改和一次查询，总复杂度为 O(m+n)，比暴力法的 O(mn) 好多了。

数据 A 可以是一维的线性数组 a[]、二维矩阵 a[][]、三维立体 a[][][]。相应地，定义一维差分数组 D[]、二维差分数组 D[][]、三维差分数组 D[][][]。

例 5.5 重新排序 lanqiaoOJ 2128

问题描述：给定一个数组 A 和一些查询 L_i，R_i，求数组中第 L_i 至第 R_i 个元素的和。

小蓝觉得这个问题很无聊,于是他想重新排列一下数组,使最终每个查询结果的和尽可能的大。小蓝想知道相比原数组,所有查询结果的总和最多可以增加多少?

　　输入:输入的第一行包含一个整数 n。第二行包含 n 个整数 A_1、A_2、……、A_n,相邻两个整数之间用一个空格分隔。第三行包含一个整数 m,表示查询的数目。接下来的 m 行,每行包含两个整数 L_i、R_i,相邻两个整数之间用一个空格分隔。

　　输出:输出一行,包含一个整数,表示答案。

输入样例:	输出样例:
5	4
1 2 3 4 5	
2	
1 3	
2 5	

　　评测用例规模与约定:对于 30% 的评测用例,n,m≤50;对于 50% 的评测用例,n,m≤500;对于 70% 的评测用例,n,m≤5000;对于所有评测用例,$1≤n,m≤10^5$,$1≤A_i≤10^6$,$1≤L_i≤R_i≤n$。

　　本题的 m 个查询可以统一处理,在读入 m 个查询后,每个 a[i] 被查询了多少次就知道了。用 cnt[i] 记录 a[i] 被查询的次数,cnt[i] * a[i] 就是 a[i] 对总和的贡献。

　　下面分别给出通过 70% 和 100% 测试的两种解法。

　　(1) 通过 70% 的测试。

　　下面代码的第 11 行先计算出 cnt[],第 13 行计算出原数组上的总和 ans1。

　　然后计算新数组上的总和。显然,把查询次数最多的数分给最大的数,对总和的贡献最大。对 a[] 和 cnt[] 排序,把最大的 a[n] 与最大的 cnt[n] 相乘、次大的 a[n−1] 与次大的 cnt[n−1] 相乘,等等。代码的第 17 行计算出新数组上的总和 ans2。

　　代码的主要计算是第 8 行和第 10 行的 for 循环,复杂度为 O(mn),该代码只能通过 70% 的测试。

```
1   N = 100003
2   a = [0] * N
3   cnt = [0] * N
4   n = int(input())
5   a[1:n+1] = map(int, input().split())        # a[0]不用,从a[1]开始
6   m = int(input())
7   ans1,ans2 = 0,0                              # ans1:原区间和;ans2:新区间和
8   for _ in range(m):
9       L, R = map(int, input().split())
10      for i in range(L, R+1):
11          cnt[i] += 1                          # 第 i 个数被加了一次,累计加了多少次
12      for i in range(1, n+1):
13          ans1 += a[i] * cnt[i]                # 在原数组上求区间和
14      a[1:n+1] = sorted(a[1:n+1])              # a[0]不用,从a[1]开始
15      cnt[1:n+1] = sorted(cnt[1:n+1])          # cnt[0]不用,从cnt[1]开始
16      for i in range(1, n+1):
17          ans2 += a[i] * cnt[i]
18      print(ans2 - ans1)
```

（2）通过 100% 的测试。

本题是差分优化的直接应用。

前面提到，通过 70% 测试的代码效率低的原因是第 11 行计算 cnt[]。根据差分的应用场景，每次查询的[L，R]就是对 a[L]～a[R]中的所有数的累加次数加 1，也就是对 cnt[L]～ cnt[R]中的所有 cnt[]加 1。那么对 cnt[]使用差分数组 d[]即可。

下面代码中第 11、12 行用差分数组 d[]记录 cnt[]的变化，第 15 行用 d[]恢复得到 cnt[]。其他部分和前面通过 70% 测试的代码一样。

在下面的代码中，第 9 行 for 循环的计算复杂度只有 O(m)，最耗时的是第 18、19 行的排序，复杂度为 $O(n\log_2 n)$，该代码能通过 100% 的测试。

```
1   N = 100003
2   a = [0] * N
3   d = [0] * N
4   cnt = [0] * N
5   n = int(input())
6   a[1:n+1] = map(int, input().split())
7   m = int(input())
8   ans1, ans2 = 0, 0
9   for _ in range(m):
10      L, R = map(int, input().split())
11      d[L] += 1
12      d[R+1] -= 1
13  cnt[0] = d[0]
14  for i in range(1, n+1):
15      cnt[i] = cnt[i-1] + d[i]          # 用差分数组 d[]求 cnt[]
16  for i in range(1, n+1):
17      ans1 += a[i] * cnt[i]
18  a[1:n+1] = sorted(a[1:n+1])
19  cnt[1:n+1] = sorted(cnt[1:n+1])
20  for i in range(1, n+1):
21      ans2 += a[i] * cnt[i]
22  print(ans2 - ans1)
```

再看一道例题。

 例 5.6　推箱子 http://oj.ecustacm.cn/problem.php?id=1819

问题描述： 在一个高度为 H 的箱子的前方有一个长和高为 N 的障碍物。障碍物的每一列存在一个连续的缺口，第 i 列的缺口从第 1 个单位到第 h 个单位（从底部由 0 开始数）。现在请清理出一条高度为 H 的通道，使得箱子可以直接推出去。请输出最少需要清理的障碍物面积。图 5.4 所示为样例中的障碍物，长度和高度均为 5，箱子的高度为 2，不需要考虑箱子会掉入某些坑中，最少需要移除两个单位的障碍物才能造出一条高度为 2 的通道。

图 5.4　推箱子示例

输入:输入的第一行为两个正整数 N 和 H,表示障碍物的尺寸和箱子的高度,1≤H≤N≤1000000。接下来 N 行,每行包含两个整数 l_i 和 h_i,表示第 i 列缺口的范围,0≤l_i≤h_i<N。

输出:输出一个数字,表示答案。

输入样例:	输出样例:
5 2	2
2 3	
1 2	
2 3	
1 2	
2 3	

箱子的高度为 H,检查障碍物中的连续 H 行,看哪 H 行需要清理的障碍物最少,或者哪 H 行中的空白最多。在输入样例中,障碍物共 5 行,这 5 行中的空白数量从底部开始往上数分别是(0,2,5,3,0),其中(5,3)这两行的空白最多,是 5+3=8,需要移除的障碍物的数量是 N×H-8=5×2-8=2。

用数组 a[] 表示障碍物,a[i] 是障碍物中第 i 行的空白数量。把题目抽象为:a[] 是 N 个整数,从 a[] 中找出连续的 H 个整数,要求它们的和最大。

先考虑用暴力法求解。

(1) 如果用暴力法从左到右依次对 a[] 中的 H 个整数求和,找到最大的和,总计算量是 O(NH),超时。

(2) 需要注意输入的问题。题目按列给出空白数量,需要转换为行的空白数量。如果简单地转换,计算量太大。例如样例第 1 列的空白位置是(2,3),需要赋值 a[2]++、a[3]++ 。一列有 H 个空白,a[] 数组需要赋值 H 次,N 列的总计算量是 O(NH),超时。

本题用差分与前缀和来优化。

(1) 用差分处理输入。下面代码中第 6 行读一个列的起点位置 l_i 和终点位置 h_i,第 7 行和第 8 行输入 d[],d[] 是 a[] 的差分,计算量仅为 O(N)。

(2) 用前缀和求区间和。第 10 行用 d[] 求 a[];第 12 行计算 a[] 的前缀和 sum[];第 15 行找到最大的区间和。其计算量仅为 O(N)。

上述题解的实现见下面的代码。代码可以进行空间优化,d[]、a[]、sum[] 都用 sum[] 存储,见第 7、8、10、12 行的注释,请读者思考为什么可以这样做。当然,在一般情况下题目给的存储空间够大,不需要做这个优化。

```
1   import sys
2   input = sys.stdin.readline          # 加这行后读入会快一些
3   n, h = map(int, input().split())
4   d, a, sum = [0] * (n + 10), [0] * (n + 10), [0] * (n + 10)
5   for i in range(1, n + 1):
6       li, hi = map(int, input().split())
7       d[li] += 1                       # 可替换为 sum[li]++;
8       d[hi + 1] -= 1                   # 可替换为 sum[hi + 1]--;
9   for i in range(1, n + 1):            # 用差分数组计算原数组
10      a[i] = a[i - 1] + d[i - 1]       # 可替换为 sum[i] += sum[i - 1];
```

```
11   for i in range(1, n + 1):                # 用原数组计算前缀和数组
12       sum[i] = sum[i - 1] + a[i]           # 可替换为 sum[i] += sum[i - 1];
13   ans = sum[h - 1]
14   for left in range(1, n - h + 2):
15       ans = max(ans, sum[left + h - 1] - sum[left - 1])
16   print(n * h - ans)
```

5.3.2 二维差分

从一维差分容易扩展到二维差分。一维是线性数组，一个区间[L，R]有两个端点；二维是矩阵，一个区间由 4 个端点围成。设矩阵是 n 行 n 列的。

对比一维差分和二维差分的效率：一维差分的一次修改是 $O(1)$ 的，二维差分的修改也是 $O(1)$ 的，设有 m 次修改；一维差分的一次查询是 $O(n)$ 的，二维差分是 $O(n^2)$ 的，所以二维差分的总复杂度是 $O(m+n^2)$。由于计算一次二维矩阵的值需要 $O(n^2)$ 次计算，所以二维差分已经达到了最好的复杂度。

下面从一维差分推广到二维差分。由于差分是前缀和的逆运算，首先需要从一维前缀和推广到二维前缀和，然后从一维差分推广到二维差分。

在一维差分中，数组 a[] 是从第 1 个 D[1] 开始的差分数组 D[] 的前缀和：

$$a[k] = D[1] + D[2] + \cdots + D[k]$$

在二维差分中，a[][] 是差分数组 D[][] 的前缀和。在由原点坐标(1，1)和坐标(i，j)围成的矩阵中，所有的 D[][] 相加等于 a[i][j]。

可以把每个 D[][] 看成一个小格；在坐标(1，1)和(i，j)所围成的范围内，所有小格子加起来的总面积等于 a[i][j]。在图 5.5 中，每个格子的面积是一个 D[][]，例如阴影格子是 D[i][j]，它由(i−1，j)、(i，j)、(i−1，j−1)、(i，j−1)4 个坐标点定义。坐标点(i，j)的值是 a[i][j]，它等于坐标(1，1)和(i，j)所围成的所有格子的总面积。图 5.5 演示了这些关系。

图 5.5 把每个 a[][] 看成总面积，把每个 D[][] 看成小格子的面积

在一维情况下，差分是 D[i] = a[i] − a[i−1]。在二维情况下，差分变成了相邻的 a[][] 的"面积差"，计算公式是：

$$D[i][j] = a[i][j] - a[i-1][j] - a[i][j-1] + a[i-1][j-1]$$

这个公式可以通过图 5.5 来观察。阴影方格表示 D[i][j] 的值，它的面积这样求：大面积 a[i][j] 减去两个小面积 a[i−1][j]、a[i][j−1]，由于两个小面积的公共面积 a[i−1][j−1] 被减了两次，所以需要加回来一次。

差分最关键的操作是区间修改。在一维情况下，做区间修改只需要修改区间的两个端

点的 D[] 值。在二维情况下，一个区间是一个小矩阵，有 4 个端点，需要修改这 4 个端点的 D[][] 值。例如坐标点 $(x_1, y_1) \sim (x_2, y_2)$ 定义的区间，对应 4 个端点的 D[][]：

```
1   D[x1][y1] += d;          //二维区间的起点
2   D[x1][y2 + 1] -= d;      //把 x 看成常数，y 从 y1 到 y2 + 1
3   D[x2 + 1][y1] -= d;      //把 y 看成常数，x 从 x1 到 x2 + 1
4   D[x2 + 1][y2 + 1] += d;  //由于前两式把 d 减了两次，多减了一次，这里加一次回来
```

图 5.6 演示了区间修改。两个黑色点围成的矩形是题目给出的区间修改范围，只需要改变 4 个 D[][] 值，就改变了图中 4 个阴影块的面积。

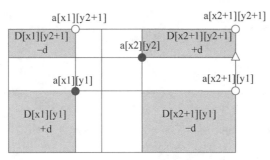

图 5.6　二维差分的区间修改

读者可以用这个图观察每个坐标点的 a[][] 值的变化情况。例如符号"△"标记的坐标 $(x2+1, y2)$，它在修改的区间之外；$a[x2+1][y2]$ 的值是从 $(1,1)$ 到 $(x2+1, y2)$ 的总面积，在这个范围内，$D[x1][y1]+d, D[x2+1][y1]-d$，两个 d 抵消，$a[x2+1][y2]$ 保持不变。

下面的例题是二维差分的直接应用。

例 5.7　2023 年第十四届蓝桥杯省赛 Python 大学 C 组试题 F：棋盘 lanqiaoOJ 3533

时间限制：10s　**内存限制**：512MB　**本题总分**：15 分

问题描述：小蓝有一个 $n \times n$ 大小的棋盘，一开始棋盘上都是白子。小蓝进行了 m 次操作，每次操作会将棋盘上某个范围内的所有棋子的颜色取反（也就是白色棋子变为黑色，黑色棋子变为白色）。请输出所有操作做完后棋盘上每个棋子的颜色。

输入：输入的第一行包含两个整数 n、m，用一个空格分隔，表示棋盘的大小与操作数。接下来 m 行，每行包含 4 个整数 x_1、y_1、x_2、y_2，相邻整数之间使用一个空格分隔，表示将在 x_1 至 x_2 行和 y_1 至 y_2 列中的棋子的颜色取反。

输出：输出 n 行，每行 n 个 0 或 1，表示该位置上棋子的颜色。如果是白色，输出 0，否则输出 1。

输入样例：	输出样例：
3 3	001
1 1 2 2	010
2 2 3 3	100
1 1 3 3	

评测用例规模与约定：对于 30% 的评测用例，$n, m \leqslant 500$；对于所有评测用例，$1 \leqslant n, m \leqslant 2000, 1 \leqslant x_1 \leqslant x_2 \leqslant n, 1 \leqslant y_1 \leqslant y_2 \leqslant m$。

下面用两种方法求解，分别通过 30% 和 100% 的测试。

（1）模拟。

按题目的描述编码实现。第 3、5、6 行有三重 for 循环，计算复杂度为 O(mn²)，只能通过 30% 的测试。

```
1  n, m = map(int, input().split())
2  a = [[0] * 2100 for _ in range(2100)]
3  for _ in range(m):
4      x1, y1, x2, y2 = map(int, input().split())
5      for i in range(x1, x2 + 1):
6          for j in range(y1, y2 + 1):
7              a[i][j] ^= 1
8  for i in range(1, n + 1):
9      for j in range(1, n + 1):
10         print(a[i][j], end = "")
11     print()
```

（2）差分。通过 100% 的测试。

这是一道很直白的二维差分题。第 5～8 行是二维差分计算，其实改成注释中的写法也行，请读者思考。

```
1   n, m = map(int, input().split())
2   a = [[0] * (n + 2) for _ in range(n + 2)]
3   d = [[0] * (n + 2) for _ in range(n + 2)]
4   def insert(x1, y1, x2, y2):
5       d[x1][y1] += 1          # d[x1][y1] ^= 1
6       d[x1][y2 + 1] -= 1       # d[x1][y2 + 1] ^= 1
7       d[x2 + 1][y1] -= 1       # d[x2 + 1][y1] ^= 1
8       d[x2 + 1][y2 + 1] += 1   # d[x2 + 1][y2 + 1] ^= 1
9   for _ in range(m):
10      x1, y1, x2, y2 = map(int, input().split())
11      insert(x1, y1, x2, y2)
12  for i in range(1, n + 1):
13      for j in range(1, n + 1):
14          a[i][j] = d[i][j] + a[i - 1][j] + a[i][j - 1] - a[i - 1][j - 1]
15          print(a[i][j] & 1, end = "")
16      print()
```

【练习题】

lanqiaoOJ：灵能传输 196、和与乘积 1595、冒险岛 3224、统计子矩阵 2109、无线网络发射器选址 374。

洛谷：求区间和 B3612、光雅者的荣耀 P5638、dx 分计算 P10233、领地选择 P2004、地毯 P3397、最大加权矩形 P1719、卡牌游戏 P6625。

5.4 二 分

二分法是一种思路简单、编码容易、效率极高、应用广泛的算法。在任何算法竞赛中，二分法都是最常见的知识点之一。二分法的应用场景比前缀和更广泛。

二分法的思想很简单，每次把搜索范围缩小一半，直到找到答案为止。设初始范围是 [L, R]，常见的二分法代码这样写：

```
1    while L < R:                          ♯ 一直二分,直到区间[L,R]缩小到 L = R
2        mid = (L + R) // 2                ♯ mid 是 L,R 的中间值
3        if check(mid):R = mid            ♯ 答案在左半部分[L,mid],更新 R = mid
4        else:L = mid + 1                 ♯ 答案在右半部分[mid + 1,R],更新 L = mid + 1
```

答案在区间[L, R]中,通过中间值 mid 缩小搜索范围。这样搜索答案:

(1) 如果答案在左半部分,把范围缩小到[L, mid],更新 R=mid,然后继续。

(2) 如果答案在右半部分,把范围缩小到[mid+1, R],更新 L=mid+1,然后继续。

经过多次二分,最后范围缩小到 L=R,这就是答案。

二分的效率极高,例如在 2^{30}＝10 亿个数字中查找某个数,前提是这些数已经排序,然后用二分法来找,最多只需要找 $\log_2(2^{30})$＝30 次。二分法的计算复杂度是 $O(\log_2 n)$。

以猜数字游戏为例,一个[1, 100]内的数字,猜 7 次就能猜出来。例如猜数字 68,如表 5.2 所示。

表 5.2　猜数字 68

次　　数	原[L,R]	a[mid]	check()判断	更新[L,R]
1	[1,100]	50	小于或等于 50 吗? --不	[51,100]
2	[51,100]	75	小于或等于 75 吗? --是	[51,75]
3	[51,75]	63	小于或等于 63 吗? --不	[64,75]
4	[64,75]	69	小于或等于 69 吗? --是	[64,69]
5	[64,69]	66	小于或等于 66 吗? --不	[67,69]
6	[67,69]	68	小于或等于 68 吗? --是	[67,68]
7	[67,68]	67	小于或等于 67 吗? --不	[68,68]

下面是代码实现。二分函数 bin_search()操作 3 个变量:区间左端点 L、右端点 R、二分的中位数 mid。每次把区间缩小一半,把 L 或 R 更新为 mid,直到 L＝R 为止,即找到了答案所处的位置。

```
1    def check(x, mid): return x <= a[mid]
2    def bin_search(n, x):
3        L, R = 1, n
4        while L < R:
5            mid = (L + R) // 2
6            if check(x, mid):R = mid
7            else:L = mid + 1
8        return a[L]
9    n = 100
10   a = [0] * 105
11   for i in range(1, n + 1):a[i] = i
12   x = 68
13   print("x = ", bin_search(n, x))
```

二分法把长度为 n 的有序序列上 O(n)的查找时间优化到了 $O(\log_2 n)$。

注意,二分法的应用前提是序列是单调有序的,从小到大或从大到小。在无序的序列上无法二分,如果是乱序的,应该先排序再二分。

如果在乱序序列上只搜一次,不需要用二分法。如果用二分法,需要先排序,排序的复杂度为 $O(n\log_2 n)$,再二分是 $O(\log_2 n)$,排序加二分的总复杂度为 $O(n\log_2 n)$。如果用暴力法直接在乱序的 n 个数中查找,复杂度是 O(n),比排序加二分快。

如果不是搜一个数,而是搜 m 个数,那么先排序再做 m 次二分的计算复杂度是

$O(n\log_2 n + m\log_2 n)$，而暴力法是 $O(mn)$，当 m 很大时，二分法远远好于暴力法。

在做二分法题目时，需要建模出一个有序的序列，并且答案在这个序列中。在编程时，根据题目要求确定区间[L，R]范围，并写一个 check() 函数来更新 L 和 R。

[L，R]的中间值 mid 有多种计算方法：

$$mid = (L+R)/2$$
$$mid = (L+R)>>1$$
$$mid = L+(R-L)/2$$

5.4.1　二分法的经典应用

二分法的经典应用场景是"最小值最大化(最小值尽量大)"和"最大值最小化(最大值尽量小)"。

1. 最小值最大化

以"牛棚问题"为例。有 n 个牛棚，分布在一条直线上，有 k 头牛，给每头牛安排一个牛棚住，k<n。由于牛的脾气很大，所以希望让牛之间尽量住得远一些。这个问题简化为：在一条直线上有 n 个点，选 k 个点，其中某两点之间的距离是所有距离中最小的，求解目标是让这个最小距离尽量大。

这就是"最小值(两点间的最小距离)最大化"。

"牛棚问题"的求解可以用猜的方法。猜最小距离是 D，看能不能在 n 个点中选 k 个，使得任意两点之间的距离≥D。如果可以，说明 D 是一个合法的距离。然后猜新的 D，直到找到那个最大的合法的 D。

具体操作是：从第 1 个点出发，逐个检查后面的点，第一个距离≥D 的点就是选中的第 2 点；然后从第 2 点出发，再选后面第一个距离第 2 点≥D 的点，这是选中的第 3 点；…继续下去，直到检查完 n 个点。这一轮猜测的计算复杂度是 $O(n)$。

检查完 n 个点，如果选中的点的数量≥k，说明 D 猜小了，下次猜大一点；如果选中的点的数量<k，说明 D 猜大了，下次猜小一点。

如何猜 D？简单的办法是从小到大一个一个试，但是计算量太大了。

用二分法可以加速猜 D 的过程。设 D 的初值是一个极大的数，例如就是所有 n 个点的总长度 L。接下来的二分操作和前面的"猜数字游戏"一样，经过 $O(\log_2 L)$ 次，就能确定 D。

总计算量：一共进行 $O(\log_2 L)$ 轮猜测，每一轮的计算量为 $O(n)$，总计算量为 $O(n\log_2 L)$。

2. 最大值最小化

经典的例子是"序列划分"问题。有一个包含 n 个正整数的序列，把它划分成 k 个子序列，每个子序列是原序列的一个连续部分，第 i 个子序列的和为 S_i。在所有 s 中有一个最大值，问如何划分才能使最大的 s 最小？

这就是"最大值(所有子序列和的最大值)最小化"。

例如序列{2，2，3，4，5，1}，将其划分成 k=3 个连续的子序列。下面举两种分法：{(2，2，3)，(4，5)，(1)}，子序列和分别是 7、9、1，最大值是 9；{(2，2，3)，(4)，(5，1)}，子序列和是 7、4、6，最大值是 7。第 2 种分法比第 1 种分法好。

仍然用猜的方法。在一次划分中猜一个 x，对任意的 S_i 都有 $S_i \leq x$，也就是说 x 是所有

S_i 中的最大值。

如何找到这个 x？简单的办法是枚举每一个 x，用贪心法每次从左向右尽量多划分元素，S_i 不能超过 x，划分的子序列的个数为 k 个，但是枚举所有的 x 太耗时了。

用二分法可以加速猜 x 的过程。用二分法在[max,sum]范围内查找满足条件的 x，其中 max 是序列中最大元素的值，sum 是所有元素的和。

5.4.2 例题

二分法的题目非常多，请读者大量练习二分法的题目。下面举几个例子。

> **例 5.8   求阶乘   lanqiaoOJ 2145**
>
> **问题描述**：满足 n!的末尾恰好有 k 个 0 的最小的 n 是多少？如果这样的 n 不存在，输出 −1。
> **输入**：输入一个整数 k。
> **输出**：输出一个整数，表示答案。

输入样例：	输出样例：
2	10

评测用例规模与约定：对于 30% 的评测用例，$1 \leqslant k \leqslant 10^6$；对于 100% 的评测用例，$1 \leqslant k \leqslant 10^{18}$。

尾零是由 2×5 相乘得到的，所以只需要计算 n!中 2 和 5 的因子数量。又因为 n!中 2 的因子数量远大于 5 的因子数量，所以只需要计算 5 的因子数量。

例如 25!＝25×⋯×20×⋯×15×⋯×10×⋯×5×⋯，其中的 25、20、15、10、5 分别有 2、1、1、1、1 共 6 个因子 5，所以尾零有 6 个。

（1）通过 30% 的测试。

简单的方法是检查每个 n，计算 n!的尾零数量，尾零数量等于 k 的 n 就是答案。下面代码中第 3 行的 while 循环 n/5 次，对于 100% 的数据，$1 \leqslant k \leqslant 10^{18}$，由于 n 比 k 还大，代码超时。

check(n)函数返回 n!的尾零数量，也就是计算 n!有多少个因子 5，读者可以按自己的思路实现这个函数。下面的 check()用了巧妙的方法。以 25!为例，对 5 有贡献的是 5、10、15、20、25，即 5×1、5×2、5×3、5×4、5×5，共有 6 个 5，其中 5 个 5 是由 25/5 得到的，即 5×i 中的 5；还有一个 5 是循环 5 次后多的一个 5，即 i×5 的 5。再例如 100!，尾零的数量包括两部分：100/5＝20、20/5＝4。

```
1   def check(n):
2       cnt = 0
3       while n:
4           cnt += n // 5
5           n //= 5
6       return cnt
7   k = int(input())
8   for n in range(5, 10 ** 18, 5):
9       cnt = check(n)
10      if cnt == k:
11          print(n)
```

12	break
13	if cnt > k:
14	print(−1)
15	break

（2）通过 100% 的测试。

本题可以用二分优化，也就是用二分来猜 n。因为 n 递增时，尾零的数量也是单调递增的，符合二分法的应用条件。

下面讨论代码的计算复杂度。第 11 行的二分是 $O(\log_2 E)$，这里 $E = 10^{19}$。第 1 行做一次 check() 差不多是 $O(1)$。总计算量约为 $\log_2 E = \log_2 10^{19} < 70$ 次。

1	def check(n):	♯ 计算 n! 的末尾有多少个 0
2	cnt = 0
3	while n:
4	cnt += n // 5
5	n //= 5
6	return cnt
7	k = int(input())
8	L = 0
9	R = 10 ** 19	♯ R 的初值为一个极大的数
10	while L < R:
11	mid = (L + R) // 2
12	if check(mid) >= k:R = mid	♯ mid! 的尾零数量超过了 k，说明 mid 大了
13	else:L = mid + 1	♯ mid 小了
14	if check(R) == k:print(R)
15	else:print(−1)

例 5.9　2022 年第十三届蓝桥杯省赛 Python 大学 C 组试题 I：青蛙过河 lanqiaoOJ 2097

时间限制：1s 内存限制：512MB 本题总分：25 分

问题描述：小青蛙住在一条河的河边，它想到河对岸的学校去学习。小青蛙打算经过河里的石头跳到对岸。河里的石头排成了一条直线，小青蛙每次跳跃必须落在一块石头或者岸上。每块石头有一个高度，每次小青蛙从一块石头起跳，这块石头的高度就会下降 1，当石头的高度下降到 0 时小青蛙不能再跳到这块石头上（某次跳跃后使石头的高度下降到 0 是允许的）。小青蛙一共需要去学校上 x 天课，所以它需要往返 2x 次。当小青蛙具有一个跳跃能力 y 时，它能跳不超过 y 的距离。请问小青蛙的跳跃能力至少是多少才能用这些石头上完 x 次课。

输入：输入的第一行包含两个整数 n、x，分别表示河的宽度和小青蛙需要去学校的天数。注意 2x 才是小青蛙实际过河的次数。第二行包含 n−1 个非负整数 H_1、H_2、……、H_{n-1}，其中 $H_i > 0$ 表示在河中与小青蛙的家相距 i 的地方有一块高度为 H_i 的石头，$H_i = 0$ 表示这个位置没有石头。

输出：输出一行，包含一个整数，表示小青蛙需要的最小跳跃能力。

输入样例：	输出样例：
5 1	4
1 0 1 0	

评测用例规模与约定：对于 30% 的评测用例，n≤100；对于 60% 的评测用例，n≤1000；对于所有评测用例，$1 \leq n \leq 10^5$，$1 \leq x \leq 10^9$，$1 \leq H_i \leq 10^4$。

往返累计 2x 次相当于单向走 2x 次。跳跃能力越大,越能保证可以通过 2x 次。用二分法找到一个最小的满足条件的跳跃能力。设跳跃能力为 mid,每次能跳多远就跳多远,用二分法检查 mid 是否合法。

```
1   def check(sum, mid, x):
2       for i in range(1, len(sum) - mid + 1):     # 每个区间的高度之和都要大于或等于 2x
3           if sum[i + mid - 1] - sum[i - 1] < 2 * x:
4               return False
5       return True
6   n, x = map(int, input().split())
7   h = [0] * n
8   h[1:] = list(map(int, input().split()))         # h[0]不用,从 h[1]开始
9   sum = [0] * n
10  sum[0] = 0
11  for i in range(1, n):
12      sum[i] = sum[i - 1] + h[i]                   # 跳跃区间的高度之和
13  L, R = 1, n
14  while L < R:
15      mid = (L + R) // 2
16      if check(sum, mid, x):R = mid
17      else:L = mid + 1
18  print(L)
```

例 5.10　2023 年第十四届蓝桥杯省赛 Python 大学 B 组试题 D:管道 lanqiaoOJ 3544

时间限制:10s 内存限制:512MB 本题总分:10 分

问题描述:有一根长度为 len 的横向管道,该管道按照单位长度分为 len 段。每一段的中央有一个可开关的阀门和一个检测水流的传感器。一开始管道是空的,位于 L_i 的阀门会在 S_i 时刻打开,并不断地让水流入管道。对于位于 L_i 的阀门,它流入的水在 $T_i(T_i \geqslant S_i)$ 时刻会使从第 $L_i - (T_i - S_i)$ 段到第 $L_i + (T_i - S_i)$ 段的传感器检测到水流。求管道中每一段中间的传感器都检测到有水流的最早时间。

输入:输入的第一行包含两个整数 n、len,用一个空格分隔,分别表示会打开的阀门数和管道长度。接下来 n 行,每行包含两个整数 L_i、S_i,用一个空格分隔,表示位于第 L_i 段管道中央的阀门会在 S_i 时刻打开。

输出:输出一个整数,表示答案。

输入样例:	输出样例:
3 10	5
1 1	
6 5	
10 2	

评测用例规模与约定:对于 30% 的评测用例,$n \leqslant 200$,S_i,$len \leqslant 3000$;对于 70% 的评测用例,$n \leqslant 5000$,S_i,$len \leqslant 10^5$;对于 100% 的评测用例,$1 \leqslant n \leqslant 10^5$,$1 \leqslant S_i$,$len \leqslant 10^9$,$1 \leqslant L_i \leqslant len$,$L_{i-1} < L_i$。

按题目的设定,管道内是贯通的,每个阀门都连着一个进水管,打开阀门后会有水从这个进水管进入管道,并逐渐流到管道内的所有地方。

先解释样例。设长度 L 的单位是米，水流的速度是米/秒。L＝1 处的阀门在第 S＝1 秒打开，T＝5 秒时，覆盖范围 L－(T－S)＝1－(5－1)＝－3，L＋(T－S)＝1＋(5－1)＝5；L＝6 处的阀门在 S＝5 秒打开，T＝5 秒时，只覆盖了 L＝6；L＝10 处的阀门在 L＝2 秒打开，T＝5 秒时，覆盖范围 L－(T－S)＝10－(5－2)＝7，L＋(T－S)＝10＋(5－2)＝13。所以这 3 个阀门在 T＝5 时覆盖了[－3，5]、6、[7，13]，管道中的所有传感器都检测到了水流。

读者可能会立刻想到可以用二分法猜时间 T。先猜一个 T，然后判断在 T 时刻是否整个管道有水。如何判断？位于 L_i 的阀门，它影响到的小区间是$[L_i-(T_i-S_i)，L_i+(T_i-S_i)]$，n 个阀门对应了 n 个小区间。那么问题转化为：给出 n 个小区间，是否能覆盖整个大区间。这是贪心法中的"区间覆盖问题"，请大家阅读 5.5 节中对"区间覆盖问题"的说明。

本题还可以再简单一点。题目给的评测用例指出 $L_{i-1}<L_i$，即已经按左端点排序，可以省去排序的步骤。

在 check(t)函数中，定义 last_L 为当前覆盖到的最左端，last_R 为最右端。然后逐个遍历所有的小区间，看它对扩展 last_L、last_R 有无贡献。在所有小区间处理完毕后，如果[last_L，last_R]能覆盖整个[1，len]区间，则这个时刻 t 就是可行的。

```python
def check(t):                       # 检查 t 时刻,管道内是否都有水
    cnt = 0
    last_L = 2
    last_R = 1
    for i in range(n):
        if t >= S[i]:
            cnt += 1                 # 特判 t 是否够大
            left = L[i] - (t - S[i])
            right = L[i] + (t - S[i])
            if left < last_L:
                last_L = left
                last_R = max(last_R, right)
            elif left <= last_R + 1:
                last_R = max(last_R, right)
    if cnt == 0:return False
    if last_L <= 1 and last_R >= length:
        return True
    else: return False

n, length = map(int, input().split())
L = []
S = []
for _ in range(n):
    l, s = map(int, input().split())
    L.append(l)
    S.append(s)
LL,R = 0, int(2e9)                   # LL 避免和 L[]重名
ans = -1
while LL <= R:                       # 二分
    mid = (R + LL) >> 1
    if check(mid):
        ans = mid
        R = mid - 1
    else:LL = mid + 1
print(ans)
```

下面是一道思维有难度的二分法题目。

例 5.11 **2022 年第十三届蓝桥杯省赛 Python 大学 B 组试题 H：技能升级 lanqiaoOJ 2129**

时间限制：1s 内存限制：512MB 本题总分：20 分

问题描述：小蓝最近正在玩一款 RPG 游戏。他的角色一共有 N 个可以加攻击力的技能。其中第 i 个技能首次升级可以提升 A_i 点攻击力，以后每次升级增加的点数都会减少 B_i。$\lceil A_i/B_i \rceil$（向上取整）次之后，再升级该技能将不会改变攻击力。现在小蓝可以总计升级 M 次技能，他可以任意选择升级的技能和次数。请计算小蓝最多可以提高多少点攻击力？

输入：输入的第一行包含两个整数 N 和 M。以下 N 行，每行包含两个整数 A_i 和 B_i。

输出：输出一行，包含一个整数，表示答案。

输入样例：	输出样例：
3 6	47
10 5	
9 2	
8 1	

评测用例规模与约定：对于 40% 的评测用例，$1 \leqslant N, M \leqslant 1000$；对于 60% 的评测用例，$1 \leqslant N \leqslant 10^4$，$1 \leqslant M \leqslant 10^7$；对于所有评测用例，$1 \leqslant N \leqslant 10^5$，$1 \leqslant M \leqslant 2 \times 10^9$，$1 \leqslant A_i$，$B_i \leqslant 10^6$。

下面讲解 3 种方法，它们分别能通过 40%、60%、100% 的测试。

(1) 暴力法。

先试一试暴力法，直接模拟题意，升级 m 次，每次升级时选用攻击力最高的技能，然后更新它的攻击力。

下面代码的复杂度是多少？第 12 行升级 m 次，是 O(m) 的；第 13 行选用最大攻击，使用 Python 的 max() 函数，是 O(n) 的。总复杂度为 O(mn)，只能通过 40% 的测试。

```python
import math
n,m = map(int,input().split())
a = []                              # 存 ai
b = []                              # 存 bi
c = []                              # ai/bi
for i in range(n):
    a_,b_ = map(int,input().split())
    a.append(a_)
    b.append(b_)
    c.append(math.ceil(a_/b_))      # 向上取整
ans = 0
for i in range(m):                  # 一共升级 m 次
    max_num = max(a)                # 每次升级时使用最大的攻击
    index = a.index(max_num)        # 最大攻击对应的序号
    a[index] -= b[index]            # 更新攻击力
    if c[index]>0: ans += max_num   # 累加攻击力
    c[index] -= 1
print(ans)
```

（2）暴力法＋优先队列。

上面的代码可以稍做改进。在 n 个技能中选用最高攻击力,可以使用优先队列,一次操作的复杂度为 $O(\log_2 n)$。m 次升级,总复杂度为 $O(m\log_2 n)$,能通过 60% 的测试。

下面是 Python 的"暴力法＋优先队列"实现。优先队列用堆实现,heapq 默认是小根堆,第 7 行把 a 取负,将最大值变成了最小值。

```
 1  from heapq import *
 2  n,m = map(int,input().split())
 3  q = []
 4  ans = 0
 5  for i in range(n):
 6      a,b = map(int,input().split())
 7      heappush(q,(-a,b))
 8  for i in range(m):                  # 升级 m 次
 9      p = heappop(q)                  # 每次升级时使用最大的攻击。读队列最大值并删除
10      a,b = -p[0],p[1]
11      ans += a                        # 累加攻击力
12      a = max(a - b, 0)               # 更新攻击力
13      if a != 0: heappush(q,(-a,b))   # 重新放进队列
14  print(ans)
```

（3）二分法。

本题的正解是二分法,能通过 100% 的测试。

本题 $m \leqslant 2 \times 10^9$ 太大,若逐一升级 m 次必定会超时。但是不能直接对 m 进行二分,因为需要知道每个技能升级多少次,而这与 m 无关。

思考升级技能的过程,是每次找攻击力最高的技能。对某个技能,最后一次升级的攻击力肯定比之前升级的攻击力小,也就是前面的升级都更大。可以设最后一次升级提升的攻击力是 mid,对每个技能,若它最后一次能升级 mid,那么它前面的升级都更大。所有这样最后能达到 mid 的技能,它们前面的升级都应该使用。用二分法找到这个 mid,另外,升级技能减少的攻击力的过程是一个等差数列,用 $O(1)$ 次计算即可知道每个技能升级了几次。知道了每个技能升级的次数,就可以计算一共提升了多少攻击力,这就是题目的答案。

下面给出 Python 代码。check(mid) 函数找这个 mid。第 6 行,若所有技能升级的总次数大于或等于 m 次,说明 mid 设小了,在第 16 行让 L 增大,即增加了 mid。第 8 行,若所有技能升级的总次数小于 m 次,说明 mid 设大了,在第 17 行让 R 减小,即缩小了 mid。

分析代码的复杂度。第 14～17 行,二分 $O(\log_2 A)$ 次,这里 A 表示 $1 \leqslant A_i \leqslant 10^6$;每次 check() 是 $O(n)$,二分的总复杂度是 $O(n\log_2 A)$。第 20 行的 for 循环是 $O(n)$。代码的总复杂度是 $O(n\log_2 A) + O(n)$,能通过 100% 的测试。

```
 1  def check(mid):                     # 最后一次技能升级,最多能不能到 mid
 2      cnt = 0
 3      for a,b in skills:
 4          if a < mid:continue         # 第 i 个技能的初值还不够 mid,不用这个技能
 5          cnt += (a - mid) // b + 1   # 第 i 个技能用掉的次数
 6          if cnt >= m:                # 所有技能升级的总次数大于或等于 m 次,说明 mid 设小了
 7              return True
 8      return False                    # 所有技能升级的总次数小于 m 次,说明 mid 设大了
 9
10  n, m = map(int, input().split())
11  skills = [list(map(int, input().split())) for _ in range(n)]
```

```
12
13    L,R = 1,1000000              ♯ 二分枚举最后一次攻击力最大能加多少
14    while(L <= R):
15        mid = (L + R) // 2
16        if check(mid): L = mid + 1        ♯ 增加 mid
17        else:R = mid − 1                  ♯ 减小 mid
18    attack = 0
19    cnt = m
20    for a,b in skills:
21        if a < R:continue
22        t = (a − L) // b + 1              ♯ 第 i 个技能升级的次数
23        if a − b * (t − 1) == R:
24            t −= 1                        ♯ 这个技能每次升级刚好等于 R,其他技能更好
25        attack += (a * 2 − (t − 1) * b) * t / 2
26        cnt −= t
27    print(int(attack) + cnt * R)
```

【练习题】

二分的题目非常多,每个 OJ 网站都能用"二分"搜出很多二分题目。

lanqiaoOJ:分巧克力 99、跳石头 364、课凑成的最大花束数 3344、最大通过数 3346、蓝桥 A 梦做铜锣烧 3151、肖恩的苹果林 3683、求函数零点 4496、妮妮的月饼工厂 3990、解立方根 1217、一元三次方程求解 764、二分查找数组元素 1389。

5.5   贪   心

扫一扫

视频讲解

贪心(Greedy)是容易理解的算法思想:把整个问题分解成多个步骤,在每个步骤都选取当前步骤的最优方案,直到所有步骤结束;在每一步都不考虑对后续步骤的影响,在后续步骤中也不能回头改变前面的选择[①]。

贪心策略在人们的生活中经常用到。例如下象棋时,初级水平的棋手只会"走一步看一步",就是贪心法;而水平高的棋手能"走一步看三步",轻松击败初级棋手,可以看成是动态规划。

贪心这种"只顾当下,不管未来"的解题策略让人疑惑:在完成所有局部最优操作后得到的解不一定是全局最优,那么该如何判断能不能用贪心呢?

有时很容易判断:一步一步在局部选择最优,最后结束时能达到全局最优。例如吃自助餐,怎么吃才能"吃回票价"?它的数学模型是一类背包问题,称为"部分背包问题":有一个容量为 C 的背包,有 m 种物品,第 i 种物品 w_i 千克,单价为 v_i,且每种物品是可以分割的,例如大米、面粉等,问如何选择物品使得装满背包时总价值最大。此时显然可以用贪心法,只要在当前物品中选最贵的放进背包即可:先选最贵的物品 A,A 放完之后再选剩下的最贵的物品 B,……,直到背包放满。

有时看起来能用贪心,但实际上贪心的结果不是最优解。例如最少硬币支付问题:有多种面值的硬币,数量不限,需要支付 M 元,问怎么支付才能使硬币数量最少?

---

① 作者拟过两句赠言:"贪心说,我从不后悔我走过的路","贪心说,其实我有一点后悔,但是我回不了头"。大多数读者选前一句。

最少硬币支付问题[①]是否能用贪心求最优解和硬币的面值有关。

如果硬币的面值为 1 元、2 元、5 元,用贪心是对的。贪心策略是当前选择可用的最大面值的硬币。例如支付 M＝18 元,第一步选面值最大的 5 元硬币,用掉 3 个硬币,还剩 3 元;第二步选面值第二大的 2 元硬币,用掉 1 个硬币,还剩 1 元;最后选面值最小的 1 元硬币,用掉 1 个,这样共用 5 个硬币。在这个解决方案中,硬币总数是最少的,贪心法的结果是全局最优的。

如果是其他面值的硬币,用贪心法不一定能得到全局最优解。例如,硬币的面值很奇怪,分别是 1 元、2 元、4 元、5 元、6 元。支付 M＝9 元,如果用贪心法,每次选择当前面值最大的硬币,那么答案是 6＋2＋1,需要 3 个硬币,而最优解是 5＋4,只需要两个硬币。

概括地说,判断一个题目是不是能用贪心,需要满足以下特征:

(1) 最优子结构性质。当一个问题的最优解包含其子问题的最优解时,称此问题具有最优子结构性质,也称此问题满足最优性原理。

(2) 贪心选择性质。问题的整体最优解可以通过一系列局部最优的选择来得到。也就是说,通过一步一步局部最优能最终得到全局最优。

最后讨论贪心法的效率,贪心法的计算量是多少?贪心法由于每一步都在局部做计算,且只选取当前最优的步骤做计算,不管其他可能的计算方案,所以计算量很小。在很多情况下,贪心法可以说是计算量最少的算法了。与此相对,暴力法一般是计算复杂度最差的,因为暴力法计算了全局的所有可能的方案。

由于贪心的效率高,所以如果一个问题确定可用贪心法得到最优解,那么应该使用贪心。如果用其他算法,大概率会超时。

在算法竞赛中,贪心法几乎是必考点,有的题考验思维能力,有的题结合了贪心和其他算法。虽然贪心策略很容易理解,但贪心题可能很难。

贪心也是蓝桥杯大赛的常见题型。不论是省赛还是国赛,贪心出现的概率都非常大。

虽然用贪心法不一定能得到最优解,但是它解题步骤简单、编程容易、计算量小,得到的解"虽然不是最好的,但是还不错!"像蓝桥杯这种赛制,一道题有多个测试点,用贪心也许能通过 10%～30% 的测试,若别无他算法,可以一试。

5.5.1 经典贪心问题

1. 部分背包问题

前文介绍了用贪心求解部分背包问题,下面是例题。

例 5.12　部分背包问题　https://www.luogu.com.cn/problem/P2240

问题描述:有 $N(N \leqslant 100)$ 堆金币,第 i 堆金币的总重量和总价值分别是 m_i、v_i($1 \leqslant m_i, v_i \leqslant 100$)。有一个承重量为 $C(C \leqslant 1000)$ 的背包,要求装走尽可能多价值的金币。所有金币都可以随意分割,分割完的金币的重量价值比(也就是单位价格)不变。请问最多可

[①] 任意面值的最少硬币支付问题,正解是动态规划。参考《算法竞赛入门到进阶》,清华大学出版社,罗勇军著,7.1.1 节给出了各种硬币问题的动态规划解法。

以拿走多少价值的金币？

输入：第一行两个整数 N、C。接下来 N 行，每行两个整数 m_i、v_i。

输出：输出一个实数表示答案，保留两位小数。

输入样例：	输出样例：
4 50	240.00
10 60	
20 100	
30 120	
15 45	

按单位价格排序，最贵的先拿，便宜的后拿。

```
1   n, c = map(int, input().split())
2   a = []
3   for i in range(n):
4       w, v = map(int, input().split())
5       p = v / w
6       a.append((w, v, p))
7   a.sort(key = lambda x: x[2], reverse = True)
8   sum = 0.0
9   for i in range(n):
10      if c >= a[i][0]:
11          c -= a[i][0]
12          sum += a[i][1]
13      else:
14          sum += c * a[i][2]
15          break
16  print("%.2f" % sum)
```

2．不相交区间问题

不相交区间问题或者称为区间调度问题、活动安排问题。

给定一些区间（活动），每个区间有左端点和右端点（开始时间和终止时间），要求找到最多的不相交区间（活动）。

以下按"活动安排问题"来解释。

这个问题的目的是求最多活动数量，所以持续时间长的活动不受欢迎，受欢迎的是尽快结束的、持续时间短的活动。

考虑以下 3 种贪心策略：

（1）最早开始时间。先选最早开始的活动 a，当 a 结束后，再选下一个最早开始的活动。这种策略不好，因为它没有考虑活动的持续时间。假如 a 一直不结束，那么其他活动就不能开始。

（2）最早结束时间。先选最早结束的活动 a，a 结束后，再选下一个最早结束的活动。这种策略是合理的。越早结束的活动，越能腾出后续时间容纳更多的活动。

（3）用时最少。先选时间最短的活动 a，再选不冲突的下一个最短活动。这个策略似乎也可行，但是很容易找到反例，证明这个策略不正确。

如图 5.7 所示的例子，用"策略（1）最早开始时间"，选 3；用"策略（2）最早结束时间"，选 1、2、5、6；

图 5.7　活动安排

用"策略(3)用时最少"，选 4、1、2。其中策略(2)的结果是最好的。

总结活动安排问题的贪心策略：先按活动的结束时间（区间的右端点）排序，然后每次选结束最早的活动，并保证选择的活动不重叠。

例 5.13　线段覆盖　https://www.luogu.com.cn/problem/P1803

问题描述： 有 n 个比赛，每个比赛的开始、结束的时间点已知。yyy 想知道他最多能参加几个比赛。yyy 要参加一个比赛必须善始善终，而且不能同时参加两个及以上的比赛。

输入： 第一行是一个整数 n，接下来 n 行，每行是两个整数 L_i、R_i（$L_i < R_i$），表示比赛开始、结束的时间。其中，$1 \leqslant n \leqslant 10^6$，$1 \leqslant L_i < R_i \leqslant 10^6$。

输出： 输出一个整数，表示最多参加的比赛数目。

输入样例：	输出样例：
3	2
0 2	
2 4	
1 3	

按策略(2)编码。

```
1   n = int(input())
2   a = []
3   for _ in range(n):
4       L, R = map(int, input().split())
5       a.append((L, R))
6   a.sort(key = lambda x: x[1])        # 按照结束时间排序。请与下一个例题代码比较
7   ans = 0
8   lastend = -1
9   for i in range(n):
10      if a[i][0] >= lastend:
11          ans += 1
12          lastend = a[i][1]
13  print(ans)
```

3. 区间合并问题

给定若干个区间，合并所有重叠的区间，并返回不重叠的区间的个数。

以图 5.8 为例，1、2、3、5 合并，4、6 合并，新区间是 1'、4'。

图 5.8　区间合并

贪心策略：按区间的左端点排序，然后逐一枚举每个区间，合并相交的区间。

定义不重叠的区间的个数（答案）为 ans。设当前正在合并的区间的最右端点为 end，当枚举到第 i 个区间 $[L_i, R_i]$ 时：

若 $L_i \leqslant end$，说明与第 i 个区间相交，需要合并，ans 不变，更新 $end = max(end, R_i)$。

若 L_i>end,说明与第 i 个区间不相交,ans 加 1,更新 end=max(end,R_i)。

请读者用图 5.8 所示的例子模拟合并过程。

4. 区间覆盖问题

给定一个目标大区间和一些小区间,问最少选择多少小区间可以覆盖大区间。

贪心策略:尽量找出右端点更远的小区间。

操作步骤:先对小区间的左端点排序,然后依次枚举每个小区间,在所有能覆盖当前目标区间右端点的区间中选择右端点最大的区间。

在图 5.9 中,求最少用几个小区间能覆盖整个区间。先按左端点排序。设当前覆盖到了位置 R,选择的小区间的数量为 cnt。

图 5.9　区间覆盖

从区间 1 开始,R 的值是区间 1 的右端点 A,R=A。cnt=1。

找到能覆盖 R=A 的区间 2、3,在区间 2、3 中选右端点更远的 3,更新 R 为区间 3 的右端点 B,R=B。cnt=2。

区间 4 不能覆盖 R=B,跳过。

找到能覆盖 R=B 的区间 5,更新 R=C。cnt=3。结束。

例 5.14　区间覆盖(加强版)　https://www.luogu.com.cn/problem/P2082

问题描述:已知有 n 个区间,每个区间的范围是[L_i,R_i],请求出区间覆盖后的总长。

输入:第一行是一个整数 n,接下来 n 行,每行是两个整数 L_i、R_i(L_i<R_i)。其中,$1 \leqslant n \leqslant 10^5$,$1 \leqslant L_i < R_i \leqslant 10^{17}$。

输出:输出共一行,包含一个正整数,为覆盖后的区间总长。

输入样例:	输出样例:
3	900002
1 100000	
200001 1000000	
100000000 100000001	

按上述贪心策略写出代码。

```
1   class Data:
2       def __init__(self, L, R):
3           self.L = L
4           self.R = R
5
6   n = int(input())
7   a = []
8   for _ in range(n):
9
10      L, R = map(int, input().split())
11      a.append(Data(L, R))
12  a.sort(key = lambda x: x.L)
13  lastend = −1
14  ans = 0
```

```
15   for i in range(n):
16       if a[i].R >= lastend:
17           ans += a[i].R - max(lastend, a[i].L) + 1
18           lastend = a[i].R + 1
19   print(ans)
```

5.5.2 例题

贪心题在算法竞赛中也是必考点，由于贪心法可以灵活地嵌入题目当中与其他算法结合，题目可难、可易。

 例 5.15　2023 年第十四届蓝桥杯省赛 Python 大学 C 组试题 E：填充 lanqiaoOJ 3519

时间限制：10s　**内存限制**：512MB　**本题总分**：15 分

问题描述：有一个长度为 n 的 01 串 s，其中有一些位置标记为"?"，在这些位置上可以任意填充 0 或者 1。请问如何填充这些位置可以使这个 01 串中出现的互不重叠的 00 和 11 子串最多，输出子串的个数。

输入：输入一行，包含一个字符串。

输出：输出一行，包含一个整数，表示答案。

输入样例：	输出样例：
1110? 0	2

样例说明：如果在问号处填 0，则最多出现一个 00 和一个 11，即 111000。对于所有评测用例，1≤n≤1000000。

本题有贪心、DP 两种解法。DP 解法见第 8 章，这里用贪心求解。

题目要求 00、11 尽可能多，所以目的是尽可能多配对，配对只在相邻 s[i] 和 s[i+1] 之间发生。从 s[0]、s[1] 开始，每次观察相邻的两个字符 s[i]、s[i+1]，讨论以下情况。

(1) s[i]=s[i+1]，这两个字符可能是"00""11""??"，都配对。下一次观察 s[i+2]、s[i+3]。

(2) s[i] 或 s[i+1] 有一个是"?"，那么可以匹配。例如"1?""?1""0?""?0"，都是匹配的。下一次观察 s[i+2]、s[i+3]。

(3) s[i]='0'，s[i+1]='1'，不配对。下一次观察 s[i+1]、s[i+2]。

(4) s[i]='1'，s[i+1]='0'，不配对。下一次观察 s[i+1]、s[i+2]。

下面是代码，只需要计算(1)、(2)即可。在代码中只有一个 while 循环，计算复杂度为 O(n)。

```
1   s = input()
2   ans = 0
3   i = 0
4   while i < len(s) - 1:
5       if s[i] == s[i+1]:
6           ans += 1
7           i += 2
8       elif s[i] == '?' or s[i+1] == '?':
9           ans += 1
```

```
10          i += 2
11      else: i += 1
12  print(ans)
```

 例 5.16   买二赠一 https://www.lanqiao.cn/problems/3539/learning/

问题描述：某商场有 N 件商品，其中第 i 件的价格是 A_i。现在该商场正在进行"买二赠一"的优惠活动，具体规则是每购买两件商品，假设其中较便宜的商品的价格是 P（如果两件商品的价格一样，则 P 等于其中一件商品的价格），就可以从剩余商品中任选一件价格不超过 P/2（向下取整）的商品，免费获得这一件商品。可以通过反复购买两件商品来获得多件免费商品，但是每件商品只能被购买或免费获得一次。小明想知道如果要拿下所有商品（包含购买和免费获得），至少要花费多少钱？

输入：第一行包含一个整数 N。第二行包含 N 个整数，代表 $A_1, A_2, A_3, \cdots, A_N$。

输出：输出一行，包含一个整数，表示答案。

评测用例规模与约定：对于 30% 的数据，$1 \leqslant N \leqslant 20$；对于 100% 的数据，$1 \leqslant N \leqslant 5 \times 10^5$，$1 \leqslant A_i \leqslant 10^9$。

输入样例：	输出样例：
7	25
1 4 2 8 5 7 1	

样例说明：小明可以先购买价格为 4 和 8 的商品，免费获得一件价格为 1 的商品；然后买价格为 5 和 7 的商品，免费获得价格为 2 的商品；最后单独购买剩下的一件价格为 1 的商品。总计花费 4+8+5+7+1=25。不存在花费更低的方案。

最贵的商品显然不能免单，买了两个不能免单的最贵的商品后获得一个免单机会，那么这个免单机会给谁呢？给能免单的最贵的那个商品。这个贪心思路显然是对的。

以样例为例，排序得 {8 7 5 4 2 1 1}。先购买最贵的 8、7，然后可以免单的最贵的商品是 2。再购买剩下的最贵的商品 5、4，免单 1。最后单独买 1。总价是 25。

需要查找价格为 P/2 的商品，由于价格已经排序，可以用二分法加快查找的时间。Python 有一个**自带的二分函数 bisect_left()**，请读者自行了解 **bisect_left()** 函数并熟悉它的应用。

```
1   import bisect
2   n = int(input())
3   a = list(map(int, input().split()))
4   a.sort()
5   ans = 0
6   cnt = 0
7   last = -1                          # 购买的两件商品中便宜的那一件
8   last_id = n - 1                    # 能免单的位置
9   vis = [False] * n                  # vis[i] = True 表示已经免单了
10  for i in range(n - 1, -1, -1):
11      if not vis[i]:
12          cnt += 1
13          ans += a[i]
14          last = a[i]                # last 是买的第 2 件
15      if cnt == 2:                   # 买了两件
16          cnt = 0
```

```
17        x = bisect.bisect_left(a, last // 2, 0, last_id)
18    # 用二分找能免单的商品 a[x]
19        if x > last_id or a[x] > last // 2:x -= 1      # 向下取整
20        if x >= 0:
21            vis[x] = True                              # x 免单了
22            last_id = x - 1                            # 后面能免单的区间范围是[0,last_id]
23    print(ans)
```

例 5.17　购物　https://www.luogu.com.cn/problem/P1658

问题描述：某人要去购物,现在手上有 n 种不同面值的硬币,每种硬币有无限多个。为了方便购物,他希望带尽量少的硬币,但要能组合出 1 到 x 之间的任意值。

输入：第一行两个数 x、n,第二行 n 个数,表示每种硬币的面值。

输出：输出最少需要携带的硬币的个数,如果无解,输出 -1。

评测用例规模与约定：对于 30% 的评测用例,$n \leqslant 3$,$x \leqslant 20$;对于 100% 的评测用例,$n \leqslant 10$,$x \leqslant 10^3$。

输入样例：	输出样例：
20 4	5
1 2 5 10	

为了方便处理,把硬币的面值从小到大排序。

无解是什么情况?如果没有面值为 1 的硬币,组合不到 1,无解。如果有面值为 1 的硬币,那么所有的 x 都能满足,有解。所以,无解的充要条件是没有面值为 1 的硬币。

组合出 1~x 的任意值需要的硬币多吗?学过二进制的人都知道,1、2、4、8、……、2^{n-1} 这 n 个值可以组合出 1~2^n-1 的所有数。这说明只需要很少的硬币就能组合出很大的 x。

设已经组合出 1~s 的面值,即已经得到数字 1、2、3、……、s,下一步扩展到 s+1。当然,如果能顺便扩展到 s+2、s+3、……扩展得越大越好,这样就能用尽量少的硬币扩展出更大的面值。

如何扩展到 s+1?就是在数字 1、2、3、……、s 的基础上添加一个面值为 v 的硬币,得到 s+1。v 可以选 1、2、……、s+1,例如 v=1,s+1=s+v; v=2,s+1=s-1+v;……; v=s+1,s+1=v。如果 v=s+2,就不能组合到 s+1 了。

v 的取值范围是[1, s+1],为了最大扩展,选 v 为[1, s+1]内的最大硬币,此时 s 扩展到 s+v。这就是贪心策略。

以本题的输入样例为例说明计算过程。设答案为 ans。

先选硬币 1,得到 s=1。ans=1。

再选[1, s+1]=[1, 2]内的最大硬币 2,扩展 s=1 为 s=1+v=3。ans=2。

再选[1, s+1]=[1, 4]内的最大硬币 2,得到 s=5。ans=3。

再选[1, s+1]=[1, 6]内的最大硬币 5,得到 s=10。ans=4。

再选[1, s+1]=[1, 11]内的最大硬币 10,得到 s=20。ans=5。此时 s≥x,结束。

所以仅需要 5 个面值为 1、2、2、5、10 的硬币就可以组合得到 1、2、3、4、……、20。

```
1    x, n = map(int, input().split())
2    a = list(map(int, input().split()))
3    a.sort()
```

```
4    if a[0] != 1: print( -1); exit()
5    s, ans = 0, 0
6    while s < x:
7        for v in range(n - 1, -1, -1):
8            if a[v] <= s + 1:
9                s += a[v]
10               ans += 1
11               break
12   print(ans)
```

 例 5.18　最大团 http://oj. ecustacm. cn/problem. php?id=1762

问题描述：数轴上有 n 个点，第 i 个点的坐标为 x_i，权值为 w_i。两个点 i、j 之间存在一条边当且仅当 $abs(x_i - x_j) \geqslant w_i + w_j$。请求出这张图的最大团的点数。团是两两之间存在边的定点集合。

输入：输入的第一行为 n，n$\leqslant$200000。接下来 n 行，每行两个整数 x_i、w_i，0$\leqslant|x_i|$，$w_i \leqslant 10^9$。

输出：输出一行，包含一个整数，表示最大团的点数。

输入样例：	输出样例：
4	3
2 3	
3 1	
6 1	
0 2	

最大团是一个图论问题：在一个无向图中找出一个点数最多的完全子图。所谓完全图，就是图中所有的点之间都有边。n 个点互相连接，共有 n(n−1)/2 条边。

普通图上的最大团问题是 NP 问题，计算复杂度是指数级的。例如常见的 Bron-Kerbosch 算法是一个暴力搜索算法，复杂度为 $O(3^{n/3})$。所以如果出最大团的题目，一般不会在普通图上求最大团，而是在一些特殊的图上，用巧妙的、非指数复杂度的算法求最大团。本题 n$\leqslant$200000，只能用复杂度小于 $O(n\log_2 n)$ 的巧妙算法。

本题的图比较特殊，所有的点都在一条直线上。在样例中，存在的边有(0-3)、(0-6)、(2-6)、(3-6)，其中 0、3、6 这 3 点之间都有边，它们构成了一个最大团。

另外，本题对边的定义也很奇怪："两个点 i、j 之间存在一条边当且仅当 $abs(x_i - x_j) \geqslant w_i + w_j$"。

考虑以下两个问题：

(1) 哪些点之间有边？题目的定义是 $abs(x_i - x_j) \geqslant w_i + w_j$，若事先把 x 排序，设 $x_j \geqslant x_i$，移位得 $x_j - w_j \geqslant x_i + w_i$。这样就把每个点的 x 和 w 统一起来，方便计算。

(2) 哪些点构成了团？是最大团吗？考察 3 个点 $x_1 \leqslant x_2 \leqslant x_3$，若 x_1 和 x_2 有边，则应有 $x_1 + w_1 \leqslant x_2 - w_2$；若 x_2 和 x_3 有边，则 $x_2 + w_2 \leqslant x_3 - w_3$。推导 x_1 和 x_3 的关系：$x_1 + w_1 \leqslant x_2 - w_2 \leqslant x_2 + w_2 \leqslant x_3 - w_3$，即 $x_1 + w_1 \leqslant x_3 - w_3$，说明 x_1 和 x_3 也有边。x_1、x_2、x_3 这 3 点

之间都有边,它们构成了一个团。依次这样操作,符合条件的 x_1、x_2、x_3、……构成了一个团。但是,用这个方法得到的团是最大的吗?

为了方便思考,把上述讨论画成图,如图 5.10 所示。

图 5.10 最大团建模

把每个点的信息画成线段,左端点是 $x-w$,右端点是 $x+w$。问题建模:在 n 个线段中,找出最多的线段,使得它们互相不交叉。

读者学过贪心,发现它是经典的"活动安排问题",或者称为"区间调度问题",即在 n 个活动中安排尽量多的活动,使得它们互相不冲突。其贪心解法如下:

(1) 按活动的结束时间排序。本题按 x+w 排序。

(2) 选择第一个结束的活动,跳过与它时间冲突的活动。

(3) 重复(2),直到活动为空。每次选择剩下活动中最早结束的活动,并跳过与它冲突的活动。

下面的代码,排序的计算复杂度为 $O(n\log_2 n)$,贪心的计算复杂度为 $O(n)$,总复杂度为 $O(n\log_2 n)$。

```
1   n = int(input())
2   a = []
3   for i in range(n):
4       x, w = map(int, input().split())
5       a.append({'l': x - w, 'r': x + w})
6   a.sort(key = lambda x: x['r'])          # 按右端点排序
7   R, ans = a[0]['r'], 1
8   for i in range(1, n):                    # 选剩下活动中最早结束的活动,跳过冲突的活动
9       if a[i]['l'] >= R:
10          R = a[i]['r']
11          ans += 1
12  print(ans)
```

例 5.19　奶牛优惠券　https://www.luogu.com.cn/problem/solution/P3045

问题描述:农夫约翰需要新奶牛。目前有 N 头奶牛出售,农夫的预算只有 M 元,奶牛 i 花费 P_i。但是农夫有 K 张优惠券,当对奶牛 i 使用优惠券时只需要花费 $C_i(C_i \leq P_i)$。每头奶牛只能使用一张优惠券。求农夫最多可以养多少头奶牛?

输入:第一行 3 个正整数 N、K、M,$1 \leq N \leq 50000$,$1 \leq M \leq 10^{14}$,$1 \leq K \leq N$。接下来 N 行,每行两个整数 P_i 和 C_i,$1 \leq P_i \leq 10^9$,$1 \leq C_i \leq P_i$。

输出:输出一个整数,表示答案。

输入样例:	输出样例:
4 1 7	3
3 2	
2 2	
8 1	
4 3	

题意简述如下：有 n 个数，每个数可以替换为较小的数；从 n 个数中选出一些数，在选的时候允许最多替换 k 个，要求这些数相加不大于 m，问最多能选出多少个数。

这个问题可以用女生买衣服类比。女生带着 m 元去买衣服，目标是尽量多买几件，越多越好。每件衣服都有优惠，但是必须使用优惠券，一件衣服只能用一张优惠券。衣服的优惠幅度不一样，有可能原价贵的优惠后反而更便宜。女生有 k 张优惠券，问她最多能买多少件衣服。

男读者可以问一问女朋友，她会怎么买衣服。聪明的她可能会马上问：优惠券是不是无限多？如果优惠券用不完，那么衣服的原价就形同虚设，按优惠价从小到大买就行。可惜优惠券总是不够用。

她想出了这个方法：按优惠价排序，先买优惠价便宜的，直到用完优惠券；如果还有钱，再买原价便宜的。

但是这个方法不是最优的，因为优惠价格低的可能优惠幅度小，导致优惠券被浪费了。例如：

衣　　服：a，b，c，d，e

优惠价：3，4，5，6，7

原　　价：4，5，6，15，10

设有 m＝20 元，k＝3 张优惠券。把 3 张优惠券用在 a、b、c 上并不是最优的，这样只能买 3 件衣服。最优解是买 4 件衣服：a、b、d 用优惠价，c 用原价，共 19 元。

下面对这个方法进行改进。既然有优惠幅度很大的衣服，就试一试把优惠券转移到这件衣服上，看能不能获得更大的优惠。把这次转移称为"反悔"。

设优惠价最便宜的前 k 件衣服用完了 k 张优惠券。现在看第 i＝k＋1 件衣服，要么用原价买，要么转移一张优惠券过来用优惠价买，看哪种结果更好。设原价是 p，优惠价是 c。

在反悔前，第 i 件用原价 p_i 买，前面第 j 件用优惠价 c_j 买，共花费 tot＋p_i＋c_j，其中 tot 是其他已经买的衣服的花费。

在反悔后，第 j 件把优惠券转给第 i 件，改成原价 p_j，第 i 件用优惠价 c_i，共花费 tot＋c_i＋p_j。

如果反悔更好，则有 tot＋p_i＋c_j＜tot＋c_j＋p_i，即 p_j－c_j＜p_i－c_i，设 Δ＝p－c，有 Δ_j＜Δ_i，Δ 是原价和优惠价的差额。

也就是说，只要在使用优惠券的衣服中存在一个 j 有 Δ_j＜Δ_i，即第 j 件的优惠幅度不如第 i 件的优惠幅度，那么把 j 的优惠券转给 i 会有更好的结果。

但是上述讨论还是有问题，它可能导致超过总花费。例如：

衣　　服：a，　b，　c

优惠价：20，40，42

原　价：30，80，49

m＝69 元，k＝1 张优惠券。先用优惠券买 a；下一步发现 $\Delta_a < \Delta_b$，把优惠券转移给 b，现在的花费是 30＋40＝70，超过 m 了。最优解是 a 仍然用优惠价，c 用原价。所以简单地计算候选衣服 i 的差额 $\Delta_i = p_i - c_i$，然后与 Δ_j 比较并不行。

那么如何在候选衣服中选一件才能最优惠呢？

（1）用原价买，那么应该是这些衣服中的最低原价。

（2）用优惠价买，那么应该是这些衣服中的最低优惠价。

所以在候选衣服中的最低原价和最低优惠价之间计算差额，并与 Δ_j 比较才是有意义的。

在编码时，用 3 个优先队列处理 3 个关键数据：

（1）已使用优惠券的衣服的优惠幅度 Δ。在已经使用优惠券的衣服中，谁应该拿出来转移优惠券？应该是那个优惠幅度 Δ 最小的，这样转移之后才能获得更大优惠。用优先队列 d 找最小的 Δ。

（2）没使用优惠券的衣服的原价。用一个优先队列 p 找最便宜的原价。

（3）没使用优惠券的衣服的优惠价。用一个优先队列 c 找最便宜的优惠价。

在代码中这样处理优惠券：

（1）先用完 k 个优惠券，从 c 中连续取出 k 个最便宜的即可。

（2）优惠券替换。从 p 中取出原价最便宜的 p_1，从 c 中取出优惠价最便宜的 c_2，然后从 d 中取出优惠幅度最小的 d：

① 若 $d > p_1 - c_2$，说明替换优惠券不值得，不用替换。下一件衣服用原价 p_1 买。

② 若 $d \leqslant p_1 - c_2$，说明替换优惠券值得，下一件衣服用优惠价 c_2 买，原来用优惠券的改成用原价。

本题总体上是贪心，用 3 个优先队列处理贪心，但是优惠券的替换操作是贪心的"反悔"，所以称为"反悔贪心"。贪心是连续做局部最优操作，但是有时局部最优推不出全局最优，此时可以用反悔贪心，撤销之前做出的决策，换条路重新贪心。

```
1   import heapq
2   n, k, m = map(int, input().split())
3   p = [0] * (n+1)
4   c = [0] * (n+1)
5   buy = [False] * (n+1)              # buy[i]=1：第 i 个物品被买了
6   P = []
7   C = []
8   D = []
9   for i in range(1, n+1):
10      p[i], c[i] = map(int, input().split())
11      heapq.heappush(P, (p[i], i))
12                      # 原价，还没买的在这里，如果买了就弹出去
13      heapq.heappush(C, (c[i], i))
14                      # 优惠价，还没买的在这里，如果买了就弹出去
15  for i in range(1, k+1):
16      heapq.heappush(D, 0)           # k 张优惠券，开始时每个的优惠为 0
17  ans = 0
18  while P and C:
19      p1 = P[0]                      # 取出原价最便宜的
20      c2 = C[0]                      # 取出优惠价最便宜的
```

```
21    if buy[p1[1]]:                     # 这个已经买了,跳过
22        heapq.heappop(P); continue
23    if buy[c2[1]]:                     # 这个已经买了,跳过
24        heapq.heappop(C); continue
25    if D[0] > p1[0] - c2[0]:           # 用原价买 i 更划算,不用替换优惠券
26        m -= p1[0]                     # 买原价最便宜的
27        heapq.heappop(P)               # 这里不要 C.pop(),因为买的是 p1,不是 c2
28        buy[p1[1]] = True              # 标记 p1 买了
29    else:                              # 替换优惠券。前 k 个都先执行这里
30        m -= c2[0] + D[0]              # 买优惠价最便宜的
31        heapq.heappop(C)               # 这里不要 p.pop(),因为买的是 c2,不是 p1
32        buy[c2[1]] = True              # 标记 c2 买了
33        heapq.heappop(D)               # 原来用优惠券的退回优惠券
34        heapq.heappush(D, p[c2[1]] - c[c2[1]])
35                                       # c2 使用优惠券,重新计算 delta 并进队列
36    if m >= 0:ans += 1
37    else:break
38  print(ans)
```

【练习题】

lanqiaoOJ：三国游戏 3518、平均 3532、答疑 1025、身份证 3849、找零钱 3854、01 搬砖 2201、卡牌游戏 1057、寻找和谐音符 3975、小蓝的旅行计划 3534、翻硬币 209、防御力 226。

洛谷：排座椅 P1056、母舰 P2813、排队接水 P1223、小 A 的糖果 P3817、加工生产调度 P1248、负载平衡问题 P4016。

5.6 扩展学习

从本章开始进入了算法学习阶段。本章的"基本算法"是一些"通用"的算法,可以在很多场景下应用。

本书 2.1 节中曾提到计算思维的作用,通过做杂题可以帮助大家建立基本的、自发的计算思维。在计算机科学中有大量经典的算法和数据结构,它们代表了计算机科学中最璀璨的花朵。在这些知识点中基本算法易于理解、适用面广、精巧高效,是计算思维的奠基,真正的计算思维从这里开始。

除了本章介绍的前缀和、差分、二分、贪心,基本算法还有尺取法、倍增法、离散化、分治等。在逐渐深入学习算法的过程中,这些基本算法都是必须掌握的知识点。

第6章 搜索

DFS 和 BFS 是重要的、常考核的初级知识点，精通 DFS 和 BFS 是竞赛队员的基本功。

在算法竞赛的学习过程中有初级、中级、高级 3 个阶段,每个阶段都有里程碑式的知识点。

初级阶段以 DFS 和 BFS 为里程碑。有读者会问,学了本书前面 5 章,做了很多题,难道还没到初级阶段?是的,前 5 章只是让读者了解一些基础知识,知道什么是算法竞赛,也能做一些简单题,但是还没有进入算法竞赛的初级阶段。本书的定位是初级阶段,本章和后续几章讲解初级阶段的知识点。

中级阶段以线段树为里程碑。线段树是高级数据结构,代码比较复杂,有丰富的扩展,应用场合多。参赛队员在学会并能熟练使用线段树之后,编码能力和计算思维都上了一大台阶。

高级阶段以熟练应用高级动态规划为里程碑。在代码、思维、建模、综合等各方面,高级阶段的竞赛队员都体现出了超强的能力。

搜索的主要技术是 DFS 和 BFS,它们是所有算法竞赛中必定考核的知识点。例如 2023 年的蓝桥杯省赛有 10 道题和 DFS 有关,即分糖果、有奖问答、飞机降落、与或和异或、像素放置、树上选点、异或和、景区导游、颜色平衡树、岛屿个数。这 10 道题或者直接用 DFS 求解,或者用基于 DFS 的高级算法。另外还有几道题和 BFS 有关。

有人说,只要学通了搜索,在蓝桥杯省赛上就能稳得二等奖。这个说法有开玩笑的意思,其实他的重点是强调搜索的重要性。

为什么搜索这么重要?因为搜索是"暴力法"的具体实现,暴力法是最直接、最充分使用计算机强大算力的方法。竞赛题目有很多可以用暴力法做,即使暴力法的效率不高,在蓝桥杯这样的赛制中也可能通过部分测试,得到一些分数。

什么是暴力法?一道算法题,给定输入,有对应的输出,自然地会有一种最简单的解题思路:把所有可能的情况都罗列出来,然后逐一查找,根据给定的输入找到对应的输出,从而得到答案。这种方法称为暴力法(Brute Force)。

虽然所有问题都能用暴力法求解,但暴力法往往是"低效"的代名词,因为要把所有可能的情况罗列出来非常耗时,有时候甚至不可能。暴力法虽然低效,但优点是简单,相对其他"高效"算法,暴力法的代码一般都更短、更好写。在蓝桥杯大赛中,当竞赛队员拿到一个题目后,如果没有更好的思路,可以考虑用暴力法,有可能通过 30% 左右的测试,这是参加蓝桥杯大赛的必备技能。

暴力法的主要手段之一是搜索。在很多情况下,如果不会写搜索的代码,那么连暴力法都实现不了。这是为什么搜索如此重要的原因。

搜索包括宽度优先搜索(Breadth-First Search,BFS)、深度优先搜索(Depth-First Search,DFS)两种基本技术。它们是算法竞赛必考的知识点,DFS 尤其常见,是蓝桥杯考核最多的知识点。

下面以老鼠走迷宫为例说明 BFS 和 DFS 的原理。

给定一个迷宫,迷宫内的道路错综复杂,老鼠从入口进去后如何找到出口?由于老鼠对迷宫一无所知,它只能暴力地搜索所有可能的道路,直到找到一个出口。

有两种走迷宫的方案,它们分别体现了 BFS 和 DFS 的原理。

(1) 一只老鼠走迷宫。它在每个路口都选择先走右边(或者都选择先走左边),能走多远就走多远;直到碰壁无法再继续往前走,然后往回退一步,这一次走左边,然后继续往下走。用这个办法,只要没遇到出口,就会走遍所有的路,而且不会重复,这里规定回退不算重复走。这个方法就是 DFS,其思路为"一路到底,逐步回退"。

（2）一群老鼠走迷宫。假设老鼠无限多,这群老鼠进去后,在每个路口都派出部分老鼠探索所有没走过的路。走某条路的老鼠,如果碰壁无法前行,就停下;如果到达的路口已经有其他老鼠探索过,也停下。很显然,在遇到出口前所有的道路都会走到,而且不会重复。这个方法就是BFS,其思路为"全面扩散,逐层递进"。

BFS和DFS的计算量是多少?计算量和题目的要求有关。对迷宫问题来说,目的只是要找到出口,此时计算量体现在老鼠在迷宫内走了多少路口和边。显然不管是BFS还是DFS,每个路口和边,老鼠都只需要走一次。设路口有n个,边有m条,计算量是O(n+m)。概括地说,BFS和DFS都能找到出口,并且都需要暴力搜索所有的路口和道路,计算量是一样的。不过,如果搜索的目的不是简单地找到出口,计算量就不一样了。例如目的是求最短路径,BFS的计算量仍然是O(n+m),而DFS的计算量极大。

在迷宫问题中,对比DFS和BFS:

（1）DFS的优势。DFS能搜索出从入口到出口的所有路径,BFS不行。不过,很少有题目要求输出所有的路径或者输出路径数量,因为路径数量极多。例如一个只有十几个路口、几十条边的迷宫,路径总数可能多达数万。

（2）BFS的优势。BFS能快速地找到最短路径,DFS就很困难。BFS是一种非常优秀的最短路径算法,计算复杂度是O(n+m)。在算法竞赛中用BFS求最短路径是常见的考点。为什么BFS能快速地找到最短路径?以某个路口为例,当有老鼠第一次到达这个路口时,这只老鼠走过的路径一定是最短路径。因为如果这只老鼠是兜圈子过来的,它就不是第一个到了。如果用DFS求最短路径,由于DFS是兜圈子一条一条地找路径,只能先搜索出所有路径,再通过比较得到最短路径,而路径数量极多,所以计算量极大。

在编码时,BFS需要用队列这种数据结构来实现,"BFS=队列";DFS用递归实现,"DFS=递归"。DFS的编码比BFS的编码简单一些。

6.1　　　　　　　　　DFS 代码框架

DFS是算法竞赛的必考知识点,在任何一场算法竞赛中都不会缺席,它有以下4个特点:

（1）知识点。DFS是必学的基础算法,是暴力技术的体现。

（2）编码。DFS的编码很有技巧性,能很好地考验竞赛队员的编码能力。

（3）扩展。DFS是很多高级算法的基础。

（4）应用。DFS的应用很广,题目可难、可易。

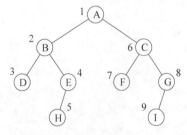

图 6.1　DFS 的搜索过程

2023年的蓝桥杯省赛有3道纯DFS题(分糖果、与或和异或、有奖问答),只用到DFS,没有用到其他知识点,是作为填空题出现的,一道题仅有5分。这说明出题人认为DFS是必须掌握的基础知识点,一道纯DFS题只能给5分。这一年还有一些编程题用到DFS,但是需要结合其他算法。

在第3章中介绍了二叉树和二叉树的访问。下面以图6.1所示的二叉树为例介绍DFS的搜索过程。

DFS 的搜索过程是如果能往下走,就一直走,如果走到底了,就回溯到父节点,再看能不能走右边。用 DFS 搜索上面的二叉树,从 A 出发,每次先走左边,再走右边,圆圈外的数字是 DFS 访问的顺序。

DFS 用递归实现,下面给出 DFS 的代码框架。

```
1   ans;                              //答案,常用全局变量表示
2   dfs(层数,其他参数){
3       if(到达目的地,或者出局){         //到达最底层,或者满足条件退出
4           更新答案 ans;               //答案 ans 一般用全局变量表示
5           return;                    //回溯,返回到上一层。在二叉树中是返回到父节点
6       }
7       剪枝;                          //在进一步 DFS 之前剪枝,减少搜索范围
8       for(用 i 遍历下一层所有可能的情况)  //继续深入
9           if(visit[i] == 0) {        //如果状态 i 没有处理过,就可以进入下一层 DFS
10              visit[i] = 1;          //标记状态 i 为已经使用,在后续 DFS 时不能再使用
11              dfs(层数 + 1,其他参数);  //下一层,继续深入 DFS
12              visit[i] = 0;          //恢复状态 i,回溯时不影响上一层对这个状态的使用
13          }
14      return;                        //返回到上一层。可以返回一个结果
15  }
```

代码看起来不长,但是对初学者来说还是有学习难度。在 DFS 框架中,最让初学者费解的是第 10 行和第 12 行,它们是对递归的理解。

第 10 行的 visit[i]=1,称为"保存现场"或"占有现场"。

第 12 行的 visit[i]=0,称为"恢复现场"或"释放现场"。

请读者在大量编码的基础上再回头体会这个框架的作用。

DFS 的编程一定是用递归实现的,如果没有学好递归,那么也难以掌握 DFS。递归是计算机编程语言课程的内容,可以说是学习编程的第一个拦路虎。刚学计算机编程的学生,很多人对递归不理解,常感到摸不着头脑。但是一定要掌握递归,因为递归是最基本的编程技术之一,如果不会递归,有很多知识点无法学习,例如 DFS、分治、动态规划都需要用递归来写代码。

DFS 用到了递归,而递归的主要问题是可能会用到很大的栈,如果超过了系统的栈空间,导致栈溢出。在大多数 OJ 网站以及正规的比赛中不用担心栈不够大,因为判题系统设置了很大的栈,确保让需要用 DFS 的题目都能通过测试。如果有的判题系统没有扩栈,需要在编码时自己手工扩栈。

Python 默认的栈很小,所以在用 Python 写 DFS 时,如果 DFS 较深,用到的栈较大,需要手工扩栈。一般设置 setrecursionlimit(300000),有时设置 setrecursionlimit(1000000),但是它用到了太多空间,需要注意。

如何知道系统栈有多大?下面的代码输出了默认的栈大小,只有 1000。getrecursionlimit() 是 Python 标准库中的一个函数,用于获取当前 Python 解释器的递归限制,递归限制是 Python 中允许的最大递归深度,即一个函数在调用自身时可以嵌套的最大次数。

```
1   import sys
2   stacklimit = sys.getrecursionlimit()
3   print(stacklimit)                     # 输出:1000
```

下面修改栈的大小并测试递归。

```
1   import sys
2   sys.setrecursionlimit(5000)
3   stack = sys.getrecursionlimit()
4   print(stack)                          # 输出：5000
5   k = 4500
6   def dfs(s):
7       if s % 100 == 0: print(s,end = ' ')
8       if s == k: return
9       dfs(s + 1)                        # 继续递归
10  dfs(1)
```

6.2   DFS 常见应用

DFS 常见的应用场景有排列组合、连通性。

6.2.1   DFS 与排列组合

在 4.3 节中用系统排列函数和手写代码实现了排列组合，不过排列组合最常用 DFS 实现，不仅代码易写，而且应用灵活。

1. 输出全排列

下面从 DFS 的一个基础应用开始生成排列。排列问题在蓝桥杯题目中经常出现，很多题目在建模之后就是排列问题，可以用 DFS 来实现。

全排列问题是典型的"暴力"问题，n 个数的全排列共有 n!种，在每个排列中，每个数出现一次，而且只出现一次。

 例 6.1   全排列问题   https://www.luogu.com.cn/problem/P1706

问题描述：按照字典序输出自然数 1 到 n 中所有不重复的排列，即 n 的全排列，要求所输出的任一数字序列中不出现重复的数字。

输入：输入一个整数 n，1≤n≤9。

输出：输出由 1~n 组成的所有不重复的数字序列，每行一个序列。每个数字保留 5 个场宽。

输入样例：	输出样例：
3	1 2 3
	1 3 2
	2 1 3
	2 3 1
	3 1 2
	3 2 1

在 4.3 节中用最简单的多重循环的方法输出了全排列，这种简单方法只能用于较小的 n，如果 n 比较大，代码将非常冗长、难看。DFS 非常适合实现全排列，代码清晰、简洁、优美。

下面的 Python 代码从小到大输出排列。

```
1   n = int(input())
2   vis = [0] * 10                              # 访问标记
3   a = [0] * 10                                # 需要做全排列的数组
4   b = [0] * 10                                # 当前 DFS 得到的全排列
5   def dfs(step):
6       if step == n + 1:                       # 已经对 n 个数做了全排列,输出全排列
7           for i in range(1, n + 1):
8               print(" % 5d" % b[i], end = "")
9           print()
10          return                              # 结束,不再继续 DFS
11      for i in range(1, n + 1):               # 遍历每个 a[i],放全排列中
12          if vis[i] == 0:                     # 数字 a[i]不在前面得到的排列中
13              b[step] = a[i]                  # 把 a[i]放进排列
14              vis[i] = 1                      # 保存现场:a[i]不能在后面继续使用
15              dfs(step + 1)                   # 继续把后面的数放进排列
16              vis[i] = 0                      # 恢复现场:a[i]重新可以使用
17  for i in range(1, n + 1): a[i] = i          # 赋值得到 n 个数
18  dfs(1)                                      # 对 a[1]~a[n]做全排列
```

代码用 b[1]~b[n]记录 DFS 得到的一个全排列。下面以 n=3 为例图解代码的执行过程,圆圈内的数字是全排列的数字,例如最上面一行生成的排列是{1,2,3}。一共生成 6 个全排列。图 6.2 展示了 DFS 生成全排列的过程。

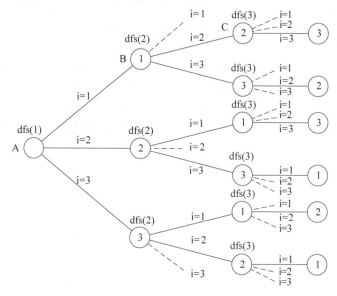

图 6.2 用 DFS 求全排列

代码第 18 行从 dfs(1)开始,这是第一次进入 dfs()。图中与之相关的是标注 A 的位置。第 11 行进入 for 循环,在第 13 行赋值:i=1 时 b[1]=1;i=2 时 b[1]=2;i=3 时 b[1]=3,对应图中最左边 3 条线上标注的 i=1、i=2、i=3。

i=1 时,在第 14 行 vis[1]=1,表示 a[1]=1 已经放进排列中,后续不能再用。然后进入 dfs(2),这是第二次进入 dfs()。图中与之相关的是标注 B 的位置。

dfs(2)时,第 11 行进入 for 循环。当 i=1 时,第 12 行判断 vis[1]已经被使用,所以不再继续,用图中最上面的虚线表示 i=1 不再继续。i=2 和 i=3 可以继续往后执行,例如 i=2 时,先赋值 b[2]=2;然后进入 dfs(3),并赋值 b[3]=3;最后进入 dfs(4),在第 6 行判断已

经得到全排列,输出第一个全排列{1,2,3}。图中与之相关的是标注 C 的位置。

对于后续过程,读者可以继续模拟,要特别注意第 14 行 vis[i]=1 和第 16 行 vis[i]=0 的作用。

2. 输出部分排列

上述代码是输出 n 个数的全排列,如果需要输出 n 个数中任意 m 个数的排列,略作修改即可。例如 n=4,m=3,在第 6 行把 step=n+1 改为 step=m+1,在第 7 行把 n+1 改为 m+1。

3. 输出组合

如果要输出 n 个数中 m 个数的组合,同样可以用 DFS。

在 DFS 时,选或不选第 k 个数,就实现了各种组合。下面举两个例子。

(1) 输出二进制示例。以输出 000～111 为例,下面是 Python 代码。

```
1   vis = [0] * 10
2   def dfs(k):                      # 深搜到第 k 个数
3       if k == 4:                   # 已经得到 3 个数的组合
4           for i in range (1,4): print(vis[i],end = '')
5           print('',end = '')
6       else:
7           vis[k] = 0               # 第 k 个选数字 0,或者理解为第 k 个不选(0 表示不选)
8           dfs(k + 1)               # 继续搜下一个
9           vis[k] = 1               # 第 k 个选数字 1,或者理解为第 k 个选中(1 表示选中)
10          dfs(k + 1)               # 继续搜下一个
11  dfs(1)
```

输出:000 001 010 011 100 101 110 111

如果要反过来,只需要交换第 7、9 行,输出:111 110 101 100 011 010 001 000

(2) 输出组合示例。以包含 3 个元素的集合{a,b,c}为例,输出它的所有子集。

下面的代码输出:c b bc a ac ab abc

```
1   a = ['', 'a', 'b', 'c']                          # a[0]不用
2   vis = [0] * 10
3   def dfs(k):
4       if k == 4:
5           for i in range(1, 4):
6               if vis[i]: print(a[i], end = '')
7           print('', end = '')
8       else:
9           vis[k] = 0                               # 不选中第 k 个元素
10          dfs(k + 1)                               # 继续搜下一个元素
11          vis[k] = 1                               # 选第 k 个元素
12          dfs(k + 1)                               # 继续搜下一个元素
13  dfs(1)
```

6.2.2 DFS 与连通性

连通性判断是 DFS 最常见的应用。连通性判断是图论中的一个简单问题,给定一张图,图由点和边组成,要求找到互相连通的部分。连通性判断有 BFS、DFS、并查集 3 种实现方法,一般用 DFS 最简单、方便。

在竞赛题中,图常用方格图给出,每个方格可以向上、下、左、右 4 个方向走。

例 6.2   最大连通 lanqiaoOJ 2410

问题描述：小蓝有一个 30 行 60 列的数字矩阵,矩阵中的每个数都是 0 或 1。如果从一个标为 1 的位置可以通过上下左右走到另一个标为 1 的位置,称两个位置连通。与某一个标为 1 的位置连通的所有位置(包括自己)组成一个连通块。求矩阵中最大连通块的大小。

这是一道填空题,算出结果后提交即可。

DFS 判断连通性的步骤如下:

(1) 从任意一个点 u 开始遍历,标记 u 已经搜过。一般从第一个点开始。

(2) DFS 搜索 u 的所有符合连通条件的邻居点。已经搜过的点标记为已搜过,后面不用再搜。在扩展 u 的邻居点时,应该判断这个邻居点是不是在边界内。

(3) DFS 结束,找到了与 u 连通的所有点,这是一个连通块。

(4) 不与 u 连通的其他没有访问到的点继续用上述步骤处理,直到找到所有的连通块。

DFS 搜连通的计算复杂度如何？因为每个点只用搜一次且必须至少搜一次,共 N 个点,DFS 的复杂度是 O(N),不可能更好。

下面是 Python 代码。注意本题是填空题,执行下面的代码,输入题目提供的测试数据(注意删除测试数据中间的空行),得到答案后直接提交即可。

```
1   dx = [-1, 0, 1, 0]                      #4个方向
2   dy = [0, 1, 0, -1]
3   n,m = 30,60
4   def dfs(x, y):                          # 当前位于坐标(x,y)
5       if g[x][y] == '0': return 0
6       g[x][y] = '0'                        # 把这个点从1改为0,后面不再搜它
7       cnt = 1                              # 统计这个连通块的大小
8       for i in range(4):                   # 遍历它的4个邻居
9           nx = x + dx[i]                   # 一个邻居的坐标
10          ny = y + dy[i]
11          if 0 <= nx < n and 1 <= ny < m:  # 这个邻居是否在边界内
12              cnt += dfs(nx, ny)
13      return cnt
14  g = list()
15  for i in range(30): g.append(list(input().strip()))
16  ans = 0
17  for i in range(n):
18      for j in range(m):
19          if g[i][j] == '1':
20              ans = max(ans, dfs(i, j))
21  print(ans)
```

下面再看一道连通性的题目。

 例 6.3   连接草坪 http://oj.ecustacm.cn/problem.php?id=1868

问题描述：在 N×M 的地图上,X 表示草,. 表示土地。一个 X 与上下左右的 X 相连形成一片草坪。现在已知地图上有 3 片草坪,求最少需要将多少块土地变成草才能把 3 块草坪连接成一块草坪。

输入：输入的第一行为正整数 N 和 M,不超过 50。接下来 N 行,每行 M 个字符。

输出：输出一个整数,表示答案。

输入样例：	输出样例：
6 16	4
. . . .	
. . XXXX. . . . . XXX. .	
. . XXXX. . . . . XX. . .	
. XXXX. . . . . . . XXX. .	
. . . . XXXXX. . .	
. . XXX. . . . XXX. . . .	

题目给出了 3 块互不连通的草地，问最少把多少块土地变成草才可以把 3 块草地连成一块草地，考虑以下两种情况：

（1）从土地的角度考虑。对任意一块土地的坐标(x, y)，分别计算它到 3 块草地的 3 个最少土地（最短路径），然后相加，得到土地(x, y)到 3 块草地的总最短路径 count(x, y)。在所有 count(x, y) 中取最小值，是否就是答案？不一定，因为这些路径可能穿过其他的草地，导致重复计算。例如样例中的左上角(0, 0)，它到 3 块草地的最短路径分别是 3、11、7，但是它到 3 块草地的总最短路径实际上是 3＋4＋4＝11。

（2）从草地的角度考虑。计算任意两块草地之间的最少土地（最短路径），记为 Min[]，其中 Min[1] 是土地 1-2 的最短路径、Min[2] 是土地 2-3 的最短路径、Min[3] 是土地 1-3 的最短路径。那么是否 min(Min[1]＋Min[2]，Min[2]＋Min[3]，Min[1]＋Min[3]) 就是答案？不一定，它可能还不如情况(1)算出的最短路径。

例如图 6.3，根据情况(2)算总最短路径，3 块草地之间的最短路径是 1、3、3，总最短路径 min(1＋3，3＋3，1＋3)＝4。但是根据情况(1)算最短路径，箭头指向的土地 k 到 3 块草地的距离是 1、3、1，总最短路径是 1＋3＋1－2＝3，这里减 2，是因为 k 被算了 3 次，其实只需要算一次。

```
X. . . .
k  . . X
X. . . .
```
图 6.3　求最短路径

根据情况(1)和情况(2)算出的结果，取它们的最小值，就是答案。

代码分 4 步：

第 1 步，标记每个点属于哪个连通块，用 DFS 编码。

第 2 步，枚举每块土地，计算它到 3 块草地的最短距离，即情况(1)。

第 3 步，计算 3 块草地之间的最短距离，即情况(2)。

第 4 步，在情况(1)和情况(2)中找最小值，就是答案。

代码的复杂度约为 O(NM)。

```
1   n, m = map(int, input().split())
2   Map = [input() for _ in range(n)]                    # 存图
3   id, id_cnt = [[0] * m for _ in range(n)],0
4         # id[x][y] = id_cnt: 点(x,y)属于第 id_cnt 块草地,id_cnt = 1,2,3
5   A = [[] for _ in range(4)]                           # A[i]: 第 i 块草地中有哪些点
6   dir = [(1, 0), (0, 1), (-1, 0), (0, -1)]             # 上、下、左、右 4 个方向
7   def dfs(x, y, c):                   # 从(x,y)开始搜它的邻居草地,并标记属于第 c 块草地
8       id[x][y] = c                                     # 点(x,y)属于第 c 块草地
9       A[c].append((x, y))
10      for i in range(4):                               # 上、下、左、右 4 个邻居
11          nx, ny = x + dir[i][0], y + dir[i][1]        # 邻居坐标
```

```
12              if nx < 0 or nx > = n or ny < 0 or ny > = m: continue
13              if Map[nx][ny] == '.': continue              # 土地不在草地中
14              if id[nx][ny] != 0: continue                # 这个点已经遍历过
15              dfs(nx, ny, c)                              # 继续
16  def Count(x, y, i):                                     # 计算(x,y)到第 i 块草地的最短距离
17      ans = 100
18      for a in A[i]:
19          ans = min(ans, abs(a[0] − x) + abs(a[1] − y))
20      return ans
21  # 第 1 步,标记每个点属于哪个连通块
22  for i in range(n):
23      for j in range(m):
24          if Map[i][j] == 'X' and id[i][j] == 0:
25              dfs(i, j, id_cnt + 1)
26              id_cnt += 1
27  ans = 100                                               # 答案
28  # 第 2 步,枚举每块土地,计算它到 3 块草地的最短距离,即情况(1)
29  for i in range(n):                                      # 任意一块土地到其他草地的最短距离
30      for j in range(m):
31          if Map[i][j] == '.':                            # 如果(i,j)是土地,计算它到 3 块草地的最短距离
32              ans = min(ans, Count(i,j,1) + Count(i,j,2) + Count(i,j,3) − 2)
33  # 为什么要减 2?因为把自己算了 3 次,其实只需要算一次
34  # 第 3 步,计算 3 块草地之间的最短距离:1 − 2 2 − 3 1 − 3
35  Min = [0, 100, 100, 100]                                # 例如 Min[1]是草地 1 − 2 的最短距离
36  for i in range(1, 4):                                   # 第 i 块草地和第 j 块草地的最短距离
37      j = i + 1 if i + 1 < = 3 else 1
38      for a in A[i]:
39          Min[i] = min(Min[i], Count(a[0], a[1], j))
40  # 第 4 步,计算连通 3 块草地的最短距离,找最小值,即情况(2)
41  # 与情况(1)的结果进行比较
42  for i in range(1, 4):
43      ans = min(ans, Min[i] + Min[i + 1 if i + 1 < = 3 else 1] − 2)
44  print(ans)
```

6.3   DFS 剪枝

扫一扫

视频讲解

  DFS 是暴力法的直接实现,它把所有可能的状态都搜出来,然后从中找到解。暴力法往往比较低效,因为它把时间浪费在很多不必要的计算上。

  DFS 能不能优化?这就是剪枝。剪枝是 DFS 常用的优化手段,常能把指数级的复杂度优化到近似多项式的复杂度。

  什么是剪枝?剪枝是一个比喻:把不会产生答案的、不必要的枝条"剪掉"。答案留在没有剪掉的枝条上,只搜索这部分枝条就可以了,从而减少搜索量,提高 DFS 的效率。在用 DFS 解题时,大多数情况下都需要剪枝,甚至可以说:**搜索必剪枝**、**无剪枝不搜索**。

  剪枝的关键在于对剪枝的判断:剪什么枝、在哪里剪。DFS 的剪枝技术较多,有可行性剪枝、最优性剪枝、搜索顺序剪枝,以及排除等效冗余、记忆化搜索等。

  (1)可行性剪枝。对当前状态进行检查,如果当前条件不合法就不再继续,直接返回。

  (2)搜索顺序剪枝。搜索树有多个层次和分支,不同的搜索顺序会产生不同的搜索树形态,复杂度也相差很大。

  (3)最优性剪枝。在最优化问题的搜索过程中,如果当前花费的代价已经超过前面搜

索到的最优解,那么本次搜索就没有继续进行下去的意义,此时停止对当前分支的搜索进行回溯。

（4）排除等效冗余。搜索的不同分支,最后的结果是一样的,那么只搜一个分支就够了。

（5）记忆化搜索。在递归的过程中有许多分支被反复计算,大大降低了算法的执行效率。用记忆化搜索将已经计算出来的结果保存起来,在以后需要用到的时候直接取出结果,可以避免重复运算,从而提高算法的效率。

剪枝的总体思想:减少搜索状态。在进一步 DFS 之前用剪枝判断,若能够剪枝,则直接返回,不再继续 DFS。

 例 6.4　数的划分 https://www.luogu.com.cn/problem/P1025

问题描述:将整数 n 分成 k 份,且每份不能为空,任意两个方案不相同(不考虑顺序)。
例如,n=7,k=3,下面 3 种分法被认为是相同的。
{1,1,5};{1,5,1};{5,1,1}
求有多少种不同的分法。
输入:输入两个整数 n、k,6≤n≤200,2≤k≤6。
输出:输出一个整数,即不同的分法。

输入样例:	输出样例:
7 3	4

整数划分是经典问题,标准解法是用动态规划、母函数[1],计算复杂度为 $O(n^2)$。当 n 较小时,也可以用 DFS 暴搜出答案。

DFS 求解整数划分的思路就是模拟划分的过程。由于题目不用考虑划分数的大小顺序,为了简化划分过程,让 k 份数从小到大进行。

第一个数肯定是最小的数字 1。

第二个数大于或等于第一个数,可选 1、2、……,最大不能超过(n−1)/(k−1)。设第二个数是 x。

第三个数大于或等于第二个数,可选 x、x+1、……,最大不能超过(n−1−x)/(k−2)。这个最大值的限制就是可行性剪枝。

继续以上划分过程,当划分了 k 个数,且它们的和为 n 时,就是一个合法的划分。

下面是代码。代码的计算量有多大?可以用变量 num 记录进入 dfs()的次数,当 n=200,k=6 时,答案是 4132096,num=147123026,计算量非常大。

```
1  n, k = map(int, input().split())
2  cnt = 0
3  def dfs(x, sum, u):              # x:上次分的数; u:已经分了 u 个数; sum:前面 u−1 个数的和
4      global cnt
5      if u == k:                   # 已经分成了 k 个
6          if sum == n: cnt += 1    # k 个数加起来等于 n,这是一个解
7          return
```

---

[1] 《算法竞赛》,清华大学出版社,罗勇军、郭卫斌著,494 页,7.8.1 节介绍了整数划分的动态规划和母函数解法。

```
8    for i in range(x, int((n − sum) / (k − u)) + 1):
9                              # 剪枝,i 的最大值不超过(n − sum)/(k − u)
10       dfs(i, sum + i, u + 1)
11   dfs(1, 0, 0)                # 第一个划分数是 1
12   print(cnt)
```

大部分 DFS 题目都需要用到剪枝,请读者通过下一节的例题掌握 DFS 剪枝的技巧。

6.4 DFS 例题

用下面的例题介绍 DFS 的应用:枚举、排列、组合。连通性例题见"6.8 例题"。

1. DFS 枚举

(1) 搜索所有情况。

 例 6.5 2023 年第十四届蓝桥杯省赛 C/C++大学 A 组试题 B:有奖问答 lanqiaoOJ 3497

问题描述:小蓝正在参加一个现场问答的活动,活动中一共有 30 道题目,每题只有答对和答错两种情况,每答对一题得 10 分,答错一题分数归零。

小蓝可以在任意时刻结束答题并获得目前分数对应的奖项,之后不能再答任何题目。最高奖项需要 100 分,所以在到达 100 分时小蓝会直接停止答题。

已知小蓝最终实际获得了 70 分对应的奖项,请问小蓝所有可能的答题情况有多少种。

这是一道填空题,填空题对运行时间要求不高,可以用比较耗时的算法做。

本题的正解是用动态规划(DP),计算量小,运行时间快。不过因为是填空题,可以用暴力方法做,即用 DFS 编码直接搜索所有情况。虽然 DFS 的计算量比 DP 大很多,但是思路简单,编码时间短。

下面是 Python 代码。dfs() 模拟做题过程,思路直接。

```
1    import sys
2    sys.setrecursionlimit(10000000)
3    ans = 0
4    def dfs(x, score, k):            # x:第 x 题;score:得分;k:对错
5        global ans
6        if k == 0: score = 0          # 答错了,归零
7        else:
8            score += 10                # 答对了
9            if score == 100:           # 剪枝
10               return                 # 100 分不是符合要求的答题情况,所以 ans 不用加 1
11       if score == 70: ans += 1       # 70 分,答案加 1
12       if x == 30: return             # 共 30 题,剪枝
13       dfs(x + 1, score, 0)           # 继续做题。0:答错了
14       dfs(x + 1, score, 1)           # 继续做题。1:答对了
15   dfs(0, 0, 0)
16   print(ans)
```

代码的计算量有多大? 第 13、14 行继续做两次 dfs,计算复杂度是 $O(2^n)$。当 $n = 30$ 时,约计算十亿次。

这道题如果用 DFS,其实不适合用 Python 写,因为 Python 的循环很慢,运行时间极长,可能超过 10 分钟。如果用 C++ 编码,运行时间仅有 10 秒。

作为参考,下面也给出本题的 DP 代码。代码的计算量极小,第 5、6 行的两重 for 循环仅循环 30×9 次。请大家在学过 DP 后回头看这个代码。

```
1   ans = 0
2   dp = [[0] * 10 for _ in range(31)]
3       # dp[i][j]:回答了 i 道题目时得到 j * 10 的分数的总方案数
4   dp[0][0] = 1
5   for i in range(1, 31):
6       for j in range(0, 10):
7           # j == 10 得到 100 分,不合题意的 70 分不必枚举
8           if j != 0:
9               dp[i][j] = dp[i-1][j-1]          # 两种情况:答对、没答对
10          else:
11              for p in range(0, 10):
12                  dp[i][0] += dp[i-1][p]
13  for i in range(0, 31):
14      ans += dp[i][7]                           # 得 70 分的总方案数
15  print(ans)
```

(2) DFS 枚举所有情况:最大数字。

例 6.6　最大数字 lanqiaoOJ 2193

问题描述:给定一个正整数 N,可以对 N 的任意一位数字执行任意次以下两种操作。

(1) 将该位数字加 1。如果该位数字已经是 9,加 1 之后变成 0。

(2) 将该位数字减 1。如果该位数字已经是 0,减 1 之后变成 9。

现在总共可以执行 1 号操作不超过 A 次,2 号操作不超过 B 次,请问最大可以将 N 变成多少?

输入:第一行包含 3 个整数 N、A、B,其中 $1 \leqslant N \leqslant 10^{17}$,A、B $\leqslant 100$。

输出:输出一个整数,表示答案。

输入样例:	输出样例:
123 1 2	933

要把 N 变成最大数字,可以用贪心思路依次处理 N 的每一位:先把最高位尽量变成最大的数字,再把次高位尽量变成最大的数字,等等。

首先明确一点,1 号操作和 2 号操作不要混用,因为它们互相抵消,混用浪费。

如何把最高位尽量变大?设最高位的数字是 d。

先试试 1 号操作,得到最大数字 x,x 最大能到 9。取操作次数 $t = \min(A, 9-d)$,其中 $9-d$ 表示能得到 9 的次数;如果操作 A 次到不了 9,就做 A 次。

再试试 2 号操作,因为是减 1,所以只有能变成 9 才有意义。如果有 B > d,那么可以减 d+1 次变成 9。

其他位也这样处理,直到用完操作次数 A 和 B。

下面是代码。dfs(i, v) 的参数 i 表示当前处理到第 i 位,例如 N=123,第一次 dfs(0, 0),i=0 表示第 0 位是 1。dfs(i, v) 的参数 v 是已经得到的值,例如第 0 位的数字 1 处理完后,1 变成 9,那么 v=9。

```
1   N,A,B = map(int,input().split())        # A:1号操作剩余次数;B:2号操作剩余次数
2   s = list(map(int,str(N)))
3   def dfs(i,v):                            # i:当前处理到第 i 位;v:前面已经得到的值
4       global A,B,ans
5       if i == len(s):
6           ans = max(ans,v)                 # 处理结束,得到这次 DFS 的最大值
7           return
8       d = s[i]                             # 第 i 位的数字
9       t = min(A,9 - d)                     # 1号操作的次数 t:最大到 9
10      A -= t                               # 更新 A。如果 A = 0,也要继续 dfs,目的是求值:v * 10 + d + t
11      dfs(i + 1,10 * v + d + t)            # 这一位最大是 x + t。v * 10 + d + t 是到这一位为止的数值
12      A += t                               # 恢复现场
13      if B > d:                            # 操作2:可以减到 9
14          B -= d + 1                       # 做 d + 1 次,减到 9
15          dfs(i + 1,10 * v + 9)
16          B += d + 1                       # 恢复现场
17  ans = 0
18  dfs(0,0)                                 # 从 N 的最高位开始
19  print(ans)
```

(3) DFS 枚举所有情况:生日蛋糕。

 例 6.7　生日蛋糕 https://www.luogu.com.cn/problem/P1731

问题描述:制作一个体积为 Nπ 的 M 层生日蛋糕,每一层都是一个圆柱体。设从下往上数第 $i(1{\leqslant}i{\leqslant}M)$ 层蛋糕是半径为 R_i、高度为 H_i 的圆柱。当 $i<M$ 时,要求 $R_i>R_{i+1}$ 且 $H_i>H_{i+1}$。

由于要在蛋糕上抹奶油,为了尽可能节约经费,希望蛋糕外表面(最下一层的下底面除外)的面积 Q 最小。请编程对给出的 N 和 M 找出蛋糕的制作方案(适当的 R_i 和 H_i 值),使 S= πQ 最小(除 Q 外,以上所有数据皆为正整数)。

输入:第一行为一个整数 $N(N{\leqslant}2{\times}10^4)$,表示待制作的蛋糕的体积为 Nπ。第二行为 $M(M{\leqslant}15)$,表示蛋糕的层数为 M。

输出:输出一个整数 S,若无解,输出 0。

输入样例:	输出样例:
100	68
2	

侧面积 = $2\pi RH$,底面积 = πR^2,体积 = $\pi R^2 H$。在下面的讨论中忽略 π。

蛋糕的面积 = 侧面积 + 上表面面积。在图 6.4 中,黑色的是上表面面积之和,它等于最下面一层的底面积。设最下面一层的半径是 i,则黑色的上表面面积 $s = i{\times}i$。

本题用 DFS 枚举每一层的高度和半径,并做可行性剪枝和最优性剪枝。

图 6.4　蛋糕

设最上面一层是第 1 层,最下面一层是第 m 层。从第 m 层开始 DFS。用 dfs(k, r, h, s, v) 函数枚举所有层,当前处理到第 k 层,第 k 层的半径为 r、高度为 h,s 是最底层到第 k 层的上表面面积,v 是最底层到第 k 层的体积。预处理数组 sk[]、v[],sk[i] 表示第 1~i 层

的最小侧面面积，vk[i]表示第1~i层的最小体积。

① 最优性剪枝1：面积。记录已经得到的最小面积 ans，如果在 DFS 中得到的面积已经大于 ans，返回。当前处理到第 k 层，第 k 层的半径是 r。第 k 层的体积是 $n-v=r^2h$，得 $h=(n-v)/r^2$；第 k 层的侧面积 $sc=2rh=2r(n-v)/r^2=2(n-v)/r$。剪枝判断：若 $sc+s=2(n-v)/r+s\geq ans$，返回。

② 可行性剪枝2：体积。如果当前已经遍历的各层的体积之和已经大于题目给定的体积 n，返回。剪枝判断：若 $v+vk[k-1]>n$，返回。

③ 可行性剪枝3：半径和高度。在枚举每一层的半径 i 和高度 j 时，应该比下面一层的半径和高度小。第 k-1 层的体积是 i^2h，它不能超过 $n-v-vk[k-1]$，由 $i^2h\leq n-v-vk[k-1]$ 得 $h\leq(n-v-vk[k-1])/i^2$。剪枝判断：高度 j 应该小于 $(n-v-vk[k-1])/i^2$。

下面是 Python 代码。

```python
1   INF = 0x3f3f3f3f
2   ans = INF
3   sk = []
4   vk = []
5   def dfs(k, r, h, s, v):              # 当前层、半径、高度、黑色上表面总面积、体积
6       global ans
7       MAX_h = h
8       if k == 0:                       # 蛋糕做完了
9           if v == n: ans = min(ans, s) # 更新表面积
10          return
11      if v + vk[k - 1] > n: return     # 体积>n，退出。剪枝2
12      if 2 * (n - v) / r + s >= ans:
13          return                       # 侧面积 + 黑色总面积 > ans，退出。剪枝1
14      for i in range(r - 1, k - 1, -1):
15                                       # 枚举 k-1 层的半径 i，i 比下一层的半径小。剪枝3
16          if k == m: s = i * i         # 黑色总面积
17          MAX_h = min(h - 1, (n - vk[k - 1] - v) // (i * i))
18                                       # 第 k-1 层最大的高度
19          for j in range(MAX_h, k - 1, -1):
20                                       # 枚举 k-1 层的高度 j，j 比下一层的高度小。剪枝3
21              dfs(k - 1, i, j, s + 2 * i * j, v + i * i * j)
22  n = int(input())                     # n:目标体积，m：层数
23  m = int(input())
24  sk = [0] * (m + 1)
25  vk = [0] * (m + 1)
26  for i in range(1, m + 1):            # 初始化表面积和体积为最小值
27      sk[i] = sk[i - 1] + 2 * i * i    # 1~i层：侧面积最小值
28      vk[i] = vk[i - 1] + i * i * i    # 1~i层：体积最小值
29  dfs(m, n, n, 0, 0)                   # 从最下面一层（第 m 层）开始
30  if ans == inf: print(0)
31  else: print(ans)
```

（4）DFS 搜索所有路径。

 例 6.8　最长距离 https://www.luogu.com.cn/problem/P4162

　　问题描述：windy 有一块矩形土地，被分为 N×M 块 1×1 的小格子。有的格子含有障碍物。如果从格子 A 可以走到格子 B，那么两个格子的距离就为两个格子中心的欧氏距离。如果从格子 A 不可以走到格子 B，就没有距离。如果格子 X 和格子 Y 有公共边，

并且 X 和 Y 均不含有障碍物,就可以从 X 走到 Y。如果 windy 可以移走 T 块障碍物,求所有格子间的最大距离。保证移走 T 块障碍物以后至少有一个格子不含有障碍物。

输入:第一行包含 3 个整数 N、M、T。接下来有 N 行,每行一个长度为 M 的字符串,0 表示空格子,1 表示该格子含有障碍物。其中,$1 \leqslant N$, $M \leqslant 30$, $0 \leqslant T \leqslant 30$。

输出:输出一个浮点数,保留 6 位小数。

输入样例:	输出样例:
3 3 1	2.828427
001	
001	
001	

在样例中,移走最下面的 1 后,最远的距离是左上角和右下角的距离,等于 $\sqrt{2^2 + 2^2} = 2.828427$。

用这道题讲解如何用 DFS 搜索所有的路径。

本题的解法是图论的最短路径。两个格子之间的最少障碍物数量 cnt 就是这两个格子之间的最短路径长度。如果这条最短路径的长度满足 $cnt \leqslant T$,那么它是一个符合题意的合法路径,可以计算出这两个格子的欧氏距离。计算出任意两点的欧氏距离,取最大值就是答案。

计算最短路径一般用 Dijkstra、SPFA 这样的高级最短路径算法,可用于多达百万个点的图。本题的图很小,也可以用 DFS 计算最短路径,虽然效率低下,但是代码简单。

DFS 如何计算起点 s 和终点 t 之间的最短路径? 从 s 出发,在每一步都向上、下、左、右 4 个方向继续走,暴力搜索出所有到 t 的路径[①],并通过比较得到其中最短的那条路径,就是 s、t 之间的最短路径。

用 DFS 计算最短路径,效率低下。因为它要搜索所有路径,而路径非常多,其数量是指数级的。即使是很小的图,只有十几个点,几十条边,两个点之间的路径也可能多达数千条。本题 N 和 M 最大等于 30,两点之间的路径可能多达百万。即使是这样小的图,计算量还是太大,需要在 DFS 中剪枝,把不可能产生答案的路径剪去。

这里用到两种剪枝:

① 可行性剪枝。从起点 s 出发,在到一个点 t 时,如果路径上的障碍物已经超过 T 个,后面就不用继续了。

② 记忆化搜索。从起点 s 出发到 t 的路径有很多条,设第一次得到的路径长度为 cnt_1,第二次得到的路径长度为 cnt_2,如果 $cnt_1 < cnt_2$,那么保留 cnt_1 就可以了,第二次的路径计算结果应该丢弃,并且不再从这个点继续搜索路径。

下面是代码。dfs(x, y, cnt) 搜索和计算从起点 (i, j) 到任意坐标 (x, y) 的路径长度,把最短路径长度(在本题中就是最少障碍数量)记录在 dis[x][y] 中。第 13 行是可行性剪枝,第 14 行是记忆化搜索。

```
1  n, m, t = map(int, input().split())
2  a = [[0] * (m+1) for _ in range(n+1)]
```

---

① 《程序设计竞赛专题挑战教程》,人民邮电出版社,罗勇军、杨培林著,137 页,"5.1.3 DFS 搜索所有路径"详细说明了如何用 DFS 搜索从一个起点到一个终点之间的所有路径。

```
3    for i in range(1,n + 1):                 # 输入网格图,左上角坐标为(1,1),右下角坐标为(n,m)
4        line = input()
5        for j in range(1,m + 1): a[i][j] = int(line[j - 1])
6    dis = [[float('inf')] * (m + 1) for _ in range(n + 1)]
7    # dis[x,y]是从起点到(x,y)的最短路径(最少障碍物数)
8    vis = [[0] * (m + 1) for _ in range(n + 1)]
9    # vis[x][y]=1:坐标(x,y)已经走过,不用再走
10   dx = [-1, 1, 0, 0]                        # 4个方向
11   dy = [0, 0, -1, 1]
12   def dfs(x, y, cnt):                       # 走到坐标(x,y),已走过的路径长度是 cnt(cnt 个障碍物)
13       if cnt > t: return                    # 可行性剪枝。已经移走了 t 个障碍物,不能再移了
14       if cnt >= dis[x][y]: return           # 记忆化搜索。前面计算过到(x,y)的最短路径
15       dis[x][y] = cnt
16       for i in range(4):                    # 向4个方向走一步
17           nx = x + dx[i]
18           ny = y + dy[i]
19           if nx > n or nx < 1 or ny > m or ny < 1: continue    # 判断越界
20           if vis[nx][ny] == 1: continue     # 这个点已经走过
21           vis[nx][ny] = 1                   # 保存现场
22           dfs(nx, ny, cnt + a[nx][ny])      # 继续走一步
23           vis[nx][ny] = 0                   # 恢复现场
24   ans = 0
25   for i in range(1, n + 1):                 # 枚举任意起点(i,j)
26       for j in range(1, m + 1):
27           dis = [[float('inf')] * (m + 1) for _ in range(n + 1)]
28           vis = [[0] * (m + 1) for _ in range(n + 1)]
29           cnt = 1 if a[i][j] == 1 else 0    # 以(i,j)为起点
30           dfs(i, j, cnt)                    # 计算从起点(i,j)到任意一个点的最短路径长度(障碍物数量)
31           for x in range(1, n + 1):         # 计算(i,j)到任意点(x,y)的欧氏距离
32               for y in range(1, m + 1):
33                   if dis[x][y] <= t:
34                       ans = max(ans,(x - i) ** 2 + (y - j) ** 2)    # 先不开方,保证精度
35   print('%.6f' % (ans ** 0.5))
```

2. DFS 求全排列

（1）DFS 求全排列：小木棍。

 例 6.9　小木棍　https://www.luogu.com.cn/problem/P1120

　　问题描述：乔治有一些等长的木棍,他把这些木棍随意砍成几段,直到每段的长都不超过 50。现在他想把小木棍拼接成原来的样子,但是忘了开始有多少根木棍以及它们的长度。给出每段小木棍的长度,请编程帮他找出原始木棍的最小可能长度。

　　输入：第一行是一个整数 n,表示小木棍的个数。第二行有 n 个整数,表示各个小木棍的长度 a_i。其中,$1 \leqslant n \leqslant 65,1 \leqslant a_i \leqslant 50$。

　　输出：输出一行,包含一个整数,表示答案。

输入样例:	输出样例:
9	6
5 2 1 5 2 1 5 2 1	

　　本题是一道"DFS 求全排列＋剪枝"的经典题。

　　直接的思路是猜原始木棍的长度是 L,然后测试 n 个小木棍能否拼出 k＝sum/L 根原始木棍,sum 是所有小木棍的总长度。可以用二分法猜这个 L,L 的最小值是最大的 a_i；L

的最大值是 65×50。由于 L 的范围不大,也许不用二分也行。

给定一个长度 L,如何判断能不能拼出来?下面模拟拼的过程。

在 n 个小木棍中选几个,拼第一个 L。可以用 DFS 求全排列的方法选小木棍,有两种可能:

① 在 DFS 求排列的过程中,用几根小木棍拼出了一根 L。把这几根小木棍置为已用,然后对其他的小木棍继续用 DFS 开始新一轮的拼一根 L。如果一直能拼出 L,而且拼出了 $k = sum/L$ 根,那么 L 是一个合法的长度。

② 如果在一次拼 L 时,能用的小木棍的所有排列只能拼出一部分 L,失败退出,下一次测试 L+1。

但是,DFS 对 n 个数求全排列,一共有 n! 个全排列,本题 $n \leqslant 65$,计算量极大,显然会超时。如果坚持使用 DFS,必须剪枝。

设计以下剪枝方案。

剪枝 1:搜索顺序剪枝。先把小木棍从大到小排序,在求全排列时,先选长木棍再选短木棍,因为用长木棍拼比用短木棍拼更快,用的木棍更少,能减少枚举数,这是贪心的思想。排序可以用 sort() 函数,不过本题的 a_i 值范围很小,可以用桶排,而且本题情况简单,用哈希实现最简单的桶排就行,优点是常数小、操作简便。

剪枝 2:可行性剪枝。在做某个排列时,若加入某个小木棍导致长度大于 L,那么这个小木棍不合适。

剪枝 3:排除等效冗余。在上面的优化搜索顺序中是用贪心的策略进行搜索,为什么可以用贪心?因为不同顺序的拼接是等效的,先拼长的 x 再拼短的 y,和先拼短的 y 再拼长的 x 是一样的。根据这个原理,可以做进一步的剪枝,这是本题最重要的剪枝。下面详细说明。

对排序后的 $\{a_1, a_2, \cdots, a_n\}$ 做全排列,$a_1 \geqslant a_2 \geqslant \cdots \geqslant a_n$,根据本章前面"DFS 与排列组合"中给出的编码方法能够按顺序输出全排列,以 $\{3, 2, 1\}$ 为例。

第一轮的全排列:$a_1 = 3$ 在第一个位置,得到全排列 321、312。

第二轮的全排列:$a_2 = 2$ 在第一个位置,得到全排列 231、213。

第三轮的全排列:$a_3 = 1$ 在第一个位置,得到全排列 132、123。

回到小木棍这道题:

第一轮,a_1 位于第一个位置,后面的 $\{a_2, a_3, \cdots, a_n\}$ 有 (n-1)! 个排列。如果在这一轮的 (n-1)! 个排列中拼不成 k 个 L,那么不用再做第二轮、第三轮等的全排列,因为第一轮的 a_1 和其他木棍的组合情况在第二轮、第三轮等中也会出现,重复了。请读者自己证明为什么重复。

经过这个剪枝,原来需要对 n 个数做 n! 次全排列,现在只需要做 (n-1)! 次,优化了 n 倍。

这个剪枝还可以扩展。若某个全排列的前 i 个拼出了 L,而第 i-1 个到第 n 个的排列拼不出,那么对这第 i-1 个到第 n 个的排列的处理和前面讨论的一样。

剪枝 4:可行性剪枝。所有小木棍的 sum 应该是原始木棍长度 L 的倍数,或者说 sum 能整除 L。

下面是 Python 代码。

```
1   N = 70
2   maxn,minn = 0, N
3   Hash = [0] * N              # Hash[i]:长度为 i 的小木棍的数量
4   def dfs(k, length, L, p):   # 尝试拼出 k 根长度都为 L 的小木棍
```

```
5          if k == 0:                        # 已拼出 k 根 L,输出结果,结束程序
6              print(L)
7              exit(0)
8          if length == L:                   # 拼出了一根长度为 L 的木棍
9              dfs(k - 1, 0, L, maxn)
10                 # 继续,用剩下的小木棍拼长 L 的原始木棍,应该再拼 K-1 根
11             return
12         for i in range(p, minn - 1, - 1):  # 遍历每个小木棍,生成排列。剪枝 1
13             if Hash[i] > 0 and i + length <= L:
14                      # Hash[i]> 0:存在长度为 i 的小木棍;i + len <= L:剪枝 2
15                 Hash[i] -= 1               # 若 Hash[i]减到 0,表示长度为 i 的小木棍用完了
16                 dfs(k, length + i, L, i)   # 继续搜下一个小木棍
17                 Hash[i] += 1               # 恢复现场,这根木棍可以再用
18                 if length == 0: break      # 剪枝 3,排除等效冗余剪枝
19                 if length + i == L: break  # 剪枝 3 的扩展
20  n = int(input())
21  sum = 0
22  A = list(map(int, input().split()))
23  for i in range(n):
24      a = A[i]
25      Hash[a] += 1                          # 长度为 a 的小木棍的数量是 Hash[a]
26      sum += a                              # 长度之和
27      maxn = max(maxn, a)                   # 最长小木棍
28      minn = min(minn, a)                   # 最短小木棍
29  for L in range(maxn, sum // 2 + 1):       # 拼长度为 L 的原始木棍。枚举 L
30      if sum % L == 0:                      # 总长度能整除 L,说明 L 是一个可能的长度
31          dfs(sum // L, 0, L, maxn)
32              # 拼长度为 L 的原始木棍,应该有 k = sum/L 根
33  print(sum)             # 所有 L 都拼不出,说明原始木棍只有一根,长度为 sum
```

第 29 行从小到大枚举长度 L,看能否拼出长度为 L 的原始木棍。L 的最小值是小木棍的最大值 maxn,最大值是 sum/2,表示拼两个原始木棍。第 33 行,如果所有的 L 都不对,那么这些小木棍只能合在一起成为一根木棍,长度就是所有木棍的和 sum。

dfs(k,len,L,p)函数拼 k 根长度为 L 的原始木棍,如果成功,就输出 L,并直接退出程序。参数 len 是在拼一个 L 的过程中已经拼出的长度,例如 L=7,已经使用了长为 2、3 的两根木棍,此时 len=5,还有 7−5=2 没有拼。p 是现在可以用的最长小木棍。

① 用桶排序对 a_i 排序。第 25 行 Hash[a]++,把 a 存到 Hash[a],表示长度为 a 的小木棍的数量是 Hash[a]。若 Hash[i]=0,说明不存在长度为 i 的小木棍。由于 $1 \leqslant a_i \leqslant 50$,只需要使用 Hash[1]~Hash[50]即可,所以本题用桶排序非常合适。第 12 行 i 从大到小遍历 Hash[i],就是对长度 i 从大到小排序。第 12 行是剪枝 1。

② 剪枝 2,可行性剪枝。第 13 行,如果 i+len>L,说明用长度为 i 的小木棍拼会使总长度超过 L,不合适。

③ 剪枝 3,排除等效冗余。第 18 行是剪枝 3,第 19 行是剪枝 3 的扩展,这里详细解释一下。第 12 行的 for 循环是对 n 个 a 做全排列,原理见本章"DFS 与排列组合"的说明。一共做 n 轮全排列,第一轮把 a_1 放在第一个位置、第二轮把 a_2 放在第一个位置……。第 18 行是某一轮全排列结束,如果在这一轮的全排列过程中得到了 k 个 L,在第 6 行就会输出 L 并结束程序。如果程序能执行到第 18 行,说明这一轮的全排列没有成功,第 18 行执行剪枝 3 并退出,不再做后续轮次的全排列。如果能执行到第 19 行,表示在某一轮的中间,前面能拼出 L,后面拼不出,此时也不再做后续轮次的全排列。

④ 剪枝 4,第 31 行。如果 sum 不能整除 L,表示拼不出长度为 L 的原始木棍。

(2) DFS 求全排列:n 皇后问题。

 例 6.10 n 皇后 http://oj.ecustacm.cn/problem.php?id=1158

问题描述:n 个皇后放置在 n×n 的棋盘上,并且使皇后之间不能相互攻击,即任意两个皇后不同列、不同行、不在同一条对角线上。

输入:输入一个正整数 n,6≤n≤13。

输出:前 3 行,每行 n 个数字,表示一组解。第 4 行输出总解数。

输入样例:	输出样例:
6	2 4 6 1 3 5
	3 6 2 5 1 4
	4 1 5 2 6 3
	4

输出说明:行和列为 1~n,样例第一行的"2 4 6 1 3 5",第 i 个数字表示第 i 行皇后的列号。

n 皇后问题是 DFS 的经典应用。把 n 个皇后放在棋盘上,要求不同列、不同行、不在同一条对角线上。只能用暴力法尝试所有可能的方案,去掉非法方案,得到合法方案。这实际上是排列问题,用 DFS 搜索所有排列最方便。

题目还要求输出 3 种方案,而且是字典序的前 3 种方案。这不难实现,只要按行从 1 到 n、列从 1 到 n 的顺序尝试放皇后的方案即可,得到的合法方案就是字典序的。

解本题的主要技巧是如何判断同行、同列、同对角线上是否已经有其他皇后。

设当前处理到第 x 行,前 1~x−1 行已经放好了皇后。由于一行只放一个皇后,所以两个皇后同行的冲突情况不用再判断,只需要判断同列、同对角线的情况,对角线又分为主对角线、副对角线。在图 6.5 中有 3 根虚线,vis 是同列,vis1 是主对角线,vis2 是副对角线。

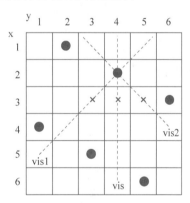

图 6.5 6×6 棋盘的一种方案

同列 vis 上的点有什么特征? 它们的 y 坐标相同。用数组 vis[] 表示列,vis[y]=1 表示第 y 列已经放了皇后。

主对角线 vis1 上的点有什么特征? 观察图 6.5,沿着主对角线 vis1 走一步,x 坐标加 1,y 坐标减 1,那么 x+y 不变。也就是说,一条 vis1 线上的所有点的 x+y 都相等。例如一条主对角线上的点 (1,5)、(2,4)、(3,3)、(4,2)、(5,1),都有 x+y=6。用数组 vis1[] 表示主对角线,vis1[x+y]=1 表示坐标 (x,y) 所在的主对角线上已经有皇后。

副对角线 vis2 上的点有什么特征? 沿着副对角线 vis2 走一步,x 和 y 坐标都加 1,那么 x−y 不变。例如一条副对角线上的点 (1,3)、(2,4)、(3,5)、(4,6),都有 x−y=−2。用数组 vis2[] 表示副对角线,vis2[x−y+n]=1 表示坐标 (x,y) 所在的副对角线上已经有皇后。这里不能直接用 x−y,因为它可能为负数,加上 n 后就变成了正数。n 也可以改为一个大于 n 的数 k,只要保证 x−y+k>0 即可,不过要记得把 vis2[] 开大一些,防止溢出。

除了以上技巧,代码的其他部分就是常见的 DFS 求排列。

下面是 Python 代码。

```
1  # pypy
2  n = int(input())
3  tot = 0                                          # tot：方案数
4  ans = [0] * 20                                   # ans[x]：第 x 行皇后放在第几列
5  vis = [0] * 30                                   # vis[y] = 1：第 y 列放了皇后
6  vis1 = [0] * 30                                  # vis1[x + y] = 1：主对角线上放了皇后
7  vis2 = [0] * 30                                  # vis2[x - y + n] = 1：副对角线放了皇后
8  def dfs(x):
9      global tot
10     if x == n + 1:                               # 已经放完 n 行
11         tot += 1
12         if tot <= 3:
13             for i in range(1, n + 1): print(ans[i], end = ' ')
14             print()
15         return
16     for y in range(1, n + 1):                    # 枚举第 x 行的坐标(x, y)
17         if vis[y] or vis1[x + y] or vis2[x - y + n]: continue
18         ans[x] = y
19         vis[y], vis1[x + y], vis2[x - y + n] = 1,1,1    # 保存现场
20         dfs(x + 1)                               # 继续下一行
21         vis[y], vis1[x + y], vis2[x - y + n] = 0,0,0    # 恢复现场
22  dfs(1)
23  print(tot)
```

（3）DFS 求全排列：与或和异或。这一题的特殊在于 DFS 不需要保存现场和恢复现场。

 例 6.11　2023 年第十四届蓝桥杯省赛 Java 大学 A 组试题 B：与或和异或 lanqiaoOJ 3552

填空题,5 分

问题描述：小蓝有一张门电路的逻辑图,如图 6.6 所示。

该图中每个三角形代表一种门电路,可能是与门、或门、异或门中的任何一种,它接受上一层的两个圆形中的数据作为输入,产生一个输出值输出到下一级（如图中箭头所示）。图中圆形表示暂存的输出结果,取值只可能是 0 或 1。为了便于表示,用 arr[i][j] 表示第 i(0≤i≤4)行第 j(0≤j≤i)个圆形的值。arr[0] = (In[0], In[1], In[2], In[3], In[4]) 表示的是输入数据,对于某个 arr[i][j](i≤0),计算方式为 arr[i][j] = arr[i-1][j] op arr[i-1][j+1],其中 op 表示将 arr[i-1][j]、arr[i-1][j+1] 作为输入,将 arr[i][j] 作为输出的门电路。与门、或门、异或门分别对应按位与(&)、按位或(|)、按位异或(^)运算符。

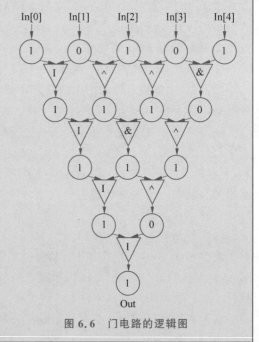

图 6.6　门电路的逻辑图

现在已知输入为 $In[0]=1$；$In[1]=0$；$In[2]=1$；$In[3]=0$；$In[4]=1$。小蓝想要使最终的输出 Out 的值为 1，请问一共有多少种不同的门电路组合方式？在图 6.6 中显示的就是一种合法的方式。

本题的结果为一个整数，在提交答案时只输出这个整数，输出多余的内容将不得分。

题目的思路很简单。10 个逻辑门，每个逻辑门有与、或、异或 3 种选择，在这 10 个逻辑门的所有排列中(共 $3^{10}=59049$ 种)，有多少种排列的最后计算结果是 1。

这道题是 DFS 求组合的简单应用。读者可以与前面 DFS 求组合的基本应用进行比较。

下面是 Python 代码。代码的计算量是多少？dfs() 在第 22 行中继续做 3 次，一共有 10 个逻辑门，所以一共做了 $3^{10}=59049$ 次 dfs。每次 dfs 在 check() 中做两重 for 循环约十几次，所以总计算量很小。

```
1   a = [[0 for _ in range(5)] for _ in range(5)]    #记录图上圆圈中的值
2   gate = [0] * 11                                   # 记录10个逻辑门的一种排列
3   ans = 0                                           # 答案
4   def logic(x, y, op):             # 逻辑操作：c = 1为与,c = 2为或,c = 3为异或
5       if op == 1: return x & y                      # 与
6       if op == 2: return x | y                      # 或
7       return x ^ y                                  # 异或
8   def check():                     # 检查10个逻辑门,最后的 Out 是否为1
9       op = 0
10      a[0] = [1, 0, 1, 0, 1]
11      for i in range(1, 5):                         # 从上到下有4行逻辑门
12          for j in range(0, 5 - i):                 # 每一行从左到右
13              a[i][j] = logic(a[i-1][j], a[i-1][j+1], gate[op])
14              op += 1
15      if a[4][0] == 1: return 1                     # Out = 1,结果正确
16      return 0
17  def dfs(k):                                       # 第 k 个逻辑门
18      global ans
19      if k == 10:                   # 10个逻辑门,现在都分配好了。下面模拟这一种组合方式
20          if check() == 1: ans += 1                 # Out = 1,结果正确
21          return
22      for i in range(1, 4):                         # 第 k 个逻辑门有3种选择:与、或、异或
23          gate[k] = i                               # 记录第 k 个逻辑门:与、或、异或
24          dfs(k + 1)                                # 继续深搜第 k + 1 个逻辑门
25  dfs(0)
26  print(ans)
```

读者可能注意到，在 dfs() 中并没有做 DFS 常见的"保存现场、恢复现场"操作。因为 10 个逻辑门是相互独立的，每个逻辑门独立选"与、或、异或"，与其他逻辑门无关。而前面介绍的数字的全排列，一个数字被使用后，就不能放到其他位置，所以需要用"保存现场"占住它。

(4) DFS 求全排列：飞机降落。

 例 6.12　2023 年第十四届蓝桥杯省赛 C/C++ 大学 B 组试题 D：飞机降落　lanqiaoOJ 3511

时间限制：2s 内存限制：256MB 本题总分：10 分

问题描述：N 架飞机准备降落到某个只有一条跑道的机场。其中第 i 架飞机在 T_i 时刻到达机场的上空，在到达时它的剩余油料还可以继续盘旋 D_i 个单位时间，即它最早可以

于 T_i 时刻开始降落，最晚可以于 $T_i + D_i$ 时刻开始降落。降落过程需要 L_i 个单位时间。一架飞机降落完毕时，另一架飞机可以立即在同一时刻开始降落，但是不能在前一架飞机完成降落前开始降落。请判断 N 架飞机是否可以全部安全降落。

输入：输入包含多组数据。第一行包含一个整数 T，代表测试数据的组数。对于每组数据，第一行包含一个整数 N。以下 N 行，每行包含 3 个整数 T_i、D_i 和 L_i。对于 30% 的数据，N≤2；对于 100% 的数据，1≤T≤10,1≤N≤10,0≤T_i, D_i, L_i≤100000。

输出：对于每组数据，输出 YES 或者 NO，代表是否可以全部安全降落。

输入样例：	输出样例：
2	YES
3	NO
0 100 10	
10 10 10	
0 2 20	
3	
0 10 20	
10 10 20	
20 10 20	

样例说明：对于第一组数据，安排第 3 架飞机于 0 时刻开始降落，20 时刻完成降落；安排第 2 架飞机于 20 时刻开始降落，30 时刻完成降落；安排第 1 架飞机于 30 时刻开始降落，40 时刻完成降落。对于第二组数据，无论如何安排，都会有飞机不能及时降落。

题目看起来似乎可以用贪心求解，请读者思考是否可行。

本题的 N 很小，计算量不大，可以求 N 架飞机的全排列，然后逐一验证每个全排列，如果有一个合法的全排列就打印 YES，如果所有全排列都不合法则打印 NO。

求全排列可以用库函数 permutations()。最多有 10! 个全排列，用 permutations() 写的代码勉强通过测试。

permutations() 的缺点是不能剪枝，必须先求一个完整的全排列，然后再判断这个全排列是否合法。大部分全排列的前几项就已经不合法，不用求完整的全排列。

本题更保险的方法是自己写 DFS 求全排列，可以在验证一个全排列时在中间剪枝，运行时间比 permutations() 短很多，仅有 0.1 秒。

下面是代码。第 7 行剪枝，如果这架飞机安排不了就跳过它，相当于终止计算这个全排列。

```
1   def dfs(plane, time):
2       global ans
3       if plane == n:                              # n架飞机都安排好了能降落
4           ans = 1
5           return
6       for i in range(n):
7           if vis[i] == 0 and time <= T[i] + D[i]:  # 剪枝
8               t = time                             # t：安排给飞机 i 的降落时间
9               if t < T[i]: t = T[i]                # 飞机 i 还没到，只能等它
10              vis[i] = 1
11              dfs(plane + 1, t + L[i])
```

```
12              vis[i] = 0
13  m = int(input())
14  for _ in range(m):
15      n = int(input())
16      T,D,L = [],[],[]
17      vis = []
18      for i in range(n):
19          t, d, l = map(int, input().split())
20          T.append(t)
21          D.append(d)
22          L.append(l)
23          vis.append(0)
24      ans = 0
25      dfs(0, 0)
26      if ans == 1: print("YES")
27      else:print("NO")
```

3. DFS 求组合

 例 6.13   2023 年第十四届蓝桥杯省赛 C/C++ 大学 A 组试题 F：买瓜

lanqiaoOJ 3505

时间限制：1s 内存限制：256MB 本题总分：15 分

问题描述：小蓝正在一个瓜摊上买瓜。瓜摊上共有 n 个瓜，每个瓜的重量为 A_i。小蓝刀功了得，他可以把任何瓜劈成完全等重的两份，不过每个瓜只能劈一刀。小蓝希望买到的瓜的重量的和恰好为 m。请问小蓝至少要劈多少个瓜才能买到重量恰好为 m 的瓜。如果无论怎样小蓝都无法得到总重恰好为 m 的瓜，请输出 −1。

输入：输入的第一行包含两个整数 n、m，用一个空格分隔，分别表示瓜的个数和小蓝想买到的瓜的总重量。第二行包含 n 个整数 A_i，相邻整数之间使用一个空格分隔，分别表示每个瓜的重量。

评测用例规律与约定：对于 20% 的评测用例，n≤10；对于 60% 的评测用例，n≤20；对于 100% 的评测用例，$1 \leqslant n \leqslant 30, 1 \leqslant A_i \leqslant 10^9, 1 \leqslant m \leqslant 10^9$。

输出：输出一个整数，表示答案。

输入样例：	输出样例：
3 10	2
1 3 13	

首先注意到评测用例中的 n 都不大，估计可以用暴力的搜索解决。

第 i 个瓜有 3 个选项：完整的瓜重 A_i、半个瓜重 $A_i/2$、不要这个瓜。本题简单的做法是对所有的瓜进行组合，每个瓜尝试 3 个选项。这样共有 3^n 种组合，可以通过约 50% 的测试，用 DFS 编码求组合。

下面的代码用到一个小技巧，为了避免除 2 出现小数，改为把 m 乘 2，那么每个瓜的 3 个选项是 $2A_i$、A_i、0。这份代码能通过 70% 的测试。

```
1  def dfs(step, s, k):           # step：第 step 个瓜，s：已选中的瓜的总重，k：砍了几刀
2      global ans
3      if s > m or k >= ans: return
4      if s == m:
```

```
5            ans = min(ans, k)
6            return
7        if step == n + 1: return
8        dfs(step + 1, s, k)                    # 不选
9        dfs(step + 1, s + a[step], k + 1)      # a_i，砍了一刀
10       dfs(step + 1, s + a[step] * 2, k)      # 2a_i
11   ans = 40
12   n, m = map(int, input().split())
13   m <<= 1                                     # m 乘2
14   a = [0] * (n + 1)
15   a[1:] = map(int, input().split())
16   dfs(1, 0, 0)
17   print( -1 if ans == 40 else ans)
```

本题获得 100% 得分的代码需要用到分治法和二分，请读者自己上网搜索代码。

【练习题】

DFS 的题目在任何 OJ 网站上都有，请读者自己搜索。下面是一些例子。

lanqiaoOJ：像素放置 3508、迷宫 641、方格分割 644、寒假作业 1388、全球变暖 178、分糖果 4124、玩具蛇 1022。

洛谷：走迷宫 P1238、迷宫 P1605、游戏 P1312、子矩阵 P2258、运动员最佳匹配 P1559。

扫一扫
视频讲解

6.5　BFS 基本代码

本章开头用"一群老鼠走迷宫"做比喻介绍了 BFS 的原理，类似的比喻还有"多米诺骨牌"和"野火蔓延"。BFS 的搜索过程是由近及远的，从最近的开始，一层一层到达最远处。以图 6.7 所示的二叉树为例，一层一层地访问，从 A 出发，下一步访问 B、C，再下一步访问 D、E、F、G，最后访问 H、I。该图中圆圈旁边的数字是访问顺序。

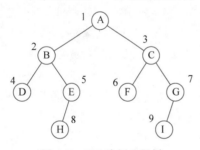

图 6.7　BFS 访问二叉树

一句话概括 BFS 的思想：全面扩散、逐层递进。

BFS 的逐层访问过程如何编程实现？非常简单，用队列，"BFS = 队列"。队列的特征是先进先出，并且不能插队。BFS 用队列实现：第 1 层先进队列，然后第 2 层进队列、第 3 层进队列、……。

上面图示的二叉树用队列进行 BFS 操作：根节点 A 第一个进队列；然后让 A 的子节点 B、C 进队列；接下来让 B、C 的子节点 D、E、F、G 进队列；最后让 E、G 的子节点 H、I 进队列。节点进入队列的先后顺序是 A-BC-DEFG-HI，正好按层次分开了。

在任何时刻，队列中只有相邻两层的点。

下面的代码输出图示二叉树的 BFS 序，用队列实现。队列和二叉树请参考第 3 章中队列和二叉树的讲解。

```
1   from collections import deque
2   N = 100
3   t = [''] * N                     # 用一个数组定义二叉树
4   def ls(p): return p << 1         # 定位左孩子，也可以写成 p * 2
```

5	def rs(p): return (p << 1) | 1	# 定位右孩子,也可以写成 p * 2 + 1
6	def bfs(root):	
7	q = deque()	# 定义队列
8	q.append(root)	# 第一个节点进入队列
9	while q:	# 用 BFS 访问二叉树
10	u = q.popleft()	# 读队头,并弹走
11	print(t[u], end = '')	# 输出队头
12	if t[ls(u)]: q.append(ls(u))	# 左儿子进队列
13	if t[rs(u)]: q.append(rs(u))	# 右儿子进队列
14	t[1] = 'A'	# 第 1 层
15	t[2] = 'B'; t[3] = 'C'	# 第 2 层
16	t[4] = 'D'; t[5] = 'E'; t[6] = 'F'; t[7] = 'G'	# 第 3 层
17	t[10] = 'H';t[14] = 'I'	# 第 4 层
18	bfs(1) # BFS 访问二叉树,从根节点 1 开始。输出:ABCDEFGHI	
19	print()	
20	bfs(3) # BFS 访问二叉树的子树,从子节点 3 开始。输出:CFGI	

6.6   BFS 与最短路径

扫一扫

视频讲解

求最短路径是 BFS 最常见的应用。BFS 本质上就是一个最短路径算法,因为它由近及远访问节点,先访问到的节点肯定比后访问到的节点更近。某个节点第一次被访问到的时候必定是从最短路径走过来的。从起点出发,同一层的节点到起点的距离都相等。

BFS 求最短路径有一个前提:任意两个邻居节点的边长都相等,把两个邻居节点之间的边长距离称为"一跳"。只有所有边长都相等,才能用 BFS 逐层递进求得最短路径。两个节点之间的路径长度等于这条路径上的边长个数。在这种场景下,BFS 是最优的最短路径算法,它的计算复杂度只有 O(n+m),n 是节点数,m 是边数。如果边长都不等,就不能用BFS 求最短路径了,路径长度也不能简单地用边长个数来统计。

在图 6.8 中,A 到 B、C、D 的最短路径长度都是一跳,A 到 E、F、G、H 的最短路径都是两跳。

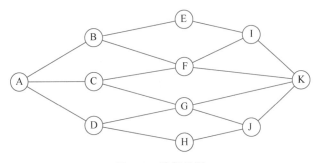

图 6.8 路径问题

用 BFS 求最短路径的题目一般有以下两个目标:

(1)最短路径的长度。答案唯一,路径长度就是路径经过的边长数量。

(2)最短路径具体经过哪些节点。由于最短路径可能有多条,所以一般不用输出最短路径,如果要输出,一般是输出字典序最小的那条路径。例如在图 6.8 中,A 到 F 的最短路径有两条,即 A-B-F、A-C-F,字典序最小的是 A-B-F。

BFS 最短路径的常用场景是网格图,下面给出一道例题,用这道例题说明如何计算最短路径,如何输出路径。

 例 6.14　马的遍历　https://www.luogu.com.cn/problem/P1443

　　问题描述：有一个 n×m 的棋盘,在某个点(x,y)上有一匹马,要求计算出马到达棋盘上的任意一个点最少要走几步。

　　输入：输入只有一行,包含 4 个整数,分别为 n、m、x、y。其中,1≤x≤n≤400,1≤y≤m≤400。

　　输出：输出一个 n×m 的矩阵,代表马到达某个点最少要走几步。如果不能到达,则输出 −1。

输入样例:	输出样例:
3 3 1 1	0　　3　　2
	3　−1　　1
	2　　1　　4

　　马走日,从一个坐标点出发,下一步有 8 种走法。在下面的代码中,第 2、3 行用 dx[]、dy[] 定义下一步的 8 个方向。设左上角的坐标是(1,1),右下角的坐标是(n,m)。

　　代码的主体部分是标准的 BFS,让每个点进出队列。注意如何用队列处理坐标。第 24 行定义队列,队列元素是坐标。

　　用 dis[][] 记录最短路径长度,dis[x][y] 是从起点 s 到(x,y)的最短路径长度。第 34 行,每扩散一层,路径长度加 1。

```
1   from collections import deque
2   dx = [2, 1, -1, -2, -2, -1, 1, 2]          # 8 个方向,按顺时针
3   dy = [1, 2, 2, 1, -1, -2, -2, -1]
4   class Node:              # 定义坐标。设左上角为(1,1),右下角为(n,m)
5       def __init__(self, x, y):
6           self.x = x
7           self.y = y
8   def print_path(s, t, pre):                  # 打印路径:从起点 s 到终点 t
9       if t.x == s.x and t.y == s.y:           # 递归到了起点
10          print(f"({s.x},{s.y})->", end = "") # 打印起点,返回
11          return
12      p = pre[t.x][t.y]
13      print_path(s, p, pre)                   # 先递归回到起点
14      print(f"({t.x},{t.y})->", end = "")     # 在回溯的过程中打印,最后打的是终点
15  def main():
16      n,m,u,v = map(int, input().split())
17      s = Node(u,v)
18      dis = [[-1] * (m+1) for _ in range(n+1)]
19                  # dis[x][y]:起点到(x,y)的最短路径长度
20      vis = [[0] * (m+1) for _ in range(n+1)]
21                  # vis[x][y]=1:起点到(x,y)的最短路径
22      pre = [[None] * (m+1) for _ in range(n+1)]
23                  # pre[x][y]:坐标(x,y)的前驱点
24      dis[s.x][s.y] = 0                       # 起点到自己的距离是 0
25      vis[s.x][s.y] = 1
26      q = deque([s])                          # 起点进队
27      while q:
28          now = q.popleft()                   # 取队首并出队
29          for i in range(8):                  # 下一步可以走 8 个方向
```

```
30              nx, ny = now.x + dx[i], now.y + dy[i]
31              if nx < 1 or nx > n or ny < 1 or ny > m or vis[nx][ny]:
32                  continue                        # 出界或已经走过
33              vis[nx][ny] = 1                     # 标记为已找到最短路径
34              dis[nx][ny] = dis[now.x][now.y] + 1 # 计算最短路径长度
35              pre[nx][ny] = now                   # 记录点(nx,ny)的前驱是 now
36              q.append(Node(nx, ny))              # 进队列
37      for i in range(1, n + 1):
38          for j in range(1, m + 1):
39              print(f"{dis[i][j]: -5d}", end = "")
40          print()
41      #test = Node(3, 3)                          # 测试路径打印,样例输入为 3 3 1 1,终点为(3,3)
42      #print_path(s, test, pre)
43      # 输出路径:(1,1)->(3,2)->(1,3)->(2,1)->(3,3)
44  if __name__ == "__main__":
45      main()
```

本题没有要求打印出具体的路径,不过为了演示如何打印路径,在代码中加入了 print_path(s,t) 函数,打印从起点 s 到终点 t 的完整路径。第 41 行打印起点 s=(1,1)、终点 t=(3,3) 的完整路径 (1,1)->(3,2)->(1,3)->(2,1)->(3,3),如图 6.9 中的虚线箭头所示。

如何记录一条路径? 在图上从一个起点 s 出发做一次 BFS,可以求 s 到其他所有点的最短路径,有简单和标准两种路径记录方法。

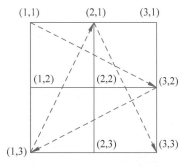

图 6.9　输出 (1,1) 到 (3,3) 的路径

(1) 简单方法。为了记录路径,最**简单**的方法[①]是每走到一个点 i,就在 i 上把从起点 s 到 i 经过的所有点都记下来。例如图 6.9,从 (1,1) 出发,下一步可以走到 (3,2),就在 (3,2) 上记录"(1,1)->(3,2)";再走一步可以到 (1,3),就在 (1,3) 上接着记录"(1,1)->(3,2)->(1,3)";再走一步到 (2,1),就在 (2,1) 上记录"(1,1)->(3,2)->(1,3)->(2,1)"。这样做编程简单,但是浪费空间,因为在每个点上都要记录从头到尾的完整路径。

(2) 标准方法。标准的路径记录方法是只在点 i 上记录前驱点,也就是从哪个点走到 i 的。例如点 (1,3),记录它的前驱点是 (3,2),(3,2) 记录它的前驱点是 (1,1)。当需要输出从起点 (1,1) 到 (1,3) 的完整路径时,只需要从 (3,2) 倒查回去,就能得到完整的路径。这样做非常节省空间,在一个点上只需要记录前一个点即可。

为什么不在点 i 上记录它的下一个点? 请读者自己思考。

代码的第 22 行用 pre[][] 记录路径,pre[x][y] 记录了坐标 (x,y) 的前驱点。按照 pre[][] 的记录倒查路径上每个点的前一个点,一直查到起点,就得到了完整路径。例如图 6.9,终点为 (3,3),pre[3][3] 是它的上一个点 (2,1);(2,1) 的 pre[2][1] 是它的上一个点 (1,3);(1,3) 的上一个点是 (3,2);(3,2) 的上一个点是 (1,1),回到了起点。

print_path() 打印路径,它是一个递归函数,从终点开始倒查 pre[][],一直递归到起点,然后再回溯到终点。在回溯的过程中从起点开始打印路径上的点,就得到了从起点到终

---

① 《算法竞赛》,清华大学出版社,罗勇军、郭卫斌著,123 页"3.4 BFS 与最短路径"介绍了简单方法、标准方法这两种路径记录方法。

点的正序路径。

另外,从起点 s 到终点 t 可能有多条最短路径,上面的代码只记录了按顺时针的优先顺序找到的第一条最短路径。第 2、3 行的 dx[]、dy[] 按顺时针定义了 8 个方向,然后在第 29 行遍历邻居时也是按 dx[]、dy[] 的顺序,那么得到的最短路径就是按顺时针的。

6.7   BFS 判重

BFS 的题目往往需要"判重"。

BFS 的原理是逐层扩展,把扩展出的下一层的点(或称为状态)放进队列。在任意时刻,队列中只包含相邻两层的点。只有两层,看起来似乎不多,但是在很多情况下是一个极大的数字。例如一棵满二叉树,第 25 层的点就有 $2^{25} \approx 3000$ 万个,队列放不下。

在很多情况下,其实状态的总数量并不多,在层层扩展的过程中,很多状态是重复的,没有必要重新放进队列。这产生了判重的需求。

用下面的题目说明判重的原理和编程方法。

例 6.15   九宫重排 lanqiaoOJ 261

问题描述:在图 6.10 左图所示的九宫格中放着 1~8 的数字卡片,并且有一个格子空着。与空格子相邻的格子中的卡片可以移动到空格中。经过若干次移动,可以形成右图所示的局面。

把左图的局面记为 12345678.,把右图的局面记为 123.46758。这是按从上到下、从左到右的顺序记录数字,将空格记为句点。已知九宫格的初态和终态,求最少经过多少步移动可以实现,如果无法实现,输出—1。

图 6.10   九宫重排

输入:输入的第一行包含九宫格的初态,第二行包含九宫格的终态。

输出:输出最少步数。如果不能实现,输出—1。

输入样例:	输出样例:
12345678.	3
123.46758	

题目求从初态到终态的最少步数,是典型的 BFS 最短路径问题。

让卡片移动到空格比较麻烦,改为让空格上下左右移动,这样就简单多了。空格的每一步移动可能有 2、3、4 种新局面,如果按 3 种算,移动到第 15 步,就有 $3^{15} > 1000$ 万种局面,显然队列放不下。其实局面的总数仅有 9!=362880 种,队列放得下,只要判重,不让重复的局面进入队列即可。

判重可以用 set 或字典。

(1)用 set 判重。下面代码中的第 28 行判重。

```
1   from collections import deque
2   dx = [-1, 0, 1, 0]                    # 上、下、左、右 4 个方向
3   dy = [0, 1, 0, -1]
4   class Node:
```

```
5       def __init__(self, s, t):
6           self.s = s                      # 局面
7           self.t = t                      # 到这个局面的步数
8   def bfs(s1, s2):
9       q = deque()
10      q.append(Node(s1, 0))
11      st = set()
12      st.add(s1)
13      while q:
14          now = q.popleft()
15          ss = now.s
16          dist = now.t                    # 从 s1 到 ss 的移动步数
17          if ss == s2: return dist        # 到达终点,返回步数
18          k = ss.index('.')
19          x = k // 3
20          y = k % 3
21          for i in range(4):
22              nx = x + dx[i]
23              ny = y + dy[i]
24              if nx < 0 or ny < 0 or nx > 2 or ny > 2: continue        # 越界
25              tmp = list(ss)
26              tmp[k], tmp[nx * 3 + ny] = tmp[nx * 3 + ny], tmp[k]      # 移动
27              tmp = ''.join(tmp)
28              if tmp not in st:           # 判重,如果 tmp 曾经处理过,就不再处理
29                  st.add(tmp)
30                  q.append(Node(tmp, dist + 1))
31      return - 1                          # 没有找到终态局面,返回 - 1
32  s1 = input()                            # 初态局面 s1
33  s2 = input()                            # 终态局面 s2
34  print(bfs(s1, s2))
```

（2）用字典判重。下面代码中的第 22 行判重。

```
1   from collections import deque
2   dx = [ - 1, 0, 1, 0                     # 上、下、左、右 4 个方向
3   dy = [0, 1, 0, - 1]
4   def bfs(s1, s2):
5       q = deque()
6       q.append(s1)
7       mp = {s1: 0}                        # 定义字典。mp[s1] = 0 表示 s1 到自己的步数是 0
8       while q:
9           ss = q.popleft()
10          dist = mp[ss]                   # 从 s1 到 ss 的移动步数
11          if ss == s2: return dist        # 到达终点,返回步数
12          k = ss.find('.')
13          x = k // 3
14          y = k % 3
15          for i in range(4):
16              nx = x + dx[i]
17              ny = y + dy[i]
18              if nx < 0 or ny < 0 or nx > 2 or ny > 2: continue        # 越界
19              tmp = list(ss)
20              tmp[k], tmp[nx * 3 + ny] = tmp[nx * 3 + ny], tmp[k]      # 移动
21              tmp = ''.join(tmp)
22              if tmp not in mp:           # 判重,如果 tmp 曾经处理过,就不再处理
23                  mp[tmp] = dist + 1
24                      # 将 tmp 存入 map,并赋值。mp[tmp]等于 s1 到 tmp 的步数
25                  q.append(tmp)
```

26	return - 1	# 没有找到终态局面,返回 - 1
27	s1 = input()	# 初态局面 s1
28	s2 = input()	# 终态局面 s2
29	print(bfs(s1, s2))	

6.8　　　　　　　　　　　例　　题

1. BFS 遍历

例 6.16　　2023 年第十四届蓝桥杯省赛 C/C++ 大学 A 组试题 E：颜色平衡树 lanqiaoOJ 3504

时间限制：1s 内存限制：256MB 本题总分：15 分

问题描述： 给定一棵树,节点由 1 至 n 编号,其中节点 1 是树根。树上的每个点有一个颜色 C_i。如果一棵树中存在的每种颜色的节点个数都相同,则称它是一棵颜色平衡树。求这棵树中有多少棵子树是颜色平衡树。

输入： 输入的第一行包含一个整数 n,表示树的节点数。接下来 n 行,每行包含两个整数 C_i、F_i,用一个空格分隔,表示第 i 个节点的颜色和父节点的编号。特别地,输入数据保证 F_1 为 0,即 1 号点没有父节点。保证输入数据是一棵树。

输出： 输出一行,包含一个整数,表示答案。

输入样例：	输出样例：
6	4
2 0	
2 1	
1 2	
3 3	
3 4	
1 4	

样例说明：编号为 1、3、5、6 的 4 个节点对应的子树为颜色平衡树。

评测用例规模与约定：对于 30% 的评测用例,$n \leqslant 200$,$C_i \leqslant 200$;对于 60% 的评测用例,$n \leqslant 5000$,$C_i \leqslant 5000$;对于所有评测用例,$1 \leqslant n \leqslant 200000$,$1 \leqslant C_i \leqslant 200000$,$0 \leqslant F_i < i$。

本题通过 100% 测试的代码需要用到启发式合并或者树上莫队,是一道难题,不过可以用简单做法通过部分测试。

直接的思路是对每个节点,统计它的所有子树的颜色,判断是否为颜色平衡树。那么计算复杂度是多少？对每个节点做一次计算,统计它的子树的颜色,子树上有 $O(n)$ 个子节点,计算 $O(n)$ 次。一共有 n 个结点,总计算量为 $O(n^2)$,可以通过 60% 的测试。

用 BFS 和 DFS 都能实现,DFS 的代码比 BFS 简单一些。在下面的代码中,用 cnt[i] 表示颜色 i 的数量。bfs(x) 和 dfs(x) 函数遍历节点 x 的所有子节点,并统计它们的颜色,把颜色 i 的数量记录在 cnt[i] 中。最后判断所有颜色的数量是否相等。

（1）BFS 代码。

```
1   from collections import deque
2   N = 2 * 10 ** 5 + 10
3   cnt = [0] * N
4   class Node:
5       def __init__(self):
6           self.c = 0
7           self.f = 0
8           self.child = []
9   def bfs(x):
10      global cnt
11      cnt = [0] * N
12      q = deque()
13      q.append(t[x])
14      while len(q) > 0:                              # 遍历节点 x 的子树, 统计每个颜色的数量
15          now = q.popleft()
16          cnt[now.c] += 1                            # 统计颜色 c 的数量
17          for i in now.child:                        # 把节点 now 的孩子放进队列
18              q.append(t[i])
19      num = 0
20      for i in range(1, 5001):                       # 可能有 5000 种颜色
21          if num == 0 and cnt[i] > 0:
22              num = cnt[i]                            # 颜色 i 的数量
23          if num > 0 and cnt[i] > 0 and cnt[i] != num:    # 颜色的数量不等
24              return False
25      return True
26  n = int(input())
27  t = [Node() for _ in range(N)]
28  for i in range(1, n + 1):                          # 存树
29      c, f = map(int, input().split())
30      t[i].c = c
31      t[i].f = f
32      t[f].child.append(i)
33  ans = 0
34  for i in range(1, n + 1):                          # 第 i 个节点是否为颜色树
35      if bfs(i):
36          ans += 1                                    # 是颜色树
37  print(ans)
```

（2）DFS 代码。

```
1   N = 200010
2   cnt = [0] * N
3   class Node:                                         # 定义节点
4       def __init__(self):
5           self.c = 0                                   # 颜色、父节点
6           self.f = 0
7           self.child = []                             # 记录孩子
8   t = [Node() for _ in range(N)]
9   def dfs(x):                                          # 统计节点 x 的子树的颜色的数量
10      for i in t[x].child:                            # 递归每棵子树
11          dfs(i)
12      cnt[t[x].c] += 1                                # 递归返回后, 累计颜色 c 的数量
13  n = int(input())
14  for i in range(1, n + 1):                           # 存树
15      t[i].c, t[i].f = map(int, input().split())
16      t[t[i].f].child.append(i)
17  ans = 0
```

```
18   for i in range(1, n + 1):                    # 第i个节点是否为颜色树
19       cnt = [0] * N
20       dfs(i)
21       num = cnt[t[i].c]
22       flag = 1
23       for j in range(1, 5001):
24           if cnt[j] > 0 and cnt[j] != num:
25               flag = 0                          # 颜色的数量不等
26               break
27       ans += flag                               # 如果flag = 1,是颜色树
28   print(ans)
```

2. BFS 求解最短路径问题

 例 6.17　质数拼图游戏 http://oj.ecustacm.cn/problem.php?id=1818

问题描述：拼图游戏由一个 3×3 的棋盘和数字 1~9 组成,目标是达到以下最终状态。

1 2 3
4 5 6
7 8 9

每次如果相邻的两个数字之和为质数,则可以进行交换。相邻指上、下、左、右四联通。

给定一个棋盘的初始状态,求到达最终状态的最少步数。

输入：第一行为正整数 T,表示存在 T 组测试数据,其中 1≤T≤50。对于每组测试数据,输入 3 行,每行 3 个数字,表示棋盘。输入保证合法,棋盘中的 9 个数字仅为 1~9。

输出：对于每组测试数据,输出一个整数,表示答案。如果无法到达最终状态,输出－1。

输入样例：	输出样例：
2	6
7 3 2	－1
4 1 5	
6 8 9	
9 8 5	
2 4 1	
3 7 6	

　　本题是典型的 BFS 最短路径。把棋盘上的每种数字组合看成一个状态,求从初始态到最终态的最短路径的步数。

　　对一次单独的"初始态到终止态"计算,做一次 BFS 的复杂度等于棋盘状态的数量,一共有 9!=362880 种状态,总数量并不多。但是题目有 50 个测试,总计算量约为 50×362880,超时。一种优化是用双向 BFS,本题的起点和终点都是确定的,正适合使用双向 BFS。不过还有更简单的做法。

　　本题需要做一个简单的转换。由于从任何初始态出发,终止态都是固定的"1 2 3 4 5 6 7 8 9",可以反过来,把终止态看成起点,把初始态看成终点,那么就是求从一个固定起点到任意终点的最短路径。只需要做一次 BFS,就能得到从起点到所有终点的最短路径。对于 T 次测试,每个测试直接返回已经算出的结果即可。总计算量只是做一次 BFS 的 9!。

题目还需要判断相邻数的和是否为质数,虽然可以写一个函数判断质数,但是本题的两数的和的范围是 3～17,非常小,只需要用一个数组预存这些数字是否为质数即可。

一个点的邻居是它上、下、左、右的点,不过只需要考虑它的右边和下面的邻居即可。请读者思考原因。

最后还用到了"化方为线"的技巧:把二维的 3×3 棋盘转换为一维的 9 个点,编程更简单。

BFS 的队列需要判重,下面的代码用字典判重。

为了加快运行速度,下面的 Python 代码用了几个技术:(1)队列用 deque,deque 比 Queue 和 list 快很多;(2)字典的 key 用整数,比用字符串快。

```
1   # pypy
2   from collections import deque
3   isprime = [0,0,1,1,0,1,0,1,0,0,0,1,0,1,0,0,0,1,0,1,0]   # 和为质数的情况
4   ans = {}                                                 # 答案存放在字典中
5   dir = [[1, 0], [0, 1]]                                   # 1,0 是向右,0,1 是向下
6   F = [100000000, 10000000, 1000000, 100000, 10000, 1000, 100, 10, 1]
7   def bfs(s):
8       q = deque()
9       q.append(s)
10      ans[s] = 0                                           # s 到自己的步数为 0
11      while q:
12          now = q.popleft()
13          for i in range(3):                               # 遍历 x 方向上的 3 个数
14              for j in range(3):                           # 遍历 y 方向上的 3 个数
15                  one = i * 3 + j
16                  # 把二维坐标(i,j)转换为一维,例如 one = 3,就是第 2 排的第 1 个
17                  for k in range(2):                       # 与右边交换,与下面交换
18                      nx = i + dir[k][0]
19                      ny = j + dir[k][1]
20                      if nx == 3 or ny == 3: continue      # 越界了
21                      two = nx * 3 + ny                    # 它的邻居点:右边、下面
22                      s_one = now // F[one] % 10
23                          # 例如 now = 123456789,则 s_one = 6
24                      s_two = now // F[two] % 10
25                      if isprime[s_one + s_two] == 1:      # 相邻数之和是质数
26                          next = now
27                          next = next - s_one * F[one] + s_two * F[one]
28                              # 交换相邻数
29                          next = next - s_two * F[two] + s_one * F[two]
30                          if next not in ans:              # ans 是字典,判重
31                              ans[next] = ans[now] + 1
32                              q.append(next)
33  s = 123456789
34  bfs(s)
35  T = int(input())
36  for i in range(T):
37      now = ''
38      for j in range(3): now += ''.join(input().split())
39      now = int(now)                                       # 字典里面的 key 用整数比用字符串快
40      if now in ans: print(ans[now])
41      else: print('-1')
```

3. BFS 求解连通性问题

连通性检查有 3 种方法,即 BFS、DFS、并查集。DFS 因为容易写,最常用。BFS 也有优

势，不用担心 DFS 的栈溢出问题。

 例 6.18　超级骑士 http://oj.ecustacm.cn/problem.php?id＝1810

问题描述：在一个无限大的平面上有一个超级骑士。超级骑士有 N 种走法，请问这个超级骑士能否到达平面上的所有点。每种走法输入两个数字 xx 和 yy，表示超级骑士可以从任意一点(x, y)走到(x＋xx, y＋yy)。

输入：输入的第一行为正整数 T，表示存在 T 组测试数据，1≤T≤100。对于每组测试数据，第一行输入正整数 N，表示有 N 种走法，1≤N≤100。接下来 N 行，每行两个正整数 xx 和 yy，−100≤xx，yy≤100。

输出：对于每组测试数据，如果可以到达平面上的所有点，输出 Yes，否则输出 No。

输入样例：	输出样例：
2	Yes
3	No
1 0	
0 1	
−2 −1	
5	
3 4	
−3 −6	
2 −2	
5 6	
−1 4	

虽然题目问能不能到达所有的点，但其实不用真的检查是否能到达所有的点。只要检查平面上的某个非特定点，如果从它出发能到达它的上、下、左、右 4 个点，那么推广到任意一个点，它的上、下、左、右都能到达，整个平面就是可达的。

题目给定−100≤xx，yy≤100，若中心点(X，Y)为(100，100)，那么走一步最远可到(0，0)、(0，200)、(200，0)、(200，200)，检查以这 4 个点确定的区间内的所有点。最后看是否能到达(x，y)的上、下、左、右 4 个点。

本题是一个简单的连通性遍历问题，用 BFS 或 DFS 都行，计算复杂度就是遍历区间内所有的点，共 200×200＝40000 个点，用 BFS 和 DFS 遍历一次即可。不过，DFS 有栈空间的限制，本题的 DFS 需要用到很大的栈。为了保险，用 BFS 更好。

下面分别用 BFS、DFS 实现。

(1) DFS 代码。DFS 代码虽然简单，但是也有小技巧。从中心点(X，Y)出发开始遍历区间内的点，在任意时刻只要发现(X，Y)的上、下、左、右都已到达，可立即返回"Yes"，不用再遍历其他的点，这是剪枝的应用，代码第 11 行做这个判断。大家在写 DFS 代码时一定要注意是否能剪枝。

注意 DFS 要用 setrecursionlimit()扩栈。

```
1   #pypy
2   import sys
3   sys.setrecursionlimit(100000)
```

```
4    n = 0
5    xx,yy = [0] * 110, [0] * 110
6    X,Y = 100,100                                    # 中心点(X,Y),从它出发
7    vis = [[False] * 210 for _ in range(210)]
8    def dfs(x, y):                                   # 从(x,y)出发,把可以到达的点全部打上标记
9        global vis
10       vis[x][y] = True                             # 把当前点标记为已达
11       if vis[X - 1][Y] and vis[X + 1][Y] and vis[X][Y - 1] and vis[X][Y + 1]:
12           return True                              # 有剪枝的作用
13       for i in range(1, n + 1):                    # 遍历 n 个方向
14           nx = x + xx[i]                           # 新坐标(nx, ny)
15           ny = y + yy[i]
16           if nx < 1 or nx > 200 or ny < 1 or ny > 200:        # 判断越界
17               continue
18           if vis[nx][ny]: continue                 # 已经走过,不用再走
19           if dfs(nx, ny): return True
20       return False
21   T = int(input())
22   while T > 0:
23       T -= 1
24       n = int(input())
25       for i in range(1, n + 1):
26           xx[i], yy[i] = map(int, input().split())
27       vis = [[False] * 210 for _ in range(210)]
28       if dfs(X, Y): print("Yes")
29       else: print("No")
```

(2) BFS 代码。

```
1    # pypy
2    from queue import Queue
3    n, X, Y = 0, 100, 100                            # 中心点(X,Y),从它出发
4    xx, yy = [0] * 110, [0] * 110
5    vis = [[False] * 210 for _ in range(210)]
6    def bfs(x, y):                                   # 从(x,y)出发,把可以到达的点全部打上标记
7        vis[x][y] = True
8        q = Queue()
9        q.put((x, y))
10       while not q.empty():
11           t = q.get()
12           if vis[X - 1][Y] and vis[X + 1][Y] and vis[X][Y - 1] and vis[X][Y + 1]:
13               return True
14           for i in range(1, n + 1):                # 遍历 n 个方向
15               nx, ny = t[0] + xx[i], t[1] + yy[i]
16               if nx < 1 or nx > 200 or ny < 1 or ny > 200:     # 判断越界
17                   continue
18               if vis[nx][ny]: continue             # 已经走过,不用再走
19               vis[nx][ny] = True
20               q.put((nx, ny))
21       return False
22   T = int(input())
23   while T:
24       T -= 1
25       n = int(input())
26       for i in range(1, n + 1): xx[i], yy[i] = map(int, input().split())
27       vis = [[False] * 210 for _ in range(210)]
28       if bfs(X, Y): print('Yes')
29       else: print('No')
```

【练习题】

BFS 题目在任何 OJ 网站都很常见，请读者自己搜索题目，下面是一些例子。

lanqiaoOJ：迷宫 2222、跳蚱蜢 642、胖子走迷宫 234、迷宫与陷阱 229、岛屿个数 3513、合并区域 3538。

洛谷：超级马 P8854、离开中山路 P1746、奇怪的电梯 P1135、填涂颜色 P1162、好奇怪的游戏 P1747、最后的迷宫 P2199、一道大水题 P3930、健康的荷斯坦奶牛 P1460。

扫一扫

视频讲解

6.9 扩展学习

掌握了 DFS 和 BFS，标志着参赛者进入了算法竞赛的初级阶段。搜索是计算机科学中最基础的技术，从 DFS 和 BFS 衍生出了很多算法和数据结构。

本章介绍了 DFS 和 BFS 的概念与基本应用，读者需要大量练习这些基本题目，以加强对计算思维的理解、提高算法问题的建模能力、提高编码水平。

另外还有一些与搜索有关的扩展知识本章没有涉及，读者可以按以下顺序学习。

中级：双向广搜、BFS 与优先队列、BFS 与双端队列、IDDFS、IDA＊。

高级：A＊算法。

第7章 数学

在算法竞赛中,数学是知识点最多的专题。本章介绍几个简单的、常见的数学知识点,它们是蓝桥杯大赛的必考知识点。

计算机算法和数学联系紧密,很多算法需要用到数学知识,很多数学问题需要用算法求解。算法是解决问题的方法或步骤,数学是研究数量、结构、变化和空间等概念。计算机算法的设计和分析都依赖于数学的基本原理和方法。

在计算机的专业课程中,与数学相关的课程占接近一半的比例。数学提供了许多重要的工具和技术,如离散数学、图论、概率论、线性代数、微积分等。这些数学概念和技术被广泛应用于算法设计、数据结构、优化问题、机器学习和人工智能等领域。

数学的严密性和逻辑性也对算法的正确性和效率有重要影响。例如,数学帮助计算机科学家确保他们的算法是正确的,通过数学分析来评估其时间复杂度和空间复杂度。很多计算机科学家本身也是数学家。

数学是算法竞赛的常客,蓝桥杯大赛必考数学,例如初等数论、几何、组合数学、概率论,每年在蓝桥杯大赛中都会出现。至于大家在中小学时学到的初级数学知识,更是贯穿在很多题目当中。

本章介绍一些简单的、常见的数学考点。对于更多的数学考点请读者阅读资料[①]。

扫一扫

视频讲解

7.1　模 运 算

模[②]运算是大数运算中的常用操作。如果一个数太大,无法直接输出,或者需要简化计算,可以把大数取模后,缩小数值再输出或计算。

定义:取模运算是求整数 a 除以整数 m 的余数的运算,记为 a mod m＝a ％ m。

取模就是求余,所以这两种说法可以混用。

正整数取模的结果满足:

$$0 \leqslant a \bmod m \leqslant m-1$$

根据这个特点,可以用给定的模 m 限制计算结果的范围。例如,m＝10,就是取 a 的个位数;m＝2,用于判断奇偶,若余数为 0,说明 a 为偶数,否则说明 a 为奇数。

有时候需要对负数取模。

Python 的负数求余的结果有点奇怪,原因是 Python 的求余是向下对齐的。a ％ b 的结果的符号与 b 的符号相同。

Python 的求余计算公式为 a ％ b＝a－b ＊ floor(a/b),其中 floor(x)是向下取整,即取不大于 x 的最大整数。

例 1:a＝－5,b＝3

a ％ b＝a － b ＊ floor(a/b)＝－5 － 3 ＊ floor(－5/3)＝－5 － 3 ＊ (－2)＝1

例 2:a＝5,b＝－3

a ％ b＝a － b ＊ floor(a/b)＝5 －(－3) ＊ floor(5/(－3))＝5＋3 ＊ (－2)＝－1

---

① 在算法竞赛的知识点中,数学占超过 30％以上的比例。《算法竞赛》,清华大学出版社,罗勇军、郭卫斌著,下册有 3 章是数学专题,即"第 6 章 数论和线性代数"、"第 7 章 组合数学"和"第 8 章 计算几何"。这 3 章介绍了算法竞赛中可能出现的大多数知识点。

② 模是 Mod 的音译,读作 mó。Mod 意为求余。

例 3：a＝－5,b＝－3

a ％ b＝a － b ＊ floor(a/b)＝－5 －(－3) ＊ floor((－5)/(－3))＝－5＋3 ＊ (1)＝－2

用下面的代码验证求余公式是否正确。

```
1  from math import *
2  from random import *
3  for _ in range(20):                    # 测试 20 次
4      a = randint(-1000, 1000)           # 随机数
5      b = randint(-1000, 1000)
6      c = a - b * floor(a/b)
7      if(c != a % b): print("wrong")
```

取模操作满足以下性质。

加：(a＋b) mod m ＝((a mod m)＋(b mod m)) mod m。

减：(a－b) mod m ＝((a mod m)－(b mod m)) mod m。

乘：(a×b) mod m ＝((a mod m)×(b mod m)) mod m。

然而,对除法取模进行类似操作是错误的：(a/b) mod m ＝((a mod m)/(b mod m)) mod m。

例如,(100/50) mod 20＝2,(100 mod 20)/(50 mod 20) mod 20＝0,两者不相等。

下面是一道例题。

例 7.1　2022 年第十三届蓝桥杯省赛 C/C++大学 B 组试题 C：刷题统计

lanqiaoOJ 2098

时间限制：1s　**内存限制**：256MB 本题总分：10 分

问题描述：小明决定从下周一开始努力刷题准备蓝桥杯竞赛。他计划周一至周五每天做 a 道题目,周六和周日每天做 b 道题目。请帮小明计算按照计划他将在第几天实现做题数大于或等于 n 题?

输入：输入一行,包含 3 个整数 a、b 和 n。

输出：输出一个整数,代表天数。

输入样例：	输出样例：
10 20 99	8

评测用例规模与约定：对于 50% 的评测用例,$1 \leqslant a, b, n \leqslant 10^6$；对于 100% 的评测用例,$1 \leqslant a, b, n \leqslant 10^{18}$。

这是一道简单题。设一共需要 x 周 y 天。先算出一周能做多少题,然后算出做 n 题需要的整周数 x,还有 n－7x＝k 题需要在 y 天内做完,计算出 y 天,题目的答案是 7x＋y。k 用求余计算。

```
1  a, b, n = map(int, input().split())
2  week = a * 5 + b * 2                    # 每周做题的数量
3  days = (n // week) * 7                  # 做 n 题需要的整周,对应天数
4  k = n % week                           # 整周以外的剩余题数
5  if k <= a * 5:                         # 剩余题数在周一到周五内做完
6      days += k // a + (k % a != 0)
7  else:                                 # 周六和周日
8      days += 5
9      k -= a * 5
```

```
10       days += k // b + (k % b != 0)
11   print(days)
```

再看一道例题。

例 7.2　2018 年第九届蓝桥杯省赛 C/C++ 大学 A 组试题 倍数问题 lanqiaoOJ 168

2018 年第九届蓝桥杯省赛 Java 大学 A 组试题 倍数问题　lanqiaoOJ 168

问题描述：众所周知，小葱同学擅长计算，尤其擅长计算一个数是否为另外一个数的倍数。小葱只擅长两个数的情况，当有很多个数时会比较苦恼。现在小葱有 n 个数，请帮他从这 n 个数中找到 3 个数，使得这 3 个数的和是 k 的倍数，且这个和最大。数据保证一定有解。

输入：第一行包含两个正整数，表示 n 和 k。第二行 n 个正整数，代表给定的 n 个数。

输出：输出一行，包含一个整数，代表所求的和。

输入样例：	输出样例：
4 3	9
1 2 3 4	

评测用例规模与约定：对于 30% 的评测用例，$n \leqslant 100$；对于 60% 的评测用例，$n \leqslant 1000$；对于 100% 的评测用例，$1 \leqslant n \leqslant 10^5$，$1 \leqslant k \leqslant 10^3$，n 个数都不超过 10^8。

用最简单的枚举，每次选 3 个数求和，计算复杂度为 $O(n^3)$，可以通过 30% 的测试。

100% 的评测用例，$n \leqslant 10^5$，用什么算法？是否和取模有关？

取 3 个数 a、b、c，要求 a＋b＋c 能整除 k，也就是说：

$$(a+b+c) \% k = 0$$

分开求余，得：

$$a\%k + b\%k + c\%k = x，其中 x = 0，k，2k$$

这里 x 不可能等于 3k，因为 a%k、b%k、c%k 都小于 k。

把题目转化为 a%k 有 k 种取值，b%k 也有 k 种取值，而选定 a、b 之后可以通过 a、b、x 计算出 c，所以只需要枚举 a%k 和 b%k 即可，计算复杂度是 $O(k^2)$，能通过 100% 的测试。

在读入整数 u 后，计算出 u%k，并把 u 存到 m[u%k] 中。但是 m[u%k] 只能存一个数，并不够，因为题目要找 3 个数，这 3 个数可能相等。例如有 4 个数 {5，5，5，2}，k=3，3 个 5 都存储在 m[u%k] 中，这样就不知道 n 个数中到底有几个 5。所以需要记录余数相等的 3 个数，分别存到 m[u%k][0]、m[u%k][1]、m[u%k][2] 中。

下面的代码读入 n 个正整数后，先从大到小排序，这样做的好处是如果有 k 个数的余数相等，那么最大的 k 个数肯定在前面。

第 16 行用了一个小技巧。其中 m[b][a==b] 的意思是若 a 等于 b，那么 m[b][a==b]＝m[b][1]。如果 m[b][1]＞0，说明有相等的两个数；如果 m[b][1]＝0，说明没有相等的两个数。

```
1   n, k = map(int, input().split())
2   u = list(map(int, input().split()))
```

```
3    u. sort(reverse = True)                      # 从大到小排序
4    m = [[0] * 3 for _ in range(k)]
5    for i in range(n):
6        y = u[i] % k
7        if m[y][0] == 0: m[y][0] = u[i]          # 存余数为 y 的最大的数
8        elif m[y][1] == 0: m[y][1] = u[i]        # 存余数为 y 的第 2 大的数
9        elif m[y][2] == 0: m[y][2] = u[i]        # 存余数为 y 的第 3 大的数
10   ans = 0
11   for x in range(0, 2 * k + 1, k):             # x = 0,k,2k
12       for a in range(k):                       # 枚举a,这里a代表a%k
13           for b in range(k):                   # 枚举b
14               c = x - a - b                     # 通过计算得到c
15               if c >= 0 and c < k:
16                   ans = max(ans, m[a][0] + m[b][a==b] + m[c][(a==c) + (b==c)])
17   print(ans)
```

7.2　　快　速　幂

扫一扫

视频讲解

一个常见的考点是做幂运算 a^n,即 n 个 a 相乘,n 一般极大,例如 $n=10^{15}$。如果直接计算 a^n,逐个相乘,那么要乘 n 次,肯定会超时。另外,由于 a^n 极大,一般需要取模后再输出。

用下面的例题说明快速幂的编程。

例 7.3　快速幂　https://www.luogu.com.cn/problem/P1226

问题描述:给定 3 个整数 a、n、m,求 $a^n \bmod m$。

输入:输入只有一行,包含 3 个整数,分别代表 a、n、m。

输出:输出 $a\hat{\ }n \bmod m = s$,其中 a、n、m 分别为题目给定的值,s 为运算结果。

输入样例:	输出样例:
2 10 9	2^10 mod 9 = 7

大家容易想到一种很快的办法:先算 a^2,然后算平方 $(a^2)^2$,再继续平方 $((a^2)^2)^2$,……,总共算 $O(\log_2 n)$ 次就得到了 a^n。当 $n=10^{15}$ 时,$\log_2 n \approx 50$,计算量极小。这里的 n 需要是 2 的倍数,如果不是 2 的倍数呢?

先用分治法实现这个思路。分治法是一种"从宏观到微观"的处理方法。在快速幂这个问题中,把规模为 n 的大问题分解成两个完全一样的规模为 n/2 的子问题,子问题再继续分解,直到最后 n=1,此时直接返回 a 即可。

下面是 $a^n \% m$ 的分治法代码,注意代码中"%m"的取模操作。

```
1    def fastPow(a, n, m):
2        if n == 0: return 1
3        if n == 1: return a % m
4        t = fastPow(a, n//2, m)
5        if n % 2 == 1: return (t * t) * a % m
6        else: return t * t % m
7    a, n, m = map(int, input(). split())
8    print(str(a) + '^' + str(n) + ' mod ' + str(m) + ' = ' + str(fastPow(a, n, m)))
```

读者可以用 n=7 来模拟代码的计算过程,了解它是如何处理 n 的,特别是 n 为奇数的情况。

这个代码已经很不错,不过标准的快速幂有更好的方法,用位运算实现。位运算实现快速幂的效率和分治法的效率一样,都是 $O(\log_2 n)$。

基于位运算的快速幂用到了二进制数的性质,二进制数每一位的权值按 2 的倍数递增。下面以 a^{11} 为例说明如何用倍增法做快速幂。

(1) 幂次与二进制的关系。把 a^{11} 分解成幂 a^8、a^2、a^1 的乘积,即 $a^{11} = a^{8+2+1} = a^8 \times a^2 \times a^1$。其中 a^1、a^2、a^8 的幂次都是 2 的倍数,所有的幂 a^i 都是倍乘关系,可以逐级递推,在代码中用 a *= a 实现。

(2) 幂次用二进制分解。如何把 11 分解为 $8+2+1$? 根据数的二进制的特征,$n = 11_{10} = 1011_2 = 2^3 + 2^1 + 2^0 = 8 + 2 + 1$,只需要把 n 按二进制逐位处理就可以了。

(3) 如何跳过没有的幂次? 例如 1011 需要跳过 a^4。做一个判断即可,用二进制的位运算实现,用到了 n & 1 和 n >>= 1 这两个位运算。

n & 1: 取 n 的最后一位,并且判断这一位是否需要跳过。

n >>= 1: 把 n 右移一位,目的是把刚处理过的 n 的最后一位去掉。

以 $n = 1011_2$ 为例,步骤如下:

$n = 1011$,计算 n & 1 得 1,最后一位是 1,对应 a^1。n >>= 1,右移一位,更新 $n = 101$。

$n = 101$,计算 n & 1 得 1,最后一位是 1,对应 a^2。n >>= 1,更新 $n = 10$。

$n = 10$,计算 n & 1 得 0,最后一位是 0,跳过 a^4。n >>= 1,更新 $n = 1$。

$n = 1$,计算 n & 1 得 1,最后一位是 1,对应 a^8。n >>= 1,更新 $n = 0$,结束。

下面是快速幂的代码。

```
1  def fastPow(a, n, m):
2      ans = 1
3      while n:
4          if n & 1: ans *= a
5          a = (a * a) % m
6          n >>= 1
7      return ans % m
8  a, n, m = map(int, input().split())
9  print(str(a) + '^' + str(n) + ' mod ' + str(m) + '=' + str(fastPow(a, n, m)))
```

下面是一道例题。

 例 7.4 越狱 https://www.luogu.com.cn/problem/P3197

问题描述: 某监狱有 n 个房间,每个房间关押一个犯人,一个房间可以有 m 种宗教,每个犯人会信仰其中一种。如果相邻房间的犯人的宗教相同,有可能发生越狱,求有多少种状态可能发生越狱。答案对 100003 取模。

输入: 输入只有一行,包含两个整数,分别代表宗教数 m 和房间数 n。其中,$1 \leqslant m \leqslant 10^8$,$1 \leqslant n \leqslant 10^{12}$。

输出: 输出一行,包含一个整数,代表答案。

输入样例:	输出样例:
2 3	6

这是一道简单的组合数学问题,直接算越狱的方案数不方便,可以用总方案数减去不越

狱的方案数得到答案。

（1）总方案数。一个房间可以有 m 种宗教，所以 n 个房间一共有 m^n 种方案。

（2）不越狱的方案数，就是任意两个相邻房间都不同的方案数。第 1 间有 m 种宗教；第 2 间不能和第 1 间相同，所以有 m−1 种；第 3 间还是有 m−1 种，因为它不能和第 2 间相同，但是可以和第 1 间相同；第 4 间、第 5 间、……、第 n 间也都是 m−1 种。不越狱的方案数一共是 $m(m-1)^{n-1}$。

答案是 $m^n - m(m-1)^{n-1}$，因为 n 很大，需要用快速幂计算。对于下面的代码，请注意取模处理。

```
1   def fastPow(a, n, m):
2       ans = 1
3       while n:
4           if n & 1: ans *= a
5           a = (a * a) % m
6           n >>= 1
7       return ans % m
8   m, n = map(int, input().split())
9   mod = 100003
10  ans = fastPow(m, n, mod) − m * fastPow(m − 1, n − 1, mod) % mod
11  if ans < 0: ans += mod          # ans 可能是负数，变为正数
12  ans %= mod
13  print(ans)
```

再看一道例题。

 例 7.5   2017 年第八届蓝桥杯国赛 C/C++ 大学 C 组试题：小数第 n 位 lanqiaoOJ 116

问题描述：在对整数做除法时，有时得到有限小数，有时得到无限循环小数。如果在有限小数的末尾加上无限多个 0，它们就有了统一的形式。

本题的任务是在上面的约定下求整数除法中从小数点后第 n 位开始的 3 位数。

输入：一行 3 个整数 a、b、n，用空格分开。a 是被除数，b 是除数，n 是所求的小数点后位置，$1 \leq a, b, n \leq 10^9$。

输出：一行 3 位数字，表示 a 除以 b，从小数点后第 n 位开始的 3 位数字。

输入样例：	输出样例：
282866 999000 6	914

本题的 n 很大，显然用暴力法无法求解。本题是否和快速幂有关系？

为了找到求解方法，下面分析除法计算过程，图 7.1 演示了 181 除以 7 的竖式过程。

在开始计算小数点后面的商时，实际上是连续求余，即余数乘以 10 然后对除数求余。例如计算到 41÷7，商 5 余 6；接着从 6×10 开始，计算 60÷7，商 8 余 4；等等。

```
       25.85…
    7)181
       14
       ──
       41
       35
       ──
       60
       56
       ──
       40
       35
       ──
       50
```

图 7.1   除法计算过程

设当前余数是 x，x＜b。例如上图中的 x＝6。

接着做除法，余数是 x′＝10x mod b，商是 y′＝10x/b。例如上图中，x′＝4，y′＝8。

继续做除法，余数是 $x'' = 10x' \bmod b$，商是 $y'' = 10x'/b$。例如上图中，$x'' = 5$，$y'' = 5$。

连续做 n 次这个操作，从第 n 次开始得到的 3 个 y 就是答案。

结论是第 $n-1$ 次的余数是 $x_{n-1} = 10^{n-1}x \bmod b$，第 n 次的商是 $y_n = 10x_{n-1}/b$。

$x_{n-1} = 10^{n-1}x \bmod b$ 就是快速幂取模。

下面是该例的代码。

```
1   def fastPow(a, n, m):
2       ans = 1
3       a %= m
4       while n > 0:
5           if n & 1: ans *= a
6           a = (a * a) % m
7           n >>= 1
8       return ans
9   a, b, n = map(int, input().split())
10  x = a * fastPow(10, n - 1, b) % b
11  print(10 * x // b, end = '')
12  x = 10 * x % b
13  print(10 * x // b, end = '')
14  x = 10 * x % b
15  print(10 * x // b)
```

【练习题】

lanqiaoOJ：数的幂次 1181、RSA 解密 603、子集选取 1414。

扫一扫
视频讲解

7.3 素 数

素数（质数）是数论的基础内容，也是算法竞赛的常考知识点。本节介绍素数的判定、筛选以及质因数分解的方法和代码。

7.3.1 素数的判定

素数是只能被 1 和自己整除的正整数，前 20 个素数是 2、3、5、7、11、13、17、19、23、29、31、37、41、43、47、53、59、61、67、71。素数的分布并不稀疏，小于一亿的素数有 576 万个。

如何判断一个数 n 是否为素数？当 $n \leqslant 10^{12}$ 时，最直接的方法是用试除法：用 $[2, n-1]$ 内的所有数试着除 n，如果都不能整除，就是素数。

大家很容易发现试除法可以优化，把 $[2, n-1]$ 缩小到 $[2, \sqrt{n}]$。因为如果 n 不是素数，那么它肯定有一个小于或等于 $\sqrt{n}$ 的因子。证明如下：若 $n = a \times b$，设 $a \leqslant b$，那么肯定有 $a \leqslant \sqrt{n}$。经过这个优化后，试除法的计算复杂度是 $O(\sqrt{n})$，当 $n \leqslant 10^{12}$ 时够用。下面是代码。

```
1   import math
2   def is_prime(n):
3       if n <= 1: return False
4       for i in range(2, int(math.sqrt(n)) + 1):      # sqrt(n)或n ** 0.5
5           if n % i == 0: return False
6       return True
7   n = int(input())
```

```
8   if is_prime(n): print("is prime")
9   else: print("not prime")
```

试除法还可以继续优化。$[2,\sqrt{n}]$ 可以继续缩小,如果提前算出 $[2,\sqrt{n}]$ 内的所有素数,那么用这些素数除 n 即可,因为 $[2,\sqrt{n}]$ 中的合数已经被素数除过。下一节的埃氏筛法就用到了这一原理。

下面是一道例题。

 例 7.6 选数 https://www.luogu.com.cn/problem/P1036

问题描述: 已知 n 个整数 $a_1, a_2, \cdots, a_n$,以及一个整数 k(k<n)。从 n 个整数中任选 k 个整数相加,可分别得到一系列的和。例如当 n=4,k=3,4 个整数分别为 3、7、12、19 时,可得全部的组合与它们的和如下:
$$3+7+12=22$$
$$3+7+19=29$$
$$7+12+19=38$$
$$3+12+19=34$$
现在要求计算出和为素数的共有多少种。

例如样例,只有一种的和为素数,即 $3+7+19=29$。

输入: 第一行是两个以空格隔开的整数 n、k($1 \leqslant n \leqslant 20$,k<n)。第二行 n 个整数,分别为 $a_1, a_2, \cdots, a_n$,$1 \leqslant a_i \leqslant 5 \times 10^6$。

输出: 输出一个整数,表示种类数。

输入样例:	输出样例:
4 3	1
3 7 12 19	

本题是一道简单的综合题:DFS+素数判定。先用 DFS 从 n 个数中任选 k 个数,然后求和并判断是否为素数。

从 n 个数中选 k 个数,且这 k 个数没有顺序关系,这是组合问题。选数的思路如下:

(1)选第 1 个数,这个数可以是 n 个数中的任何一个,设选了 a_i。i 从 1 到 n 遍历。

(2)选第 2 个数,此时选位置 i 后面的数,因为这样做可以避免重复。例如样例的{3,7,12,19},若当前的组合选了{3,12},那么下一次只能选后面的 19,不能回头选 7,这样会重复,因为{3,7,12}这个组合已经在前面选过了。

(3)按上述方法选其他数,直到满 k 个。

对于下面的代码,请注意 DFS 是如何执行的。第 15 行 dfs()继续选下一个数,并且下一个数的位置在已经选的数的后面。

```
1   n, k = map(int, input().split())
2   a = list(map(int, input().split()))
3   ans = 0
4   def is_prime(s):                    # 判断 s 是否为素数
5       if s <= 1: return False
6       for i in range(2, int(s ** 0.5) + 1):
7           if s % i == 0: return False
```

```
8          return True
9   def dfs(cnt, sum, p):                              # 选了 cnt 个，和为 sum；下一个从 a[p] 开始选
10      global ans
11      if cnt == k:                                   # 已经选了 k 个
12          if is_prime(sum): ans += 1
13          return
14      for i in range(p, n):
15          dfs(cnt + 1, sum + a[i], i + 1)            # 继续选下一个，并且下一个在 a[i] 的后面
16  dfs(0, 0, 0)
17  print(ans)
```

7.3.2 素数筛

素数筛用来解决这个问题：给定正整数 n，求 $2 \sim n$ 内所有的素数。

可以用上一节的素数判定方法一个一个地判断，计算复杂度是 $O(n\sqrt{n})$。这个计算量有点大，有没有更快的方法？

大家容易想到用"筛子"，把非素数筛掉，剩下的就是素数。例如用 2 去筛 $2 \sim n$ 内的数，一次可以把所有的偶数筛掉。

素数筛有埃氏筛、欧拉筛两种。埃氏筛的计算复杂度是 $O(n\log_2\log_2 n)$；欧拉筛的计算复杂度是 $O(n)$，不可能更快了。埃氏筛的编码简单，在一般情况下也够用。

埃氏筛的操作很简单。下面以初始数列 $\{2, 3, 4, 5, 6, 7, 8, 9, 10, 11, 12, 13\}$ 为例，说明它的操作步骤。

（1）记录最小的素数 2，然后筛掉 2 的倍数，得 $\{2, 3, \cancel{4}, 5, \cancel{6}, 7, \cancel{8}, 9, \cancel{10}, 11, \cancel{12}, 13\}$。

（2）记录下一个素数 3，然后筛掉 3 的倍数，得 $\{2, 3, \cancel{4}, 5, \cancel{6}, 7, \cancel{8}, \cancel{9}, \cancel{10}, 11, \cancel{12}, 13\}$。

（3）记录下一个素数 5，然后筛掉 5 的倍数，得 $\{2, 3, \cancel{4}, 5, \cancel{6}, 7, \cancel{8}, \cancel{9}, \cancel{10}, 11, \cancel{12}, 13\}$。

继续以上步骤，直到结束。

下面是代码，其中 visit[i] 记录数 i 的状态，如果 visit[i] = True，表示它被筛掉了，不是素数。用 prime[] 存放素数，例如 prime[1] = 2，是第一个素数。

```
1   N = 10000000                                      # 定义空间大小，1e7 约 10MB
2   prime = [0] * (N + 1)                             # 存放素数，它记录 visit[i] = False 的项
3   visit = [False] * (N + 1)                         # visit[i] = True 表示 i 被筛掉，不是素数
4   def E_sieve(n):
5       k = 0                                         # 统计素数的个数
6       visit[0: n + 1] = [False] * (n + 1)           # 初始化
7       for i in range(2, n + 1):                     # 从第一个素数 2 开始。可优化(1)
8           if not visit[i]:
9               k += 1
10              prime[k] = i                          # i 是素数，存储到 prime[] 中
11              for j in range(2 * i, n + 1, i):      # i 的倍数都不是素数。可优化(2)
12                  visit[j] = True                   # 标记为非素数，筛掉
13      return k                                      # 返回素数的个数
14  n = 100
15  primeCount = E_sieve(n)
16  print("cnt of prime:", primeCount)
17  print("list of prime", end = "")
18  for i in range(1, primeCount + 1): print(prime[i], end = " ")
```

上述代码有两处可以优化：

（1）用来做筛除的数 2、3、5 等，最多到 $\sqrt{n}$ 就可以了。例如，求 $n = 100$ 以内的素数，用

2、3、5、7 筛就足够了。其原理和试除法一样：非素数 k，必定可以被一个小于或等于 $\sqrt{k}$ 的素数整除，被筛掉。这个优化很大。

（2）for j in range(2 * i, n+1, i) 中的 2 * i 优化为 i * i。例如 i＝5 时，2 * 5、3 * 5、4 * 5 已经在前面 i＝2，3，4 时筛过了。这个优化较小。

下面给出优化后的代码。

```
1    import math
2    N = 10000000                              # 定义空间大小，1e7 约 10MB
3    prime = [0] * (N + 1)                     # 存放素数，它记录 visit[i] = False 的项
4    visit = [False] * (N + 1)                 # visit[i] = True 表示 i 被筛掉，不是素数
5    def E_sieve(n):
6        for i in range(n + 1): visit[i] = False
7        for i in range(2, int(math.sqrt(n)) + 1):   # 筛掉非素数
8            if not visit[i]:
9                for j in range(i * i, n + 1, i):
10                   visit[j] = True              # 标记为非素数
11       # 下面记录素数
12       k = 0                                    # 统计素数的个数
13       for i in range(2, n + 1):
14           if not visit[i]:
15               k += 1
16               prime[k] = i                     # 存素数，prime[1] = 2，prime[2] = 3…
17       return k                                 # 返回素数的个数
18   n = 100
19   primeCount = E_sieve(n)
20   print("cnt of prime:", primeCount)
21   print("list of prime", end = "")
22   for i in range(1, primeCount + 1): print(prime[i], end = " ")
```

埃氏筛的计算复杂度：2 的倍数被筛掉，计算 n/2 次；3 的倍数被筛掉，计算 n/3 次；5 的倍数被筛掉，计算 n/5 次；……；总计算量等于 n/2＋n/3＋n/5＋n/7＋n/11＋…，约为 $O(n\log_2\log_2 n)$。计算量很接近线性的 $O(n)$，已经相当好了。

空间复杂度：代码用到了 bool visit[N+1] 数组，当 N＝10^7 时，约 10MB。由于埃氏筛只能用于处理约 n＝10^7 的问题，10MB 空间是够用的。

埃氏筛可以筛出[2，n]内的素数，不过更常见的应用场景是计算[L，R]区间内的素数，L、R 极大，但 R－L 较小，此时也可以用埃氏筛。见下面的例题。

 例 7.7　素数密度 https://www.luogu.com.cn/problem/P1835

问题描述：给定区间[L,R]（$1 \leqslant L \leqslant R < 2^{31}$，$R-L \leqslant 10^6$），请计算区间中素数的个数。

输入：输入一行，包含两个正整数 L 和 R。

输出：输出一行，包含一个整数，表示区间中素数的个数。

输入样例：	输出样例：
2 11	5

简单的思路是先分别筛出[2，L]和[2，R]内各有多少个素数，然后两者相减，就是[L，R]内素数的个数。但是由于 L 和 R 最大是 2^{31}，用埃氏筛会超时。

由于 $R-L \le 10^6$ 很小,如果只在 [L, R] 范围内做素数筛,计算量很小。那么如何筛?前面提到,在 [2, n] 内做素数筛时只用 $[2, \sqrt{n}]$ 内的素数去筛就可以了。本题的 n 是 L、R,$\sqrt{R} < 50000$,所以只需要先计算出 50000 以内的素数,然后用这些素数筛掉 [L, R] 内的合数,剩下的就是素数。

另外还有一个编程问题需要解决。前面的埃氏筛代码,用 visit[] 数组记录被筛的情况,若 visit[i] = True,表示数字 i 被筛去。本题的 $i < 2^{31}$,如果仍然直接用 visit[] 数组记录,数组的大小需要达到 $2^{31} = 2GB$,空间肯定不够用。解决方法是记录在 visit[1] ~ visit[R − L+1] 中,visit[1] 记录 L 是否被筛,visit[2] 记录 L+1 是否被筛,……,visit[R − L+1] 记录 R 是否被筛。相关代码见第 18~22 行。

```python
1   import math
2   def E_sieve(n):
3       prime = []
4       vis = [False] * (n + 1)
5       for i in range(2, int(math.sqrt(n)) + 1):
6           if not vis[i]:
7               for j in range(i * i, n + 1, i): vis[j] = True
8       for i in range(2, n + 1):
9           if not vis[i]: prime.append(i)
10      return prime
11
12  if __name__ == "__main__":
13      prime = E_sieve(1000000)
14      cnt = len(prime)
15      L, R = map(int, input().split())
16      if L == 1: L = 2
17      vis = [False] * (R - L + 1)
18      for i in range(cnt):
19          p = prime[i]
20          if(L + p - 1)//p * p > 2 * p: start = (L + p - 1)//p * p
21          else: start = 2 * p
22          for j in range(start, R + 1, p): vis[j - L] = True
23      ans = 0
24      for i in range(R - L + 1):
25          if not vis[i]: ans += 1
26      print(ans)
```

7.3.3 质因数分解

正整数 n 可以唯一地分解为有限个素数的乘积,即 $n = p_1^{c_1} p_2^{c_2} \cdots p_m^{c_m}$,其中 c_i 都是正整数,p_i 都是素数且从小到大。

分解质因子的简单方法也是用试除法。下面求 n 的质因子:

(1) 求最小质因子 p_1。从小到大检查从 2 到 $\sqrt{n}$ 的所有数,如果它能整除 n,就是最小质因子。然后连续用 p_1 除 n,目的是去掉 n 中的 p_1,此时 n 更新为较小的 n_1。

(2) 再找 n_1 的最小质因子。从小到大检查从 p_1 到 $\sqrt{n_1}$ 的所有数。从 p_1 开始,是因为 n_1 没有比 p_1 小的质因子,而且 n_1 的因子也是 n 的因子。

(3) 继续步骤 (2),直到结束。

最后,如果剩下一个大于 1 的数,那么它也是一个素数,是 n 的最大质因子。例如 6119 =

$29 * 211$，找到 29 后，剩下的 $n_1 = 211$，由于 $29 \geqslant \sqrt{211}$，无法执行上面的步骤(2)，说明 211 无法继续分解，它是一个素数，也是质因子。

试除法的复杂度是 $O(\sqrt{n})$，效率较低，不过一般情况下也够用。

下面的例题是质因数的基本应用。

 例 7.8　因数分解 https://www.luogu.com.cn/problem/B3871

问题描述： 每个正整数都可以分解成素数的乘积，例如 $6 = 2 \times 3, 20 = 2^2 \times 5$。现在给定一个正整数，请按要求输出它的因数分解式。

输入： 输入一行，包含一个正整数 N，$2 \leqslant N \leqslant 10^{12}$。

输出： 输出一行，为因数分解式。要求按质因数由小到大排列，乘号用星号 * 表示，且左、右各空一格。当且仅当一个素数出现多次时，将它们合并为指数形式，用上箭头 ^ 表示，且左、右不空格。

输入样例：	输出样例：
20	2^2 * 5

下面的代码模拟了题目的要求。

```
1   import math
2   n = int(input())
3   for i in range(2, int(math.sqrt(n)) + 1):
4       cnt = 0
5       if n % i == 0:
6           while n % i == 0:
7               n //= i
8               cnt += 1
9           if cnt == 1: print(i, end = '')
10          else: print(i, '^', cnt, sep = '', end = '')
11          if n > 1: print(' * ', end = '')
12  if n > 1: print(n)
```

再看一道例题。

 例 7.9　质因子数量 http://oj.ecustacm.cn/problem.php?id=1780

问题描述： 给定 n 个数字，可以任意选择一些数字相乘，相乘之后得到新数字 x，x 的分数等于 x 的不同质因子数量。请计算所有选择方案中 x 分数的总和。答案对 1000000007 取模。

输入： 输入的第一行为一个正整数 n，第二行包含 n 个正整数 a_i（$1 \leqslant n \leqslant 200000, 1 \leqslant a_i \leqslant 1000000$）。

输出： 输出一个整数，表示答案。

输入样例：	输出样例：
3	10
6 1 2	

样例 $\{6, 1, 2\}$ 有 3 个数字，3 个数字有 $2^3 = 8$ 种组合，每种组合内的数字相乘得 $\{\varnothing, 1, 2, 6, 1 \times 2, 1 \times 6, 2 \times 6, 1 \times 2 \times 6\} = \{\varnothing \ 1, 2, 2 \times 3, 2, 2 \times 3, 2 \times 2 \times 3, 2 \times 2 \times 3\}$，它

们的质因子数量是$\{0,0,1,2,1,2,2,2\}$，总和是 10。$\varnothing$ 表示空集。

简单的办法是单独计算每个数的质因子，计算它的分数，然后统计 n 个数的总分数，但是这种简单办法会超时。对一个数 a 进行质因数分解是试除 $2\sim\sqrt{a}$ 内的所有素数；对 n 个数做质因数分解，总复杂度为 $n\sqrt{a}$，超时。

本题不用单独计算每个数的分数，而是统一计算。从 n 个数中任选数字相乘，共有 2^n 种组合。一个质数在一个组合中出现一次，答案加 1；统计所有的质数在所有组合中出现的总次数，就是答案。一个质数可能在多少个组合中出现？设 i 是其中 k 个数的因子，那么它在 2^n-2^{n-k} 个组合中出现。例如在样例$\{6,1,2\}$中，质数 2 是$\{6,2\}$这两个数的因子，在 $\{2,6,1\times2,1\times6,2\times6,1\times2\times6\}$ 这 $2^3-2^{3-2}=6$ 种组合中出现；3 是$\{6\}$的因子，在$\{6,1\times6,2\times6,1\times2\times6\}$ 这 $2^3-2^{3-1}=4$ 种组合中出现。答案是 $6+4=10$。

本题的解题步骤：用素数筛得到所有的质数；统计每个质数在 n 个数中出现的次数 k，用 2^n-2^{n-k} 计算它在所有组合中的分数。在做素数筛的同时统计质数出现的次数，总计算量相当于只做了一次素数筛，复杂度为 $O(a\log_2\log_2 a)$，$a\leqslant1000000$。

计算 2^n 不能用库函数 pow()，因为 n 太大；更不能直接用位运算 $2\ll n$。下面的代码用快速幂 fastpow() 计算 2^n。第 23 行中的第一个 MOD 不能少，因为 fastpow() 返回取模的结果，导致 fastpow(2, n) － fastpow(2, n－k) 可能是负数，需要加上 MOD 保证为正。

```
1   N = 1000010
2   MOD = 1000000007
3   cnt = [0] * N
4   not_prime = [False] * N
5   def fastpow(a, n):                    # 快速幂,计算 aⁿ,并取模
6       ans = 1
7       while n:
8           if n & 1: ans = ans * a % MOD
9           a = a * a % MOD
10          n >>= 1
11      return ans
12  n = int(input())
13  a = list(map(int, input().split()))
14  for i in a: cnt[i] += 1
15  ans = 0
16  for i in range(2, N):                 # 素数筛
17      if not not_prime[i]:              # i 是质数
18          k = cnt[i]                    # 统计质数 i 出现的次数 k
19          for j in range(2 * i, N, i):  # 把 i 的倍数筛掉,留下的是素数
20              k += cnt[j]               # 统计质数 i 出现的次数 k
21              not_prime[j] = True
22          if k:                         # 质数 i 的得分是 2ⁿ-2ⁿ⁻ᵏ
23              ans = (ans + fastpow(2, n) - fastpow(2, n - k) + MOD) % MOD
24  print(ans)
```

【练习题】

lanqiaoOJ：质数 1557、公因数匹配 3525、找素数 1558、线索 8167、孪生素数 1555。

洛谷：质因数分解 P1075、完全平方数 P8754、质数和分解 P2563、分解质因子 P3715。

扫一扫
视频讲解

7.4　　　　GCD 和 LCM

最大公约数(GCD[①])和最小公倍数(Least Common Multiple,LCM)研究整除的性质,非常古老,在 2000 多年前就得到了很好的研究。由于简单易懂,有较广泛的应用,它们是竞赛中频繁出现的考点。

7.4.1　GCD

整数 a 和 b 的最大公约数是能同时整除 a 和 b 的最大整数,记为 $gcd(a, b)$。

负整数也可以算 GCD,不过由于$-a$的因子和 a 的因子相同,在编码时只需要关注正整数的最大公约数。下面用库函数 $gcd()$ 演示 GCD 的计算结果。

```
1  from math import *
2  print(gcd(45, 9))                    # 9
3  print(gcd(0, 42))                    # 42
4  print(gcd(42, 0))                    # 42
5  print(gcd(0, 0))                     # 0
6  print(gcd(20, 15))                   # 5
7  print(gcd( - 20, 15))               # 5
8  print(gcd(20,  - 15))               # 5
9  print(gcd( - 20,  - 15))           # 5
10 print(gcd(234, 456,6,9))            # 3
```

1. GCD 的性质

与 GCD 有关的题目一般会考核 GCD 的性质。

(1) $gcd(a, b) = gcd(a, a+b) = gcd(a, k \cdot a+b)$。

(2) $gcd(ka, kb) = k \cdot gcd(a, b)$。

(3) 多个整数的最大公约数:$gcd(a, b, c) = gcd(gcd(a, b), c)$。

(4) 若 $gcd(a, b) = d$,则 $gcd(a/d, b/d) = 1$,即 a/d 与 b/d 互素。这个定理很重要。

(5) $gcd(a+cb, b) = gcd(a, b)$。

2. GCD 编程

大家在编程时可以不自己写 GCD 代码,而是直接使用函数 $gcd()$。如果自己编码也很简单,用欧几里得算法,又称为辗转相除法,即 $gcd(a, b) = gcd(b, a \bmod b)$。

自己写 $gcd()$ 函数,可能返回负数。

```
1  from math import *
2  print(gcd(45, 9))                    # 9
3  print(gcd(0, 42))                    # 42
4  print(gcd(42, 0))                    # 42
5  print(gcd(0, 0))                     # 0
6  print(gcd(20, 15))                   # 5
7  print(gcd( - 20, 15))               # 5
8  print(gcd(20,  - 15))               # 5
9  print(gcd( - 20,  - 15))           # 5
10 print(gcd(234, 456, 6, 9))          # 3
```

---

① 最大公约数有多种英文表述,例如 Greatest Common Divisor(GCD)、Greatest Common Denominator、Greatest Common Factor(GCF)、Highest Common Factor(HCF)。

7.4.2　LCM

LCM 是最小公倍数(Least Common Multiple)的简称,两个整数 a 和 b 的最小公倍数 lcm(a, b)可以从算术基本定理推理得到。

算术基本定理:任何大于 1 的正整数 n 都可以唯一地分解为有限个素数的乘积,即 $n = p_1^{c_1} p_2^{c_2} \cdots p_m^{c_m}$,其中 c_i 都是正整数,p_i 都是素数且从小到大。

用算术基本定理可以推导出 LCM 的计算公式。

设 $a = p_1^{c_1} p_2^{c_2} \cdots p_m^{c_m}, b = p_1^{f_1} p_2^{f_2} \cdots p_m^{f_m}$,那么:

$$gcd(a, b) = p_1^{\min\{c_1, f_1\}} p_2^{\min\{c_2, f_2\}} \cdots p_m^{\min\{c_m, f_m\}}$$

$$lcm(a, b) = p_1^{\max\{c_1, f_1\}} p_2^{\max\{c_2, f_2\}} \cdots p_m^{\max\{c_m, f_m\}}$$

可以推出:

$$gcd(a, b) * lcm(a, b) = a * b$$

即

$$lcm(a, b) = a * b / gcd(a, b) = a / gcd(a, b) * b$$

在 Python 新版本[①]中有库函数 lcm(),它可以带多个参数。

```
1  from math import *
2  print(lcm(3,6,8,9))              # 输出:72
```

在 Python 的旧版本中没有 lcm()函数,为了保险,在提交的时候还需要自己写一个 lcm():

```
1  from math import *
2  def lcm(x,y): return x//gcd(x,y) * y
```

7.4.3　例题

例 7.10　2023 年第十四届蓝桥杯省赛 Python 研究生组试题 D:互质数的个数 lanqiaoOJ 3522

时间限制:10s　内存限制:512MB　本题总分:10 分

问题描述:给定 a、b,求 $1 \leqslant x < a^b$ 中有多少个 x 与 a^b 互质。由于答案可能很大,只需要输出答案对 998244353 取模的结果。

输入:输入一行,包含两个整数 a、b,用空格分隔。

输出:输出一个整数,表示答案。

输入样例:	输出样例:
2 5	16

评测用例规模与约定:对于 30% 的评测用例,$1 \leqslant a^b \leqslant 10^6$;对于 70% 的评测用例,$1 \leqslant a \leqslant 10^6, b \leqslant 10^9$;对于 100% 的评测用例,$1 \leqslant a \leqslant 10^9, b \leqslant 10^{18}$。

本题通过 100% 测试的算法需要用到快速幂、欧拉函数、费马小定理、素性测试,这是一

---

① 根据标准库的说明,在 Python 3.9 中才加入了 lcm(),https://docs.python.org/3/library/math.html。

道难题。通过 30% 测试的算法只需要模拟题目要求,用 gcd() 和快速幂即可。

```
1   mod = 998244353
2   def gcd(a, b):
3       return a if b == 0 else gcd(b, a % b)
4   def fastPow(a, n):
5       ans = 1
6       a %= mod
7       while n > 0:
8           if n & 1: ans = (ans * a) % mod
9           a = (a * a) % mod
10          n >>= 1
11      return ans
12  a, b = map(int, input().split())
13  mi = fastPow(a, b)
14  ans = 0
15  for i in range(1, mi):
16      if gcd(i, mi) == 1: ans += 1
17  print(ans)
```

再看一道例题。

 例 7.11　2019 年第十届蓝桥杯省赛 C/C++ 大学 B 组试题 H:等差数列
　　　　　　　lanqiaoOJ 192

时间限制:1s　**内存限制**:256MB　**本题总分**:20 分

问题描述:数学老师给小明出了一道等差数列求和的题目,但是粗心的小明忘了一部分数列,只记得其中 N 个整数。现在给出这 N 个整数,小明想知道包含这 N 个整数的最短的等差数列有几项?

输入:输入的第一行包含一个整数 N,第二行包含 N 个整数 $A_1,A_2,\cdots,A_N$(注意 $A_1 \sim A_N$ 并不一定是按等差数列中的顺序给出)。对于所有评测用例,$2 \leqslant N \leqslant 100000$,$0 \leqslant A_i \leqslant 10^9$。

输出:输出一个整数,表示答案。

输入样例:	输出样例:
5	10
2 6 4 10 20	

所有数字间距离最小的间隔是公差吗?并不是,例如 $\{2,5,7\}$,最小的间隔是 2,但公差不是 2,是 1。

这是 GCD 问题。把 n 个数排序,计算它们的间隔,对所有间隔做 GCD,结果为公差。最少数量等于(最大值−最小值)/公差+1。

下面是该例的 Python 代码。

```
1   from math import *
2   n = int(input())
3   a = list(map(int,input().split()))
4   a.sort()
5   d = 0
6   for i in range(1,n): d = gcd(d,a[i]-a[i-1])
7   if d == 0: print(n)
```

```
8    else: print((a[-1] - a[0])//d + 1)
```

再看一道例题。

例 7.12 2013 年第四届蓝桥杯省赛 核桃的数量 lanqiaoOJ 210

问题描述：小张是软件项目经理，他带领 3 个开发组。由于工期紧，大家今天都在加班。为了鼓舞士气，小张打算给每个组发一袋核桃。他的要求如下：

(1) 各组的核桃数量必须相同。

(2) 各组内必须能平分核桃（当然是不能打碎的）。

(3) 尽量提供满足 1、2 条件的最小数量。

输入：输入包含 3 个正整数 a、b、c，表示每个组正在加班的人数，用空格分隔（a，b，c＜30）。

输出：输出一个正整数，表示每袋核桃的数量。

输入样例：	输出样例：
2 4 5	20

这是一道简单题，答案就是 3 个数字的最小公倍数。

```
1    from math import *
2    def lcm(x,y): return x//gcd(x,y) * y
3    a,b,c = map(int,input().split())
4    k = lcm(a,b)
5    print(lcm(k,c))
```

例 7.13 最小公倍数 http：//oj.ecustacm.cn/problem.php?id＝1820

问题描述：给定一个数字 n，请问是否存在一个区间[l，r]（l≠r），使得 n 等于整个区间中所有数字的最小公倍数。

输入：第一行为正整数 T，表示存在 T 组测试数据，1≤T≤10000。对于每组测试数据，输入一个整数表示数字 n，$1 \leqslant n \leqslant 10^{18}$。

输出：对于每组测试数据，如果存在区间[l，r]为答案，输出两个数字 l 和 r。如果存在多组解，输出 l 最小的解。若仍存在多组解，l 相同，则输出 r 最小的解。如果无解，输出—1。

输入样例：	输出样例：
3	1 4
12	6 9
504	—1
17	

如果直接计算 n 所对应的[L，R]，只能暴力查找所有可能的组合，计算量极大。大家容易想到一个简单一点的办法：反过来算，先预计算出所有[L，R]对应的 n，然后对输入的 n，查找它对应的[L，R]。

但是直接遍历所有的[L，R]，计算量仍然很大。L 和 R 可能的最大值是 $\sqrt{n} \leqslant \sqrt{10^{18}} = 10^9$。遍历所有的 L，R，计算量 $O(\sqrt{n}\sqrt{n}) = O(n)$，超时。

如果[L，R]中至少有 3 个数，即至少包含[L，L+1，L+2]，那么 L 的最大值是 $\sqrt[3]{n} \leqslant 10^6$，计算量减少了很多。

至于只包含两个数的区间[L，L+1]，可以单独检查，计算量很小。输入一个 n 值，检查 $\sqrt{n} \times \sqrt{n+1} = n$ 是否成立即可。

用字典存储计算结果，n 对应的答案是第一次存到字典中的[L，R]。第 7 行 L 计算到 2×10^6，而不是 10^6，原因是连续 3 个数相乘 $L \times (L+1) \times (L+2)$，如果 L 是偶数，有 $2a \times (2a+1) \times (2a+2) = 4a \times (2a+1) \times (a+1)$，若 a 也是 4 的倍数，那么 $a \times (2a+1) \times (a+1) \leqslant 10^{18}$ 也符合题目的测试要求，所以 L 算到 2×10^6。

```
1   # pypy
2   import math
3   INF = 10 ** 18
4   ans = {}                                    # 字典
5   def init():                  # 预处理，ans[n]表示 n 对应的答案[L,R]，区间内至少有 3 个数
6       global ans
7       for L in range(1, 2000000 + 1):
8           n = L * (L + 1)
9           R = L + 2
10          while True:
11              g = math.gcd(n, R)
12              if n // g > INF // R: break
13              n = n // g * R                  # 先除再乘，防止溢出
14              if n not in ans: ans[n] = (L, R)    # res 这个数还没有算过，存起来
15              R += 1
16  init()
17  T = int(input())
18  for _ in range(T):
19      n = int(input())
20      # 先特判区间长度为 2 的情况：[L,L+1]
21      sqrt_n = int(math.sqrt(n + 0.5))
22      if sqrt_n * (sqrt_n + 1) == n:
23          res = (sqrt_n, sqrt_n + 1)
24          if n in ans:
25              if res[0] > ans[n][0]:
26                  res = ans[n]
27      else:
28          if n in ans: res = ans[n]
29          else:
30              print("-1")
31              continue
32      print(res[0], res[1])
```

【练习题】

lanqiaoOJ：奇偶比例 3866、旅行 3431、寻找她 5026、小咕咕 8041、晓宇的公约数。

洛谷：晨跑 P4057、Hankson 的趣味题 P1072、SuperGCD P2152、添加括号 P2651。

扫一扫

视频讲解

7.5 扩展学习

数学知识点在算法竞赛中涉及的是最多的，数学题也常让队员感到头疼。本章只介绍了几个基础知识点，还有大量知识点没有提及。

与数学相关的大类专题有初等数论、线性代数、组合数学、计算几何、高等数学、概率论、博弈论等。大学、中学、小学课本上的所有数学知识都有可能在算法竞赛中出现，课本上没有的也有可能出现。数学是科学之母。

有一些数学知识在算法竞赛中常见，如果读者有兴趣，可以继续以下内容的学习。

初级：矩阵快速幂、高斯消元、鸽巢原理、二项式定理、杨辉三角。

中级：矩阵的应用、异或空间线性基、0/1 分数规划、线性丢番图方程、同余、威尔逊定理、整除分块、卢卡斯定理、容斥原理、Catalan 数、Stirling 数、二维几何、圆、高等数学、概率论。

高级：积性函数、欧拉函数、狄利克雷卷积、莫比乌斯函数、莫比乌斯反演、杜教筛、Burnside 定理、Pólya 定理、母函数、公平组合游戏、三维几何。

第 **8** 章　动态规划

　　动态规划是最能体现计算科学之美的知识点。
竞赛队员熟练掌握动态规划,意味着他已经获得了
出色的计算思维能力。

动态规划(Dynamic Programming,DP)是 Richard Bellman 于 20 世纪 50 年代发明的应用于多阶段决策的数学方法。和贪心、分治一样,动态规划是一种解题的思路。动态规划是地地道道的"计算思维",非常适合用计算机实现,可以说是独属于计算机学科的计算理论。动态规划是一种需要学习才能获得的思维方法。像贪心、分治这样的方法,在生活中或在其他学科中有很多类似的例子,很容易联想和理解。但动态规划不是,它是一种生活中没有的抽象计算方法,没有学过的人很难自发产生这种思路。

DP 是算法竞赛中最常见的考点之一,蓝桥杯大赛每次必有 DP 题目,少则一题,多则数题。以 2023 年第十四届蓝桥杯省赛为例,DP 题目如下。

C/C++：A 组"更小的数"、B 组"接龙数列"、C 组"填充"、研究生组"奇怪的数"。

Java：A 组"高塔"、B 组"数组分割,蜗牛,合并石子"、C 组"填充"、研究生组"奇怪的数"。

Python：A 组"奇怪的数"、B 组"松散子序列,保险箱,树上选点"、C 组"填充,奇怪的数"、研究生组"填充,高塔"。

可以说,会做 DP 题目,就有很大概率获得蓝桥杯省赛一等奖。

读者也需要认识到 DP 专题的内容非常多,有线性 DP、区间 DP、状态压缩 DP、树形 DP、DP 优化等。蓝桥杯的 DP 大多是线性 DP,近年来也出现了一些非线性 DP 的内容。在知识点上,线性 DP 比其他 DP 内容简单;在思维上,线性 DP 也可以出很难的题目。初学者从线性 DP 开始学习,这也是本章的内容。

扫一扫
视频讲解

8.1　动态规划的概念

本节以斐波那契数为例说明 DP 的概念和编程实现。

斐波那契数列是一个递推数列,第 n 个数等于第 n−1 个数和第 n−2 个数相加,前几个斐波那契数是 1、1、2、3、5、8。斐波那契数的递推公式如下：

$$fib(n) = fib(n-1) + fib(n-2)$$

斐波那契数列又称为兔子数列。设一对兔子每月能生一对小兔子,小兔子在出生的第一个月没有生殖能力,第二个月便能生育,且所有兔子都不会死亡。从第一对刚出生的兔子开始,问 12 个月以后会有多少对兔子？读者可以画个图模拟兔子的生长过程,看兔子的数量变化是不是符合斐波那契数列。

斐波那契数列也常用"走楼梯问题"来举例。一次可以走一个台阶或者两个台阶,问走到第 n 个台阶时一共有多少种走法？要走到第 n 级台阶,分成两种情况,一种是从第 n−1 级台阶走一步过来,另一种是从第 n−2 级台阶走两步过来。走楼梯问题可以建模为斐波那契数列的递推公式。

计算斐波那契数列,可以直接用递推公式。这里为了说明动态规划的思想,用递归来求斐波那契数,代码如下。

```
1  def fib(n):
2      if n == 1 or n == 2: return 1
3      return fib(n-1) + fib(n-2)
```

为了解决总体问题 fib(n),将其分解为两个较小的子问题 fib(n−1)和 fib(n−2),这就是 DP 的应用背景。

有一些问题有两个特征：重叠子问题、最优子结构。用 DP 可以高效地处理具有这两个特征的问题。

1. 重叠子问题

首先，子问题是原大问题的小版本，计算步骤完全一样；其次，在计算大问题的时候，需要多次重复计算小问题。这就是"重叠子问题"。以斐波那契数为例，用递归计算 fib(5)，分解为如图 8.1 所示的子问题。

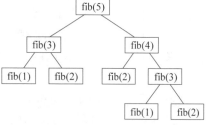

这是一棵二叉树，每个父节点都有两个子节点，父节点的值等于两个子节点相加。所有父子节点的关系都是一样的，这就是重叠子问题。

读者可能会发现很多节点被重复计算了，例如 fib(3) 被计算了两次。

图 8.1　计算斐波那契数

一个子问题如果要多次重复计算，会耗费大量时间。在用 DP 处理重叠子问题时，可以用"记忆化搜索"，让每个子问题只计算一次，从而避免了重复计算，这使得 DP 达到了很高的效率。

2. 最优子结构

最优子结构的意思是：首先，大问题的最优解包含小问题的最优解；其次，可以通过小问题的最优解推导出大问题的最优解。在斐波那契问题中，把数列的计算构造成 fib(n) = fib(n−1) + fib(n−2)，即把原来为 n 的大问题减小为 n−1 和 n−2 的小问题，这是斐波那契数的最优子结构。

8.2　动态规划的两种编码方法

扫一扫

视频讲解

处理 DP 中的大问题和小问题有两种思路，即自顶向下（Top-Down，先大问题再小问题）、自下而上（Bottom-Up，先小问题再大问题）。

在编码实现 DP 时，自顶向下用带记忆化搜索的递归编码，自下而上用递推编码。两种方法的复杂度是一样的，每个子问题都计算一遍，而且只计算一遍。

1. 自顶向下与记忆化

自顶向下，是指先考虑大问题，再缩小到小问题，直到最小的问题无法再缩小。这和分治法、DFS 差不多，它们都用递归实现，因为很直接地体现了这种思路，所以也可以用递归来写 DP 的代码。

为了避免在递归时重复计算子问题，可以在子问题得到解决时就保存结果，当再次需要这个结果时直接返回保存的结果即可。这种存储已经解决的子问题的结果的技术称为"记忆化"，"记忆化"也是 DFS 搜索常用的技术。

以斐波那契数为例，记忆化的代码如下：

```
1   N = 101
2   dp = [0] * N                        # 记忆结果
3   def fib(n):
4       if n == 1 or n == 2: return 1
5       if dp[n] != 0: return dp[n]     # 已经计算过，直接返回结果，不再递归
```

```
6        dp[n] = fib(n - 1) + fib(n - 2)        # 递归计算,并记忆
7        return dp[n]
8    print(fib(100))                             # 第 100 个数是 354224848179261915075
```

在这个代码中,如果没有加上记忆化,那么 fib(n−1)＋fib(n−2) 按两倍继续递归,计算量是 O(2^n)的。加上记忆化后,一个斐波那契数只需要计算一次,所以总复杂度是 O(n)。

2. 自下而上与制表递推

这种方法与递归的自顶向下相反,思路是先解决子问题,再递推到大问题。通常通过填写表格来完成,在编码时用若干 for 循环语句填表,根据表中的结果逐步计算出大问题的解决方案。

例如计算斐波那契数,先算第 3 个,再算第 4 个,等等,从小递推到大。用制表法计算斐波那契数,用一个一维数组 dp[]记录自下而上的计算结果,如表 8.1 所示。

表 8.1 用制表法计算斐波那契数

dp[1]	dp[2]	dp[3]	dp[4]	dp[5]	dp[6]	dp[7]	dp[8]	...
1	1	2	3	5	8	13	21	...

代码如下:

```
1    N = 101
2    dp = [0] * N
3    def fib(n):
4        dp[1] = dp[2] = 1
5        for i in range(3, n + 1): dp[i] = dp[i - 1] + dp[i - 2]
6        return dp[n]
7    print(fib(100))
```

代码的复杂度显然也是 O(n)的。

对比"自顶向下"和"自下而上"两种方法,"自顶向下"的优点是能更宏观地把握问题、认识问题的实质,"自下而上"的优点是编码更直接。在用 DP 解题时,可以先用"自顶向下"的思路考虑问题,再用"自下而上"的递推编码。不过,在某些情况下用"自顶向下"的递归编码更简单。

在上述代码中,把 dp[]称为 DP 状态,把递推公式 dp[n]＝dp[n−1]＋dp[n−2]称为 dp[]的转移方程。在做 DP 题时,核心就是设计 DP 状态和转移方程。

能用 DP 求解的问题,一般是求方案数,或者求最值。

8.3   DP 设计基础

用下面的例子讲解 DP 的基本问题:状态设计、状态转移、编码实现。

 例 8.1 **2023 年第十四届蓝桥杯省赛 C/C++大学 A 组试题 D:更小的数**
lanqiaoOJ 3503

时间限制:1s 内存限制:256MB 本题总分:10 分
问题描述:有一个长度为 n 且仅由数字字符 0～9 组成的字符串,下标从 0 到 n−1。

可以将其视作一个具有 n 位的十进制数字 num。小蓝可以从 num 中选出一段连续的子串并将子串进行反转,最多反转一次。小蓝想要将选出的子串进行反转后再放入原位置得到新的数字 num_{new},且新数字满足条件 $num_{new} < num$。请帮他计算一下共有多少种不同的子串选择方案。只要两个子串在 num 中的位置不完全相同就视作不同的方案。注意,允许前导零的存在,即数字的最高位可以是 0,这是合法的。

输入:输入一行包含一个长度为 n 的字符串表示 num(仅包含数字字符 0~9),从左到右下标为 0~n−1。

输出:输出一个整数,表示答案。

输入样例:	输出样例:
210102	8

评测用例规模与约定:对于 20% 的评测用例,$1 \leqslant n \leqslant 100$;对于 40% 的评测用例,$1 \leqslant n \leqslant 1000$;对于所有评测用例,$1 \leqslant n \leqslant 5000$。

下面用两种方法求解,分别通过 40% 和 100% 的测试。

第一种方法是模拟。如果读者没有学过动态规划,也能用模拟法做这道题。遍历出每个子串,判断这个子串反转后是否合法,也就是判断是否有 $num_{new} < num$。统计所有合法的情况就是答案。其代码如下,很容易写。

```
1   s = input()
2   ans = 0
3   for i in range(len(s)):
4       for j in range(i + 1, len(s)):
5           tmp = list(s)
6           tmp[i:j + 1] = reversed(tmp[i:j + 1])      # 反转子串 s[i,j]
7           if ''.join(tmp) < s: ans += 1
8   print(ans)
```

用两重 for 循环遍历所有的子串。用库函数 reversed() 反转子串,如果大家不会用这个函数,也可以自己写一个反转子串的函数。

代码的计算复杂度是多少?两重 for 循环是 $O(n^2)$,reversed() 是 $O(n)$,总复杂度为 $O(n^3)$。该代码只能通过 40% 的测试。

下面用 DP 求解本题,复杂度为 $O(n^2)$,能通过 100% 的测试。

1. DP 状态设计

本题可以用 DP 吗?它有 DP 的重叠子问题和最优子结构吗?

在模拟法中,需要检查每个子串,为了应用 DP,考虑这些子串之间有没有符合 DP 要求的关系,请读者思考。

下面的 DP 状态设计和 DP 转移方程体现了子串之间的 DP 关系。

DP 状态[①]:定义二维数组 dp[][],dp[i][j] 表示子串 s[i]~s[j] 反转之后是否大于反转前的子串。dp[i][j]=1 表示反转之后变小,符合要求;dp[i][j]=0 表示反转之后没有变小。

2. DP 转移方程

对于每个子串,比较它的首尾字符 s[i] 和 s[j],得到状态转移方程。

---

① 在 DP 题目中,建议把状态命名为 dp,这有利于与队友的交流。队友看到 dp 这个关键字,用不着解释,就知道这是一道 DP 题,dp 是定义的状态,而不是其他意思。

（1）若 s[i]＞s[j]，说明反转后的子串肯定小于原子串，符合要求，赋值 dp[i][j]＝1。

（2）若 s[i]＜s[j]，说明反转后的子串肯定大于原子串，赋值 dp[i][j]＝0。

（3）若 s[i]＝s[j]，需要继续比较 s[i+1] 和 s[j−1]，有 dp[i][j]＝dp[i+1][j−1]。

第（3）条的 dp[i][j]＝dp[i+1][j−1] 是采用自顶向下的思路，例如 dp[1][6]＝dp[2][5]，dp[2][5]＝dp[3][4]，等等。

在计算这个递推公式时，需要先计算出较小子串的 dp[][]，再递推到较大子串的 dp[][]。例如先要计算出 dp[2][5]，才能递推到 dp[1][6]。最小子串的 dp[][]，例如 dp[1][1]、dp[1][2]、dp[2][2]、dp[2][3]等，它们不再需要递推，因为 dp[1][1]＝0，dp[1][2]根据（1）、（2）计算。

3. 代码

根据上述思路，读者可能很快就写出了以下代码。

```
 1  s = input()
 2  ans = 0
 3  dp = [[0] * 5010 for _ in range(5010)]
 4  for i in range(len(s)):                        # 子串从 s[i] 开始
 5      for j in range(i + 1, len(s)):             # 子串的末尾是 s[j]
 6          if s[i] > s[j]: dp[i][j] = 1
 7          if s[i] < s[j]: dp[i][j] = 0
 8          if s[i] == s[j]: dp[i][j] = dp[i + 1][j - 1]
 9          if dp[i][j] == 1: ans += 1
10  print(ans)
```

代码的计算复杂度：两重 for 循环为 $O(n^2)$，优于前面模拟法代码的 $O(n^3)$。

代码看起来逻辑很清晰，但它其实是错误的。问题出在第 4、5 行的 for 循环上。例如第 4 行 i＝0，第 5 行 j＝8 时，递推得 dp[0][8]＝dp[1][7]，但是此时 dp[1][7] 已经计算过了吗？并没有。

在递推的时候，根据 DP 的原理，应该先计算出小规模问题的解，再递推大规模问题的解。计算应该如下进行。

（1）初始化：dp[][]＝0，其中的 dp[0][0]＝0、dp[1][1]＝0、……、dp[1][0]、……，在后续计算中有用。

（2）第一轮递推：计算长度为 2 的子串的 dp[][]，即计算出 dp[0][1]、dp[1][2]、dp[2][3]、……。例如计算 dp[0][1]，若 $s_0 > s_1$，则 dp[0][1]＝1；若 $s_0 < s_1$，则 dp[0][1]＝0；若 $s_0 = s_1$，则 dp[0][1]＝dp[1][0]＝0，这里 dp[1][0]＝0 是初始化得到的。

（3）第二轮递推：计算长度为 3 的子串的 dp[][]，即计算出 dp[0][2]、dp[1][3]、dp[2][4]、……。例如计算 dp[0][2]，若 $s_0 = s_2$，则有 dp[0][2]＝dp[1][1]＝0，这时用到了前面得到的 dp[1][1]。

（4）第三轮递推：计算长度为 4 的子串的 dp[][]，即计算出 dp[0][3]、dp[1][4]、dp[2][5]、……。例如计算 dp[0][3]，若 $s_0 = s_3$，则有 dp[0][3]＝dp[1][2]，这时用到了前面得到的 dp[1][2]。

（5）继续递推，最后得到所有的 dp[][]。

代码应该这样写，用循环变量 k 表示第 k 轮递推，或者表示递推长度为 k+1 的子串：

```
 1  s = input()
 2  dp = [[0] * 5010 for _ in range(5010)]
```

```
3    ans = 0
4    for k in range(1, len(s)):              # 第 k 轮递推。k = j - i
5        for i in range(len(s) - k):          # 子串从 s[i] 开始
6            j = i + k                         # 子串的末尾是 s[j]
7            if s[i] > s[j]: dp[i][j] = 1
8            if s[i] < s[j]: dp[i][j] = 0
9            if s[i] == s[j]: dp[i][j] = dp[i + 1][j - 1]
10           if dp[i][j] == 1: ans += 1
11   print(ans)
```

4. 对比 DP 代码和模拟代码

DP 代码和模拟代码的相同之处：它们都需要计算所有的子串，共 $O(n^2)$ 个子串。

为什么 DP 代码的效率更高？

（1）模拟代码对每个子串的计算是独立的。每个子串的计算和其他子串无关，不用其他子串的计算结果，自己的计算结果对其他子串的计算也没有用。每个子串需要计算 $O(n)$ 次，$O(n^2)$ 个子串的总计算量是 $O(n^3)$。

（2）DP 的子串计算是相关的。长度为 2 的子串计算结果，在计算长度为 4 的子串时用到；长度为 3 的子串计算结果，在计算长度为 5 的子串时用到；等等。所以一个子串的计算量只有 $O(1)$，$O(n^2)$ 个子串的总计算量是 $O(n^2)$。这就是 DP 使用"重叠子问题"得到的计算优化。

8.4　DP 背包

扫一扫

视频讲解

在所有能用 DP 求解的问题中，背包问题是最有名的。背包问题有很多变化，本节详细介绍 0/1 背包、完全背包、分组背包，它们都能用 DP 求解，并且有自己独特的算法，对培养大家的计算思维非常有帮助。很多 DP 问题可以抽象为背包问题。

8.4.1　0/1 背包

0/1 背包是最典型的背包问题，是其他背包问题的基础。

0/1 背包的定义：给定一个背包和 n 种物品，背包容量为 C，第 i 种物品的体积为 c_i、价值为 w_i；选择一些物品装入背包，在不超过背包容量 C 的情况下，使得背包中物品的总价值最大。

0/1 背包的特点：每个物品都是不可分割的，当装进背包时只有装和不装两种选择，即 0、1 两种情况。

用下面的例题讲解 0/1 背包的 DP 状态设计、DP 状态转移方程、两种编码实现。

例 8.2　小明的背包 1　lanqiaoOJ 1174

问题描述：小明有一个容量为 C 的背包。某天他去商场购物，商场一共有 N 件物品，第 i 件物品的体积为 c_i、价值为 w_i。小明想知道在购买的物品总体积不超过 C 的情况下所能获得的最大价值为多少，请帮他算一下。

输入：输入第一行包含两个正整数 N、C，表示商场物品的数量和小明的背包容量。第 2～N+1 行包含两个正整数 c、w，表示物品的体积和价值。其中，$1 \leq N \leq 10^2$，$1 \leq C \leq 10^3$，$1 \leq w_i, c_i \leq 10^3$。

输出：输出一行整数，表示小明所能获得的最大价值。

首先考虑用暴力法求解。这是一个组合问题，每个物品有装进背包和不装进背包两种选择，n 个物品有 2^n 种组合，在这 2^n 种组合中找到最大价值的组合。例如有 5 个物品，用二进制帮助求组合，就是｛00000，00001，00010，…，11110，11111｝共 2^5 种组合。由于 n 可能较大，直接计算 2^n 种组合是不可能的。

下面用 DP 求解，请读者思考 DP 是如何减少计算量，并且能遍历所有的 2^n 种组合的。

1. DP 状态

定义二维数组 dp[][]，大小为 N×C。dp[i][j] 表示把前 i 个物品（从第 1 个到第 i 个）装入容量为 j 的背包中获得的最大价值。也就是说，把每个 dp[i][j] 都看成一个背包：背包容量为 j，装 1～i 这些物品，最大价值是 dp[i][j]。

dp[][] 是按"自顶向下"的思路设计的。在计算时，可以按"自下而上制表递推"，让 dp[i][j] 的 i 和 j 从 0 开始，逐步递推到 N 和 C。

最后得到的 dp[N][C] 就是问题的答案：把 N 个物品装进容量为 C 的背包的最大价值。

2. DP 转移方程

现在计算 dp[i][j]。在此之前，比 i 和 j 小的 dp[][]，包括 dp[i−1][j]、dp[i][j−1]，都已经计算出来，下一步递推出 dp[i][j]，分两种情况。

(1) 第 i 个物品的体积比容量 j 大，不能装进容量为 j 的背包。那么直接继承前 i−1 个物品装进容量为 j 的背包的情况即可，状态转移方程为：

$$dp[i][j] = dp[i-1][j]$$

(2) 第 i 个物品的体积比容量 j 小，能装进背包。继续分为两种情况：装或者不装第 i 个。

① 装第 i 个。从前 i−1 个物品的情况推广而来，前 i−1 个物品是 dp[i−1][j]。第 i 个物品装进背包后，背包容量减少 c[i]，价值增加 w[i]。所以有：

$$dp[i][j] = dp[i-1][j-c[i]] + w[i]$$

② 不装第 i 个。那么 dp[i][j] = dp[i−1][j]。

取①和②的最大值，状态转移方程为：

$$dp[i][j] = \max(dp[i-1][j],\ dp[i-1][j-c[i]] + w[i])$$

总结上述分析，0/1 背包问题的重叠子问题是 dp[i][j]，最优子结构是 dp[i][j] 的状态转移方程。

算法的复杂度：算法需要计算二维矩阵 dp[][]，二维矩阵的大小是 O(NC) 的，每一项的计算时间是 O(1)，总时间复杂度是 O(NC)，空间复杂度也是 O(NC)。

最后，回顾前面提到的 0/1 背包可以用 2^n 种组合求解，DP 是否隐含了对这 2^n 种组合的遍历？当 DP"装或者不装第 i 个"时，实际上就完成了对 n 个物品的 2^n 种组合。

3. 图解 DP 计算过程

读者可能对上面的描述仍不清楚，下面举例详细说明：有 4 个物品，其体积分别为｛2，

3，6，5}，价值分别为{6，3，5，4}，背包的容量为9。

填 dp[][] 表的过程，按照只装第 1 个物品、只放前两个、只放前 3 个、……的顺序，一直到装完，这就是从小问题扩展到大问题的过程。

图 8.2 绘出了表格，横向是背包容量 j，纵向是背包物品 i。填表的顺序是先横向递增 j，再纵向递增 i。

图 8.2 二维 DP 矩阵

（1）步骤 1：只装第 1 个物品。

由于物品 1 的体积是 2，所以背包容量小于 2 的都放不进去，得：

$$dp[1][0]=dp[1][1]=0$$

物品 1 的体积等于背包容量，能装进去，背包价值等于物品 1 的价值，得：

$$dp[1][2]=6$$

容量大于 2 的背包，多余的容量用不到，所以价值和容量 2 的背包一样。i=1 行的表格如图 8.3 所示。

	0	1	2	3	4	5	6	7	8	9
0	0	0	0	0	0	0	0	0	0	0
c_1=2，w_1=6 1	0	0	6	6	6	6	6	6	6	6

图 8.3 装第 1 个物品

（2）步骤 2：只装前两个物品。即物品 1 和物品 2，都可以选择装或者不装。

如果物品 2 的体积比背包的容量大，那么不能装物品 2，情况和只装第 1 个一样，得：

$$dp[2][0]=dp[2][1]=0，dp[2][2]=6$$

然后计算 dp[2][3]。物品 2 的体积等于背包的容量，那么物品 2 有两个选择：装或者不装。

① 如果装物品 2（体积是 3，价值也是 3），那么可以变成一个更小的问题，即只把物品 1 装到背包（容量 j－3）中。图 8.4 中的 3+0，3 是装了物品 2，0 是从 dp[1][0] 转移过来的。

	0	1	2	3	4	5	6	7	8	9
0	0	0	0	0	0	0	0	0	0	0
c_1=2，w_1=6 1	0	0	6	6	6	6	6	6	6	6
c_2=3，w_2=3 2	0	0	6	3+0						

图 8.4 装第 2 个物品

② 如果不装物品 2，那么相当于只把物品 1 装到背包中，如图 8.5 所示。

取①和②的最大值，得 dp[2][3]=max{3，6}=6。

	0	1	2	3	4	5	6	7	8	9
0	0	0	0	0	0	0	0	0	0	0
$c_1=2, w_1=6$　1	0	0	6	6	6	6	6	6	6	6
$c_2=3, w_2=3$　2	0	0	6	6̲						

图 8.5　不装第 2 个物品

（3）后续步骤：继续以上过程，最后得到图 8.6（图中的箭头是几个转移的例子）。

	0	1	2	3	4	5	6	7	8	9
0	0	0	0	0	0	0	0	0	0	0
$c_1=2, w_1=6$　1	0	0	6	6	6	6	6	6	6	6
$c_2=3, w_2=3$　2	0	0	6	6	6	9	9	9	9	9
$c_3=6, w_3=5$　3	0	0	6	6	6	9	9	9	11̲	11
$c_4=5, w_4=4$　4	0	0	6	6	6	9	9	10̲	11	11

图 8.6　完成 DP 矩阵

最后的答案是 $dp[4][9]$：把 4 个物品装到容量为 9 的背包，最大价值是 11。

该图中的数字是背包的最大价值，那么如何输出背包方案？

回头看具体装了哪些物品，需要倒过来观察：

$dp[4][9]=\max\{dp[3][4]+4, dp[3][9]\}=dp[3][9]$，说明没有装物品 4，用 $x_4=0$ 表示。

$dp[3][9]=\max\{dp[2][3]+5, dp[2][9]\}=dp[2][3]+5=11$，说明装了物品 3，$x_3=1$。

$dp[2][3]=\max\{dp[1][0]+3, dp[1][3]\}=dp[1][3]$，说明没有装物品 2，$x_2=0$。

$dp[1][3]=\max\{dp[0][1]+6, dp[0][3]\}=dp[0][1]+6=6$，说明装了物品 1，$x_1=1$。

图 8.7 中的实线箭头标识了方案的转移路径。

	0	1	2	3	4	5	6	7	8	9
0	0	0	0	0	0	0	0	0	0	0
$c_1=2, w_1=6$　1	0	0	6̲	6	6	6	6	6	6	6
$c_2=3, w_2=3$　2	0	0	6̲	6	9	9	9	9	9	
$c_3=6, w_3=5$　3	0	0	6	6	6	9	9	11	11̲	
$c_4=5, w_4=4$　4	0	0	6	6	6	9	9	10	11	11̲

图 8.7　背包方案

在一般情况下，DP 题目只需要输出最大价值，不需要输出具体的方案，因为方案不一定是唯一的。

4. DP 代码实现

下面的代码分别用"自下而上"的递推和"自上而下"的记忆化搜索实现。

（1）递推代码。

先解决小问题，再递推到大问题。通过填写多维表格来完成，在编码时用若干 for 循环语句填表。根据表中的结果，逐步计算出大问题的解决方案。

下面的代码是上面详解中递推式的直接实现。

```
1  n, C = map(int, input().split())          # 物品的数量、背包的容量
```

2	c = [0] * (n + 1)	# 物品的体积
3	w = [0] * (n + 1)	# 物品的价值
4	for i in range(1, n + 1):	
5	c[i], w[i] = map(int, input().split())	# 第 i 个物品的体积和价值
6	dp = [[0] * (C + 1) for _ in range(n + 1)]	
7	for i in range(1, n + 1):	
8	for j in range(C + 1):	
9	if c[i] > j:	# 第 i 个物品比背包大,装不了
10	dp[i][j] = dp[i - 1][j]	
11	else:	# 第 i 个物品可以装
12	dp[i][j] = max(dp[i - 1][j], dp[i - 1][j - c[i]] + w[i])	
13	print(dp[n][C])	# 输出最优解

(2) 递归代码。

简单的线性 DP 一般用递推来写代码,不用递归来写代码,这里演示递归代码,只是为了说明可以这样编码。

先考虑大问题,再缩小到小问题,用递归实现。为了避免在递归时重复计算子问题,可以用"记忆化",在子问题得到解决时就保存结果,当再次需要这个结果时直接返回保存的结果。

1	N = 3011
2	dp = [[0] * (N) for _ in range(N)]
3	w = [0] * N
4	c = [0] * N
5	def solve(i, j):
6	if dp[i][j] != 0: return dp[i][j]
7	if i == 0: return 0
8	if c[i] > j: dp[i][j] = solve(i - 1, j)
9	else : dp[i][j] = max(solve(i - 1, j), solve(i - 1, j - c[i]) + w[i])
10	return dp[i][j]
11	n, C = map(int, input().split())
12	for i in range(1, n + 1): c[i], w[i] = map(int, input().split())
13	print(solve(n, C))

下面是几道 0/1 背包的扩展题。

 例 8.3   2022 年第十三届蓝桥杯国赛 2022 填空题 lanqiaoOJ 2186

问题描述:将 2022 拆分成 10 个互不相同的正整数之和,总共有多少种拆分方法?注意交换顺序视为同一种方法。

这道题是标准 0/1 背包的扩展,求最优的方案一共有多少种。

题目求 10 个数的组合情况,这 10 个数相加等于 2022。因为是填空题,可以不管运行时间,看起来可以用暴力 for 循环 10 次,加上剪枝可以快一些。然而暴力的时间极长,因为答案是 379187662194355221。

这道题其实就是 0/1 背包问题:背包的容量为 2022,物品的体积为 1~2022,往背包中装 10 个物品,要求总体积为 2022,问一共有多少种方案。

定义 dp[][][]:dp[i][j][k] 表示数字 1~i 取 j 个和为 k 的方案数。

下面的分析沿用标准 0/1 背包的分析方法。从 i−1 扩展到 i,分为两种情况:

(1) k≥i。数 i 可以要,也可以不要。

要 i。从 1~i−1 中取 j−1 个数,再取 i,等价于 dp[i−1][j−1][k−i]。

不要 i。从 1～i−1 中取 j 个数，等价于 dp[i−1][j][k]。

合起来：dp[i][j][k]=dp[i−1][j][k]+dp[i−1][j−1][k−i]。

（2）k＜i。由于数 i 比总和 k 还大，显然 i 不能用，有 dp[i][j][k]=dp[i−1][j][k]。

下面是代码，运行时间约 1 分钟。

```
1  dp = [[[0] * 2024 for i in range(11)] for j in range(2024)]
2  for i in range(0,2023): dp[i][0][0] = 1              # 特别要注意这个初始化
3  for i in range(1,2023):
4      for j in range(1,11):                            # 注意：j 从小到大或从大到小都行
5          for k in range(1,2023):
6              if k < i: dp[i][j][k] = dp[i-1][j][k]     # 无法装进背包
7              else: dp[i][j][k] = dp[i-1][j][k] + dp[i-1][j-1][k-i]
8  print(dp[2022][10][2022])
```

再看一道求 0/1 背包总方案数的例题。

例 8.4　小 A 点菜　https://www.luogu.com.cn/problem/P1164

问题描述：小 A 去餐馆吃饭，他有 M 元。餐馆的菜品种类不少，有 N 种（N≤100），第 i 种卖 a_i 元（a_i≤1000）。由于是很低端的餐馆，所以每种菜只有一份。小 A 点单刚好把身上的所有钱花完。他想知道有多少种点菜方法。

输入：第一行是两个数字 N 和 M，从第二行起是 N 个正整数 a_i（可以有相同的数字，每个数字均在 1000 以内）。

输出：一个正整数，表示点菜的方案数，保证答案的范围在 int 之内。

输入样例：	输出样例：
4 4	3
1 1 2 2	

定义状态 dp[][]：dp[i][j] 表示点前 i 种菜用光 j 元钱的方法总数。

设第 i 种菜的价格是 a[i]。下面是状态转移方程，请读者自己分析：

（1）若 j＝a[i]，dp[i][j]＝dp[i−1][j]+1

（2）若 j＞a[i]，dp[i][j]＝dp[i−1][j]+dp[i−1][j−a[i]]

（3）若 j＜a[i]，dp[i][j]＝dp[i−1][j]

下面是 Python 代码，注意本题的输入，从第二行起有 N 个数，这 N 个数可能在很多行中，行的数量不确定，用代码第 3～6 行处理这个情况。

```
1  n, m = map(int, input().split())
2  # a = [0] + list(map(int, input().split()))        # 这样输入会出错
3  a = [0]
4  while not len(a)>n:                                 # 分多行输入
5      t = [int(i) for i in input().split()]
6      a.extend(t)
7  dp = [[0] * (m+1) for _ in range(n+1)]
8  for i in range(1, n+1):
9      for j in range(1, m+1):
10         if j == a[i]: dp[i][j] = dp[i-1][j] + 1
11         if j > a[i]: dp[i][j] = dp[i-1][j] + dp[i-1][j-a[i]]
12         if j < a[i]: dp[i][j] = dp[i-1][j]
13 print(dp[n][m])
```

8.4.2 完全背包

完全背包与 0/1 背包类似,但是有一个关键的区别:在 0/1 背包中,每种物品只有一个,而在完全背包中,每种物品有无限多个。

完全背包的定义:给定一个背包和 n 种物品,背包容量为 C,第 i 种物品的体积为 c_i、价值为 w_i,数量有无限多个;选择一些物品装入背包,在不超过背包容量 C 的情况下,使得背包中物品的总价值最大。

 例 8.5 疯狂的采药 https://www.luogu.com.cn/problem/P1616

时间限制:1s **内存限制**:128MB

问题描述:药童 Li 去山洞里采药。山洞里有一些不同种类的草药,每种草药可以被无限制地疯狂采摘。采每一种草药都需要一些时间,每一种草药也都有它自身的价值。给 Li 一段时间,在这段时间里,让采到的草药的总价值最大。

输入:输入的第一行有两个整数,分别代表总共能够用来采药的时间 C 和代表山洞里的草药的数目 n。第 2 到第 (n+1) 行,每行两个整数,第 (i+1) 行的整数 c_i、w_i 分别表示采第 i 种草药的时间和该草药的价值。

输出:输出一行,这一行只包含一个整数,表示在规定的时间内可以采到的草药的最大总价值。

输入样例:	输出样例:
70 3	140
71 100	
69 1	
1 2	

评测用例规模与约定:对于 30% 的评测用例,保证 n≤1000;对于 100% 的评测用例,保证 $1 \leq n \leq 10000$,$1 \leq C \leq 10^7$,且 $1 \leq n \times C \leq 10^7$,$1 \leq c_i$,$w_i \leq 10000$。

把题目中的采药时间 C 看成背包容量,把草药看成物品,建模为背包问题。

完全背包的解题思路和 0/1 背包类似。

定义状态 dp[][]:dp[i][j] 表示把前 i 种物品(从第 1 种到第 i 种)装入容量为 j 的背包中获得的最大价值。

把每个 dp[i][j] 都看成一个背包:背包容量为 j,装 1~i 这些物品。最后得到的 dp[n][C] 就是问题的答案:把 n 种物品装进容量为 C 的背包的最大价值。

在 0/1 背包问题中,每个物品只有拿与不拿两种;而完全背包问题需要考虑拿几个,每种物品有无穷多件,第 i 种可以装 0 件、1 件、2 件、……、C/c_i 件。

下面是完全背包的代码,和 0/1 背包的代码极为相似,只是多了一个 k 循环,用来遍历每种物品拿几个。

注意代码第 11 行的状态转移是"dp[i][j] = max(dp[i][j],…)",而上一节的 0/1 背包的状态转移是"dp[i][j] = max(dp[i-1][j],…)"。为什么? 在 0/1 背包中,每个物品只有一件,有取和不取两种选择,如果不取,就是 dp[i][j] = dp[i-1][j]。在完全背包中,每个物品有多件,可以取 0 件、1 件、2 件、……,dp[i][j] 需要多次更新,用 dp[i][j] = dp[i][j]

进行多次更新。

　　该代码还有一个存储空间的问题，需要定义 dp[n+1][C+1]，如果按 n≤10000，C≤ 10^7 简单地设定 dp[10000][10^7]，肯定超空间限制。由于题目说明 n×C≤10^7，可以在读入 n、C 后再定义数组 dp[n+1][C+1]。dp[n+1][C+1] 共有 10MB 元素，看起来能通过题目的 128MB 限制，但是加上其他存储开销，还是超空间了。

```
1   C, n = map(int, input().split())
2   c = [0] * (n + 1)
3   w = [0] * (n + 1)
4   for i in range(1, n + 1):
5       c[i], w[i] = map(int, input().split())
6   dp = [[0] * (C + 1) for _ in range(n + 1)]
7   for i in range(1, n + 1):
8       for j in range(1, C + 1):
9           dp[i][j] = dp[i - 1][j]
10          for k in range(j // c[i] + 1):
11              dp[i][j] = max(dp[i][j], dp[i - 1][j - k * c[i]] + k * w[i])
12  print(dp[n][C])
```

　　上面的代码还是超时了，因为它的计算复杂度是 O(nCk)。这个代码还可以优化，把上面代码中的第 7 ～ 11 行替换为：

```
1   for i in range(1, n + 1):
2       for j in range(1, C + 1):
3           dp[i][j] = dp[i - 1][j]
4           if j >= c[i]:
5               dp[i][j] = max(dp[i][j], dp[i][j - c[i]] + w[i])
```

　　这个优化把 k 循环去掉了，原因是 k 本身也是一个动态规划的递推过程，k 从 0 递推到 1、2、……，在计算 dp[i][j] 时，它前面的 dp[i][j−c[i]] 也包含了取 0 件、1 件、2 件、……的计算结果，所以用不着 k 循环。

　　经过这个优化，复杂度是 O(nC)，足以通过题目的时间限制。不过，在提交判题系统后还是有一个测试不能通过，显示"MLE（超内存限制）"，需要继续用滚动数组优化，把 dp[n][C] 优化到 dp[C]，滚动数组见"8.4.4 背包相关问题"的说明。

8.4.3　分组背包

　　分组背包也与 0/1 背包问题相关。在分组背包问题中有若干个组，每个组中有若干个物品。在选择物品放入背包时，每个组只能选择一个物品放入背包，即要么选择这组的一个物品放入背包，要么不选择这个组的物品。

　　分组背包的定义：给定一个背包，背包容量为 C，有 n 组物品，其中第 i 组的第 k 个物品的体积为 c_{ik}、价值为 w_{ik}；每组最多只能选一个物品装入背包，在不超过背包容量 C 的情况下使得背包中物品的总价值最大。

　　例 8.6　通天之分组背包　https://www.luogu.com.cn/problem/P1757

　　问题描述：自 0/1 背包问世之后，小 A 对此深感兴趣。一天，小 A 去远游，发现他的背包不同于 0/1 背包，他的物品大致可以分为 n 组，每组中的物品相互冲突，现在他想知道最大的利用价值是多少。

> **输入**：第一行两个数 C、x，表示一共有 x 件物品，总重量为 C。接下来 x 行，每行 3 个数 a_i、w_i、p_i，表示物品的重量、利用价值、所属组数。
>
> **输出**：输出一个数，表示最大的利用价值。

输入样例：	输出样例：
45 3	10
10 10 1	
10 5 1	
50 400 2	

> **数据说明**：$0 \leqslant C$，$x \leqslant 1000$，$1 \leqslant n \leqslant 100$，$a_i$、$w_i$、$p_i$ 都是 int 型。

分组背包的解题思路也与 0/1 背包相似。

0/1 背包的状态 dp[i][j] 表示把前 i 个物品（从第 1 个到第 i 个）装入容量为 j 的背包中获得的最大价值。

类似地，定义分组背包的状态 dp[i][j]，它表示把前 i 组物品装进容量为 j 的背包（每组最多选一个物品）中可以获得的最大价值。状态转移方程如下：

$$dp[i][j] = \max\{dp[i-1][j], dp[i-1][j-c[i][k]] + w[i][k]\}$$

在该方程中，dp[i−1][j] 表示第 i 组不选物品，dp[i−1][j−c[i][k]] 表示第 i 组选第 k 个物品。求解方程需要做 i、j、k 的三重循环。

```
1   cnt = [0] * 101                             # cnt[i]：第 i 组有多少个物品
2   w = [[0] * 1001 for _ in range(101)]        # w[i][k]：第 i 组中第 k 个物品的价值
3   c = [[0] * 1001 for _ in range(101)]        # c[i][k]：第 i 组中第 k 个物品的重量
4   dp = [[0] * 1001 for _ in range(101)]
5   C, x = map(int, input().split())
6   n = 0                                        # 共 n 组
7   for _ in range(x):
8       a, b, p = map(int, input().split())
9       cnt[p] += 1                              # 第 p 组的物品数量是 cnt[p]
10      v = cnt[p]                               # 第 p 组中共 v 个物品，当前是 p 组的第 v 个
11      c[p][v] = a                              # 第 p 组中第 v 个物品的重量
12      w[p][v] = b                              # 第 p 组中第 v 个物品的价值
13      n = max(n, p)                            # 以最大组号作为组数
14  for i in range(1, n + 1):                    # 第 i 组物品，共 n 组
15      for j in range(C + 1):                   # 背包容量是 j
16          for k in range(cnt[i] + 1):          # 第 i 组的第 k 个
17              if j >= c[i][k]:                  # c[i][k]能放进背包 j
18                  dp[i][j] = max(dp[i][j],\
19                      max(dp[i-1][j], dp[i-1][j-c[i][k]] + w[i][k]))
20  print(dp[n][C])
```

8.4.4 背包相关问题

1. 滚动数组

0/1 背包的编程有一种非常好的空间优化方法——滚动数组。

使用滚动数组，可以把二维的 dp[][] 优化到一维的 dp[]，从而大大减少存储空间。下面介绍滚动数组的原理。

二维矩阵 dp[][] 的求解过程是逐行进行的，先计算第一行，然后用第一行的结果递推第二行，再用第二行的结果递推第三行，……，第 i 行的计算只和第 i−1 行有关。

从 0/1 背包的状态转移方程也能得到这个结果：

$$dp[i][j] = \max(dp[i-1][j], dp[i-1][j-c[i]]+w[i])$$

$dp[i][]$只和$dp[i-1][]$有关，和前面的$i-1$、$i-2$、……都没有关系，前面这些行对后面的计算也不再有用。也就是说，每次计算只和相邻的两行有关，前面那些行可以不要了。那么就可以只用两行来存储和计算$dp[][]$。例如，计算$dp[1][]$用第一行，递推出第二行的$dp[2][]$；然后用$dp[2][]$递推$dp[3][]$，把$dp[]3[]$放到第一行，覆盖掉原来第一行存储的$dp[1][]$；$dp[4][]$用第二行；$dp[5][]$用第一行；等等。

此时，定义一个仅有两行的$dp[2][C]$矩阵即可，$dp[0][]$是第一行，$dp[1][]$是第二行。

更进一步，可以把$dp[2][C]$继续优化为一维的$dp[C]$，让两行在一行上滚动。

由于滚动数组的应用对初学者有点难，所以本书不再展开，读者可以找资料学习[1]。

大家需要注意，滚动数组是空间优化，不是计算复杂度的优化。

(1) 滚动数组可以大大减少空间，例如 0/1 背包中物品数量 $N=1000$，背包容量 $C=10^4$。$dp[N][C]$使用的空间是10^7，而经过滚动数组优化后的$dp[C]$只占用10^4，优化了$N=1000$倍。

(2) 滚动数组并未改善计算复杂度，仍需要循环$O(NC)$次。

在一般情况下，题目会给出$NC=10^7$，如果不用滚动数组，且每个$dp[i][j]$是 4 字节的 int，那么需要占用 40MB 空间，并不是太大，所以不用滚动数组优化也行。如果一个$dp[i][j]$是 20 字节或更大，就要占用超过 200MB 空间，很可能超过题目的空间限制，此时需要用滚动数组优化。

滚动数组在很多线性 DP 问题中都能应用。

2. 其他背包问题

另外还有一些背包问题，难度较高，下面简要介绍。

(1) 多重背包，也与 0/1 背包问题相关。在多重背包问题中，每种物品有多个，但是有一个数量限制。多重背包问题与完全背包问题不同，完全背包的每个物品数量是无限的。

多重背包的定义：给定一个背包和 n 种物品，背包的容量为 C，第 i 种物品的体积为 c_i、价值为 w_i，数量有 m_i 个；选择一些物品装入背包，在不超过背包容量 C 的情况下，使得背包中物品的总价值最大。

多重背包也是 DP 问题，需要结合优化方法，有二进制拆分优化、单调队列优化[2]两种优化方法。

(2) 混合背包。把 0/1 背包、完全背包、分组背包、多重背包等混合起来，例如物品可取的次数，有的物品只能取一次，有的可取无限次，有的可取有限次。混合背包仍然可以用 DP 求解，但是处理起来比较麻烦。

【练习题】

洛谷：采药 P1048、严酷的训练 P2430、烹调方案 P1417、开心的金明 P1060、金明的预算

---

① 参考《算法竞赛》，清华大学出版社，罗勇军、郭卫斌著，322 页"5.1.4 滚动数组"。

② 参考《算法竞赛》，清华大学出版社，罗勇军、郭卫斌著，327 页"多重背包的二进制拆分优化"，370 页"多重背包的单调队列优化"。

方案 P1064、多人背包 P1858、NASA 的食物计划 P1507、装箱问题 P1049、装备运输 P1794、积木城堡 P1504、投资的最大效益 P1853。

8.5 DP 例题

本节做一些线性 DP 的练习。线性 DP 问题是指 DP 状态之间的关系是线性的,转移方程也是线性的,这类问题的 DP 状态和转移方程设计起来相对容易。前一节的背包问题都是线性 DP。DP 一般用来求解最值问题和统计问题,下面的例题与最值计算和统计计算有关。

 例 8.7 2023 年第十四届蓝桥杯省赛 C/C++ 大学 B 组试题 G:子串简写 lanqiaoOJ 3514

时间限制: 1s 内存限制:256MB 本题总分:20 分

问题描述: 程序员圈子里正在流行一种很新的简写方法,对于一个字符串,只保留首尾字符,将首尾字符之间的所有字符用这部分的长度代替。例如 internationalization 简写成 i18n,Kubernetes(注意连字符不是字符串的一部分)简写成 K8s,Lanqiao 简写成 L5o 等。

在本题中规定长度大于或等于 k 的字符串都可以使用这种简写方法(长度小于 k 的字符串不使用这种简写方法)。

给定一个字符串 s 和两个字符 c_1、c_2,请计算 s 中有多少个以 c_1 开头、c_2 结尾的子串可以使用这种简写方法?

输入: 第一行包含一个整数 k,第二行包含一个字符串 s 和两个字符 c_1、c_2。

输出: 输出一个整数,代表答案。

输入样例:	输出样例:
4	6
abababdb a b	

数据说明: 符合条件的子串如下,中括号内是该子串。

[abab]abdb、[ababab]db、[abababdb]、ab[abab]db、ab[ababdb]、abab[abdb]

评测用例规模与约定: 对于 20% 的数据,2≤k≤|s|≤10000;对于 100% 的数据,2≤k≤|s|≤$5×10^5$。s 中只包含小写字母。c_1 和 c_2 都是小写字母。|s| 代表字符串 s 的长度。

本题是统计问题,下面给出两种解法。

(1)模拟。简单模拟题目要求,字符串 s 的长度为 n,计算复杂度为 $O(n^2)$,可以通过 20% 的测试。

```
1  k = int(input())
2  s, c1, c2 = input().split()
3  len_s = len(s)
4  ans = 0
5  for i in range(len_s - 1):
6      if s[i] == c1:
```

7	`        for j in range(i + k - 1, len_s):`
8	`            if s[j] == c2:`
9	`                ans += 1`
10	`print(ans)`

（2）DP。这是一道典型的 DP 题目,符合 DP 的特性"重叠子问题"和"最优子结构"。

定义状态 dp[]：dp[i] 表示 $s[1] \sim s[i]$ 中首字母 c_1 出现的次数。

DP 转移：在遍历 s 时,若出现尾字母 c_2,那么答案累加 $dp[i-k+1]$。只需要遍历一次字符串,计算复杂度为 O(n)。

也有队员认为这个方法与前缀和有关。不过,按动态规划来理解更恰当一些。

```python
1  k = int(input())
2  s, c1, c2 = input().split()
3  len_s = len(s)
4  s = '0' + s                                    # s[0]不用,从 s[1]开始存字符串,容易理解
5  ans = 0
6  dp = [0] * (len_s + 1)
7  for i in range(1, len_s + 1):
8      if s[i] == c1: dp[i] = dp[i - 1] + 1       # 首字母 c1 出现的次数
9      else: dp[i] = dp[i - 1]
10     if i >= k and s[i] == c2:
11         ans += dp[i - k + 1]
12 print(ans)
```

 例 8.8 **2023 年第十四届蓝桥杯省赛 C/C++大学 B 组试题 E：接龙数列**
lanqiaoOJ 3512

时间限制：1s **内存限制**：256MB **本题总分**：15 分

问题描述：对于一个长度为 K 的整数数列 $A_1, A_2, \cdots, A_K$,当且仅当 A_i 的首位数字恰好等于 A_{i-1} 的末位数字($2 \leqslant i \leqslant K$)时称之为接龙数列。例如 12,23,35,56,61,11 是接龙数列；12,23,34,56 不是接龙数列,因为 56 的首位数字不等于 34 的末位数字。所有长度为 1 的整数数列都是接龙数列。现在给定一个长度为 N 的数列 $A_1, A_2, \cdots, A_N$,请计算最少从中删除多少个数可以使剩下的序列是接龙序列？

输入：第一行包含一个整数 N,第二行包含 N 个整数 $A_1, A_2, \cdots, A_N$。

输出：输出一个整数,代表答案。

输入样例：	输出样例：
5	1
11 121 22 12 2023	

评测用例规模与约定：对于 20% 的数据,$1 \leqslant N \leqslant 20$；对于 50% 的数据,$1 \leqslant N \leqslant 10000$；对于 100% 的数据,$1 \leqslant N \leqslant 10^5$,$1 \leqslant A_i \leqslant 10^9$。所有 A_i 保证不包含前导 0。

本题求最值,考虑用 DP 求解。

在读数列时,把数看成字符串,读 n 个字符串,字符串只包含 '0' ~ '9' 这 10 个字符。对每个字符串来说,影响接龙的是它的第一个和最后一个字符。

题意很明显：逐一处理 n 个字符串,每读入一个新的字符串,就更新最长接龙序列的长度。

如何设计 DP 状态？不假思索的思路是定义 dp[i] 为到第 i 个字符串时最长接龙序列的

长度。用这个状态定义是否能得到状态转移方程? 请读者思考。

设当前已经处理好 $1 \sim i-1$ 个字符串,并得到了最长接龙序列的长度,但是这个最长接龙序列到底是由哪些字符串组成的,很难记录,而且这个最长接龙序列包含的字符串可能和新读的第 i 个字符串没有关系。

下面详细分析题意,设计一种巧妙的 DP 状态。

前面提到,影响接龙的是字符串的第一个和最后一个字符。当读入第 i 个字符串时,设它的第一个字符是 head,最后一个字符是 tail。这个字符串对最长接龙序列的长度有无贡献? 因为接龙是接前面某个字符的尾字符,所以只需要考虑前面字符串的尾字符。

(1) head 是前面某个字符串 A 的尾字符。此时肯定有贡献,可以和 A 一起接龙,最长接龙序列的长度加 1。由于前面可能有多个字符串的尾字符是 head,为了形成最长接龙序列,可以用 dp[i] 记录和更新以 'i' 为尾字符的最长接龙序列的长度。此时,第 i 个字符串的 $dp[tail]=dp[head]+1$。

(2) tail 是前面某个字符串的尾字符,此时没有贡献,第 i 个字符的 dp[tail] 可以赋值为前面以 tail 字符为结尾的 dp[tail]。

根据以上分析定义状态 dp[],dp[i] 表示以字符 'i' 为末尾的最长接龙序列的长度。

状态转移方程,取(1)和(2)的最大值: $dp[tail]=\max(dp[tail], dp[head]+1)$。

下面的代码只有一个 for 循环,计算复杂度为 $O(n)$。

```
1  n = int(input())
2  dp = [0] * 10              # dp[i]:以 i 结尾的最长子序列的长度
3  res = 0
4  for s in input().split():
5      head = int(s[0])
6      tail = int(s[-1])
7      dp[tail] = max(dp[tail], dp[head] + 1)
8      res = max(res, dp[tail])
9  print(n - res)
```

 例 8.9　2023 年第十四届蓝桥杯省赛 Python 大学 C 组试题 E: 填充　　　　　lanqiaoOJ 3519

时间限制: 10s 内存限制: 512MB 本题总分: 15 分

问题描述: 有一个长度为 n 的 01 串,其中有一些位置标记为"?",在这些位置上可以任意填充 0 或者 1。请问如何填充这些位置可以使这个 01 串中出现的互不重叠的 00 和 11 子串最多,输出子串的个数。

输入: 输入一行,包含一个字符串。

输出: 输出一行,包含一个整数,表示答案。

输入样例:	输出样例:
1110?0	2

　　样例说明: 如果在问号处填 0,则最多出现一个 00 和一个 11,即 111000。

　　评测用例规模与约定: 对于所有评测用例,$1 \leqslant n \leqslant 1000000$。

本题有贪心、DP 两种解法。第 5 章曾用贪心法求解过本题,这里用 DP 求解。

很多题目可以用贪心,也可以用动态规划,因为它们有一个共同的应用场景——从小问题的解扩展到大问题的解。如果用贪心能得到最优解，那么就用贪心，代码更好写。如果用贪心不能得到最优解，用动态规划可以得到最优解。

定义状态 dp[]：dp[i]表示 s[0]～s[i]中的最多子串个数。最后得到的 dp[n−1]就是答案。

状态转移分以下两种情况讨论。

（1）s[i]可以和 s[i−1]拼接成"00"或"11"，有两种选择。

s[i]和 s[i−1]拼接，子串的数量 dp[i]等于 dp[i−2]+1，有 dp[i]＝dp[i−2]+1。

s[i]和 s[i−1]不拼接，则 dp[i]＝dp[i−1]。

取两种选择的最大值。

（2）s[i]和 s[i−1]不能拼接，有 dp[i]＝dp[i−1]。

下面是 DP 代码，只有一个 for 循环，计算复杂度为 O(n)。读者可以与第 5 章中的贪心代码进行比较。

```
1  s = input()
2  s = "#" + s                                    ＃ 头部加一个其他字符,免去判断 i 小于 2 的情况
3  n = len(s)
4  dp = [0] * n
5  for i in range(2, n):
6      if s[i-1] == s[i] or s[i] == '?' or s[i-1] == '?':
7          dp[i] = max(dp[i-1], dp[i-2] + 1)       ＃ 可以拼接
8      else: dp[i] = dp[i - 1]                       ＃ 不能拼接
9  print(dp[n-1])
```

 例 8.10　乘积 http://oj.ecustacm.cn/problem.php?id=1781

问题描述：给定一个长度为 n 的序列，序列中的元素只包括 1 和 −1，请问有多少个连续的子序列乘积为正数。

输入：输入的第一行为正整数 n，n≤10^6，第二行包含 n 个整数。

输出：输出一个数字，表示答案。

输入样例：	输出样例：
4	6
1 1 −1 −1	

这是一道经典题。偶数个 −1 相乘是正数，奇数个 −1 相乘是负数。本题显然可以用 DP 来做，下面设计 DP 状态和转移方程。

设输入的序列是 a[1]～a[n]，定义 DP 状态如下。

dp[i][0]：以 a[i]结尾的积为 1 的个数。

dp[i][1]：以 a[i]结尾的积为 −1 的个数。

例如样例{1，1，−1，−1}，有 dp[1][0]=1，dp[2][0]=2，dp[3][0]=0，dp[4][0]=3。

状态转移方程：

（1）若 a[i]=1

dp[i][0]=dp[i−1][0]+1，积为 1 的个数再加 1（就是加自己）

dp[i][1]=dp[i−1][1]，积继续为 −1，只能 1 乘以积为 −1 的 dp

（2）若 a[i]＝－1

dp[i][0]＝dp[i－1][1]，－1 乘以积为－1 的 dp，积才为 1

dp[i][1]＝dp[i－1][0]＋1，－1 乘以积为 1 的 dp，积才为－1，再加上 1（自己）

最后，把所有 dp[i][0] 相加，就是答案。DP 的总计算复杂度为 O(n)。

```
1   N = 1000010
2   a = [0] * N
3   dp = [[0] * 2 for _ in range(N)]
4   ans = 0
5   n = int(input())
6   a[1:n + 1] = list(map(int, input().split()))          # a[0]不用
7   for i in range(1, n + 1):
8       if a[i] == 1:
9           dp[i][0] = dp[i - 1][0] + 1
10          dp[i][1] = dp[i - 1][1]
11      elif a[i] == -1:
12          dp[i][0] = dp[i - 1][1]
13          dp[i][1] = dp[i - 1][0] + 1
14  for i in range(1, n + 1): ans += dp[i][0]
15  print(ans)
```

🎓 例 8.11　石头剪刀布 IV　http://oj.ecustacm.cn/problem.php?id＝1771

问题描述：小蓝和小红在玩石头剪刀布的游戏，为了方便描述，分别用数字 1、2、3 表示石头、剪刀、布。游戏进行 N 轮，小蓝已经知道小红每一轮要出的手势，但是小蓝很懒，最多变换 K 次手势。请求出小蓝赢的最多次数。

输入：第一行输入两个数字 N 和 K，$1 \leqslant N \leqslant 100000$，$0 \leqslant K \leqslant 20$。第二行输入 N 个数字，表示小红每一轮输出的手势。

输出：输出一个数字，表示答案。

输入样例：	输出样例：
5 1	4
3 3 1 3 2	

读者可以试一试用暴力或贪心是否能够求解。当用贪心不能得到全局最优解时常能用 DP 求解。

定义状态 dp[i][j][k]，表示小蓝前 i 轮变换了 j 次手势，当前手势为 k 的最大的胜利次数。在计算结束后，答案是 max{dp[n][k][1]，dp[n][k][2]，dp[n][k][3]}。

下面推导状态转移方程。考察小蓝的连续两次手势，有两种情况：不变、变了。

（1）手势不变。那么变换次数 j 没有变。

小蓝是否能赢？设小蓝的上一次手势为 k，新手势为 nk，由于手势不变有 nk＝k。nk 能否赢 a[i]？用 check(nk, a[i]) 判断能赢的几种情况即可。状态转移方程的代码如下：

dp[i][j][nk] = max(dp[i][j][nk], dp[i−1][j][k] + check(nk,a[i]));

（2）手势变了。那么 dp[i][j][] 从 dp[i−1][j−1][] 递推而来。同样用 check(nk, a[i]) 判断能赢的几种情况。状态转移方程的代码如下：

dp[i][j][nk] = max(dp[i][j][nk], dp[i−1][j−1][k] + check(nk,a[i]));

```
1   # pypy
```

```
2  N, K = map(int, input().split())
3  K += 1
4  dp = [[[0] * 4 for _ in range(25)] for _ in range(100010)]
5  a = [0] + list(map(int, input().split()))
6
7  def check(a, b):                          # 几种赢的情况
8      if a == 1 and b == 2: return 1
9      if a == 2 and b == 3: return 1
10     if a == 3 and b == 1:return 1
11     return 0
12
13 for i in range(1, N + 1):                 # n 次游戏
14     for j in range(1, K + 1):             # 变换的次数
15         for k in range(1, 4):             # 小蓝上一轮的手势
16             for nk in range(1, 4):        # 小蓝当前的手势
17                 if k == nk:               # 手势不需要变化,那么 j 不变
18                     dp[i][j][nk] = max(dp[i][j][nk], \
19                                     dp[i-1][j][k] + check(nk, a[i]))
20                 else:                     # 手势需要变化,那么 j 减 1
21                     dp[i][j][nk] = max(dp[i][j][nk], \
22                                     dp[i-1][j-1][k] + check(nk, a[i]))
23 print(max(dp[N][K][1], max(dp[N][K][2], dp[N][K][3])))
```

【练习题】

lanqiaoOJ:健身 5130、苏苏的天魂石 3859、小骑士过酸水 3852、可构造的序列总数 3348、苏苏的 01 字符串 3861、数字排列 3355、建造房屋 3362、结果为真的序列 3650、数字三角形 505、跳跃 553、包子凑数 98、对局匹配 107、保险箱 3545、奇怪的数 3528、蜗牛 4985、数组分割 3535、合并石子 3540、松散子序列 3543。

洛谷:最长上升子序列 B3637、硬币问题 B3635、过河卒 P1002、数字三角形 P1216、最大字段和 P1115、编辑距离 P2758、魔术棋子 P2049。

扫一扫
视频讲解

8.6 扩展学习

在算法竞赛中,动态规划是考核计算思维的最好的题型。动态规划是计算机科学专有的技术,思维灵活,应用面广,动态规划的广度和深度都让人惊叹。

本章只介绍了动态规划的基本概念、基本应用,但已经能让读者体会到动态规划的精妙。

读者可以继续深入学习动态规划,本书无法列出动态规划的所有知识点,下面是一些常见、常考的知识点。

中级:数位统计 DP、状态压缩 DP、区间 DP、树形 DP、概率 DP 等。

高级:单调队列优化、斜率优化、四边形不等式优化等。

第 **9** 章 图 论

图论算法拥有极其丰富的应用场景，是竞赛队
员非常喜爱的专题。本章介绍常见的、常考核的几
个图论知识点。

在算法竞赛中，图论是知识点最多的专题之一。图论在计算机科学中具有重要的地位，计算机算法非常适合用于解决图论问题。

图这种抽象模型由点和连接点的边组成。很多点和边构成了一个网状结构，从而能方便地描述事物之间的连接关系。在现实世界中，图可以用来表达各种关系，而计算机可以很方便地存储和操作图数据。图论算法得到了广泛而深入的研究，例如最短路径算法应用于导航软件、拓扑排序算法应用于工序安排、最小生成树算法应用于最少道路建设等。由于每个图算法都能在现实世界中找到丰富的应用，所以在竞赛时很方便出与图论有关的竞赛题目。

图算法的复杂度显然和点的数量 n、边的数量 m 直接相关。如果一个算法的复杂度能达到线性时间 $O(n+m)$，这是图问题中能达到的最好的程度了，例如在边长都为 1 的图上用 BFS 搜最短路径，是 $O(n+m)$ 的。如果复杂度差一点，能达到 $O(n\log_2 m)$、$O(m\log_2 n)$，也是很好的算法，例如在有边权的图上用 Dijkstra 搜最短路径，是 $O((n+m)\log_2 m)$ 的。如果复杂度是 $O(n^2)$、$O(m^2)$、$O(nm)$ 或更高，就不是高效的算法，例如 Floyd 算法是 $O(n^3)$，Bellman-ford 算法是 $O(nm)$，都不是高效的算法。不过，虽然这些算法的计算复杂度不同，但是它们都有自己的应用场景，互相不可替代。

由于复杂度和 n、m 有关系，n、m 对算法的选择有影响，稀疏图和稠密图适用于不同的算法。若 n 和 m 有相同数量级，那么就是稀疏图。如果 m 很大，例如在极端情况下每两个点之间都有边连接，$m \approx n^2/2$，此时是极稠密图。

图的基本问题是搜索和边的关系，用 BFS 和 DFS 遍历一个图非常容易编程，所以 BFS 和 DFS 是图问题的基本算法，与图有关的算法大部分内容是基于它们的。这些算法，或者直接用 BFS 和 DFS 来解决问题，或者用其思想建立新的算法，本书"第 6 章 搜索"介绍了 BFS 和 DFS 在图中的应用。

本章介绍图的几个常见问题，包括图的存储、最短路径算法、最小生成树，这是蓝桥杯经常考核的内容。

扫一扫

视频讲解

9.1　图 的 存 储

对图的任何操作都需要基于一个存储好的图。

图的要素包括点和边，存图就是存点和边，主要有边集数组、邻接矩阵、邻接表、链式前向星 4 种存图的数据结构。这几种数据结构的差异很大，数据的组织、对存储空间的需求、访问效率都很不一样。它们有各自的应用场景，互相不可替代，所以不能简单地说哪个更好，哪个更差，只能说合不合适。

本节介绍边集数组、邻接矩阵、邻接表，它们是最常用的存图数据结构，在绝大多数情况下够用。另外还有一种数据结构——链式前向星[①]，它非常省空间，应用在极大的图中，一般在中级以上的题目中才需要用到。

数据结构和算法往往密不可分，下面以这几种存图的数据结构为例，说明数据结构和算法的关系。

---

① 参考《算法竞赛》，清华大学出版社，罗勇军、郭卫斌著，602 页"10.1.3 链式前向星"。

在图9.1中有5个点、8条边,有的点是直连的邻居,有的点之间需要通过其他点中转。例如图中的两个邻居点 u、v,如果图是有向图,它们之间有两条边 u→v、v→u;如果是无向图,它们之间有一条边,表示为 u-v。

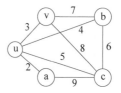

图9.1　图的例子

1. 边集数组

这是最简单的存图方法,应用场景很窄。

例如图9.1,把整张图表示为{(u, v, 3),(u, a, 2),(u, b, 4),(u, c, 5),(v,b,7),(v, c, 8),(a, c, 9),(b, c, 6)}。其中(u, v, w)表示一条边,起点是u,终点是v,边长是w。

用结构体数组存图最简单、直观。代码例如:

```
1  # 定义
2  edges = [ ]                                      # 用结构体数组存边
3  # 存点和边
4  u,v,w = 3,4,75                                   # 输入 u、v、w
5  edges.append([u, v, w])                          # 用 append 加入 edges[ ],得 edges[0]
6  edges.append([6, 9, 39])                         # edges[1]
7  # 引用
8  print( * edges[1])                               # 输出:6 9 39
9  print(edges[1][0], edges[1][1], edges[1][2])     # 输出:6 9 39
```

edges[i]存第 i 条边,edges[M]一共可以存 M 条边。

用边集数组存图的空间复杂度是 O(M)。

边集数组的优点:它是最节省空间的存图方法,因为存图的数据不可能比 M 条边更少。例如有 n＝1000 个点,m＝5000 条边的图,使用的存储空间是 $3 \times 32 \times 5000 = 320KB$,其中 3×32 是存一条边(u, v, w)需要的空间。

边集数组的缺点:不能快速地定位某条边。如果要查找点 u 和哪些点之间有边连接,需要把整个数组 edges[M]从头到尾搜一遍才能知道。

边集数组的应用场景:如果算法不需要查找特定的边,就用边集数组。例如最小生成树 Kruskal 算法、最短路径 Bellman-ford 算法,它们只需要逐个处理每条边,用边集数组即可,用其他数据结构不仅浪费空间,而且与算法不匹配,使用不方便。其他需要快速查找点和边的算法则不能用边集数组。

2. 邻接矩阵

邻接矩阵的编码和边集数组一样简单。定义二维数组:

```
1  N = 100
2  edge = [[0] * N for _ in range(N)]              # 定义 N * N 的二维数组
```

$$\begin{array}{c|ccccc} & u & v & a & b & c \\ \hline u & 0 & 3 & 2 & 4 & 5 \\ v & 3 & 0 & \infty & 7 & 8 \\ a & 2 & \infty & 0 & \infty & 9 \\ b & 4 & 7 & \infty & 0 & 6 \\ c & 5 & 8 & 9 & 6 & 0 \end{array}$$

图9.2　用二维矩阵存图

edge[i][j]表示点 i 和点 j 之间的边长为 edge[i][j]。它可以存 N 个点的边。以图9.1为例,用矩阵存储,如图9.2所示。

edge[u][u]＝0,表示点 u 到自己的边长为0。定义自己到自己的边长为0是符合常理的。不过,有时候需要定义自己到自己的边长的初值为无穷大,例如 Floyd 算法。

edge[u][v]＝3,表示 u 和 v 是直连的邻居,边长为3。

edge[v][a]＝∞,无穷大,表示 v 和 a 之间没有直连的边。

邻接矩阵存储的空间复杂度是 $O(N^2)$。

邻接矩阵的优点：

（1）能极快地查询任意两点之间是否有边，如果 edge[i][j]<∞，说明点 i 和点 j 之间有一条边，边长为 edge[i][j]。

（2）适合存储稠密图，也就是大多数点之间有边连接的图。

邻接矩阵的缺点：

（1）如果是稀疏图，大部分点和边之间没有边，那么用邻接矩阵很浪费空间，因为大多数 edge[][]＝∞，相当于没有用到。例如有 n＝1000 个点，m＝5000 条边的图，使用的存储空间是 32×1000×1000＝32MB，这里的 32 是一条边长 edge[i][j] 使用的空间。32MB 是边集数组 320KB 的 100 倍。

（2）在一般情况下不能存储重边。（u，v）之间可能有两条或更多的边，这就是重边。为什么需要重边？因为点与点之间的边可能需要定义不同的度量，例如费用、长度等，不能合并为一个度量。有向边（u，v）在矩阵中只能存储一个参数，矩阵本身的局限性使它不能存储重边。

邻接矩阵的应用场景：

（1）稠密图，几乎所有的点之间都有边，edge[][]数组几乎用满了，很少浪费。

（2）算法需要快速查找边，而且计算结果和任意两点的关系有关。

邻接矩阵的经典应用场景是最短路径 Floyd 算法，Floyd 算法只能用邻接矩阵存图。

另外，虽然邻居矩阵比较浪费空间，但是如果题目的点和边很少，用邻接矩阵不会超过空间限制，也可以用邻接矩阵，使编码更简单。

图 9.3　邻接表存图

3．邻接表

这是最常用的存储方法，它像边集数组只存储存在的边，又像邻接矩阵能快速地查找边，还能存储重边。

所谓邻接表，即每个点只存储它的直连邻居点，并且用链表的形式来存储这些邻居。图 9.1 的邻接表如图 9.3 所示。

邻接表的编码例如：

```
1    # 初始化
2    N = 1000
3    G = [[] for i in range(N+1)]              # N 个点
4    # 存边
5    u,v,w = 3,5,89
6    G[u].append((v,w))                        # 点 u = 3 的第 1 个邻居是 v = 5,边长 w = 89
7    u,v,w = 3,9,24
8    G[u].append((v,w))                        # 点 u = 3 的第 2 个邻居是 v = 9,边长 w = 24
9    # 引用
10   print(G[3])                               # 输出:[(5, 89), (9, 24)]
11   print(G[3][0])                            # 输出:(5, 89)
12   print(G[3][0][0])                         # 输出:5
13   # 遍历点 3 的所有邻居
14   for i in range(len(G[3])):
15       u,v = G[3][i]
16       print(u,v)                            # 输出:5 89 和 9 24
```

邻接表的优点：

（1）非常节省空间，因为只需要存储存在的边。

（2）查询边非常快。

邻接表没有明显的缺点。它的存储空间只比边集数组多一点，查找边的速度只比邻接矩阵慢一点。

邻接表的应用场景：基于稀疏图的大部分图论算法。稠密图也可以用邻接表，但是不如用更简单的邻接矩阵。

9.2　　　最短路径算法

最短路径是广为人知的图论问题，在计算机的萌芽年代就得到了研究。1956 年，Dijkstra 提出了著名的 Dijkstra 算法[①]，用于在带权重的普通有向图中找到最短路径。这个算法成为最短路径问题的经典解决方法，并且对后来的图论研究产生了深远的影响。

Dijkstra 算法的提出标志着最短路径问题开始了正式研究。在随后的几十年里出现了很多经典算法，常见的最短路径算法有 BFS、Floyd、Bellman-ford、SPFA、A*，它们有各自的应用场景。

在介绍其他最短路径算法之前先回顾用 BFS 求最短路径。BFS 只适合一种场景：任意的相邻两点之间距离相等，一般把这个距离看成 1，称为"一跳"，从起点到终点的路径长度就是多少个"跳数"。在这种场景下，查找一个起点到其他所有点的最短距离，BFS 是最优的最短路径算法，计算复杂度是 $O(n)$，n 是图上点的数量。

注意，BFS 可以在 $O(n)$ 的一次计算中得到从一个起点到其他所有点的最短路径，称 BFS 是"点到多点"算法。

本节将介绍其他算法，计算目标不同。

Floyd 是"所有点对之间"的算法，可以在一次计算后得到任意两点之间的最短路径。

Bellman-ford、Dijkstra 也是"点到多点"算法，在一次计算后得到从一个起点到其他所有点的最短路径。

下面用一道较难的题目复习 BFS 在最短路径中的应用。

例 9.1　寻宝 http://oj.ecustacm.cn/problem.php?id=1707

问题描述：在寻宝游戏中有红宝石和蓝宝石，每个点最多存在一种宝石。在 n 个点的单向图中，玩家每占领一个点，都需要在这个点插上一面旗帜。最开始玩家占领起点 1，已经在起点 1 插入一面旗帜，之后每次只能从已经占领的点出发，然后占领相邻的点，当占领区域中至少包含一个红宝石和一个蓝宝石时，游戏胜利。请问玩家最少还需要多少面旗帜可以胜利（不包括起点 1 的旗帜）。

输入：输入的第一行包含 3 个正整数 n、m、k（$2 \leqslant n \leqslant 10^5$，$1 \leqslant m, k < n$），分别表示点数、红宝石总数、蓝宝石总数。第二行包含 m 个数字，表示包含红宝石的点。第三行包含

---

① Edsger W. Dijkstra 是荷兰人，公认的计算机宗师。参考博文：
巨人的肩膀　https://blog.csdn.net/weixin_43914593/article/details/114755499

k个数字，表示包含蓝宝石的点。接下来n行，第i行中第一个数字k表示点i的出度，第2到k+1个数字表示点i可以到达的点。

　　输出：如果不可能胜利，输出"impossible"，否则输出一个数字，表示答案。

输入样例：	输出样例：
3 1 1	2
2	
3	
1 2	
2 3 1	
1 1	

　　概述题意：给出一张有向图，其中一些点有红宝石，一些点有蓝宝石，也可能没有宝石，问要走到至少一个红点和一个蓝点最少需要走多少步。

　　这显然是最短路径问题，它至少是两个最短路径：第一次到红点（不经过蓝点），第二次到蓝点；或者反过来，先到蓝点再到红点。

　　每个点有红、蓝、无色3种可能。把一条能走到红和蓝的路径分解为3个部分，它们通过点i中转：从1走到i（红、蓝、无色三者之一），从i走到蓝（或红），再走到红（或蓝）。遍历所有的i，最小的路径就是答案。

　　代码的步骤如下：

　　（1）计算从起点1到其他所有点的最短距离。

　　（2）计算从任意点i到红点的最短距离。因为红点很多，用这样一个技巧：新增一个点0，它的邻居是所有红点。那么从点i到任意红点的最短距离等于到0的最短距离减1。

　　（3）计算从任意点i到蓝点的最短距离。同样新增一个点n+1，它的邻居是所有蓝点，从点i到任意蓝点的距离等于i到点n+1的最短距离减1。

　　将点i的以上3个距离相加，得到经过i的最短路径。比较i的所有的最短路径，最小值就是答案。

　　编码用BFS求最短路径。因为边长都是1，所以用BFS求最短路径是最好的，复杂度为O(n)，不需要用其他最短路径算法。

　　（1）求点1到其他点的最短路径，执行一次BFS即可。

　　（2）求任意点i到点0的最短路径，相当于在反图上求起点0到其他所有点的最短路径。

　　（3）求任意点i到点n+1的最短路径，相当于在反图上求起点n+1到其他所有点的最短路径。

　　注意，BFS用的队列要判重。一般在编码时定义int vis[n]来判断是否已经用队列处理过，若vis[i]=1，表示i已经用队列处理过，i不再进入队列。下面的代码没有用这种方法，而是用了一个隐含的判重。第22行，当d[x]=inf时，说明点x还没有用队列处理过，需要放进队列；否则点x的最短路径已经算过，不用再放进队列。

　　代码的复杂度：做3次BFS，最后求最小值，总复杂度为O(n)。

　　存图用邻接表。因为边长都是1，所以不用存边长。

```
1  #pypy
2  from collections import deque
```

```
3    N = 100010
4    inf = 0x3f3f3f3f
5    G = [[] for _ in range(N)]           # 原图
6    NG = [[] for _ in range(N)]          # 反图
7    d0 = [inf] * N
8    d1 = [inf] * N
9    dn = [inf] * N
10   n, m, k = 0, 0, 0
11   def add(a, b):
12       G[a].append(b)                   # 原图加边:a->b
13       NG[b].append(a)                  # 反图加边:b->a
14   def bfs(s, d, G):                     # 求s到其他所有点的最短路径,d[i]是s->i的最短路径
15       global inf
16       d[s] = 0
17       q = deque()
18       q.append(s)
19       while q:
20           t = q.popleft()
21           for x in G[t]:               # 扩展t的邻居点
22               if d[x] == inf:          # 有判重的作用。如果不等于inf,说明已算过,不用进队列
23                   d[x] = d[t] + 1
24                   q.append(x)
25   if __name__ == '__main__':
26       n, m, k = map(int, input().split())
27       a = [0] + list(map(int, input().split()))
28       for i in range(1, m + 1):        # m个红宝石
29           x = a[i]
30           add(x, 0)                     # 加边(x,0)。把所有红宝石和0点连接
31       b = [0] + list(map(int, input().split()))
32       for i in range(1, k + 1):        # k个蓝宝石
33           x = b[i]
34           add(x, n + 1)                 # 加边(x,n+1)。把所有蓝宝石和n+1点连接
35       for i in range(1, n + 1):
36           nums = list(map(int, input().split()))
37           for j in range(1, len(nums)): # 第i点的邻居点
38               x = nums[j]
39               add(i, x)                 # 加边:i-x
40   bfs(0, d0, NG)
41       # 在反图上计算所有点到0点(终点是红宝石)的最短路径,d0[i]是i到0的最短路径
42   bfs(1, d1, G)
43       # 在原图上计算1到所有点的最短路径,d1[i]是1到i的最短路径
44   bfs(n + 1, dn, NG)
45       # 在反图上计算所有点到n+1(终点是蓝宝石)的最短路径,dn[i]是i到n+1的最短路径
46       ans = inf
47       for i in range(1, n + 1): ans = min(ans, d0[i] + d1[i] + dn[i])
48       if ans == inf: print("impossible")
49       else: print(ans - 2)
```

9.2.1 Floyd

Floyd 算法是最简单的最短路径算法,代码仅有 4 行,比 BFS 更简单。它的效率不高,不能用于大图,但是在某些场景下也有自己的优势,难以替代。

Floyd 算法是一种"所有点对(多对多)"的最短路径算法,一次计算能得到图中每一对点之间的最短路径。

Floyd 的设计基于动态规划思想。

1. Floyd 与动态规划

求图上两点 i、j 之间的最短距离,可以按"从小图到全图"的步骤,在逐步扩大图的过程中计算和更新最短路径。这是动态规划的思路。

从第 1 个点开始,逐个加入其他的点。

(1) 加入第 1 个点,计算图中所有点对 i、j 通过 1 点中转得到的最短路径。

(2) 加入第 2 个点,计算图中所有点对 i、j 通过 1、2 点中转得到的最短路径。

(3) 加入第 3 个点,……

(4) 加入第 k 个点,计算图中所有点对 i、j 通过 1~k 点中转得到的最短路径。

继续以上步骤,直到所有 n 个点都可以用来中转,结束计算。

在这个计算过程中,设当前已经计算好了经过第 1~k−1 点中转的最短路径,下一步加入第 k 点。重新计算用 1~k 点中转的任意两点 i、j 的最短路径,如果经过第 k 点有更短路径就更新。在这个过程中,计算第 k 点时,能用到 1~k−1 点的结果。

按动态规划的思路,定义状态为 $dp[k][i][j]$,i、j、k 为点的编号,范围为 1~n。$dp[k][i][j]$ 表示包含 1~k 点的子图,点对 i、j 之间的最短路径长度。注意 i、j 是全图中的任意两个点,并不局限于子图 1~k。

在从子图 1~k−1 扩展到子图 1~k 时,状态转移方程如下:

$$dp[k][i][j] = \min(dp[k-1][i][j], \ dp[k-1][i][k] + dp[k-1][k][j])$$

图 9.4 从子图 1~k−1 扩展到子图 1~k

计算过程如图 9.4 所示,虚线圈内是包含了 1~k−1 点的子图。状态转移方程中的 $dp[k-1][i][k] + dp[k-1][k][j]$ 是经过了 k 点后的新路径的长度,即 i 先到 k,再从 k 到 j。比较不经过 k 的最短路径 $dp[k-1][i][j]$ 和经过 k 的新路径,较小者就是新的 $dp[k][i][j]$。注意,i、j 是 1~n 内所有的点。

当 k 从 1 逐步扩展到 n 时,最后得到的 $dp[n][i][j]$ 是全图中点对 i、j 之间的最短路径长度。

注意边长的初值。若 i、j 是直连的,初值 $dp[0][i][j]$ 就是边长。若不直连,初值为无穷大。特别的,可以定义第 i 点到自己的路径 $dp[0][i][i]$ 的初值为无穷大;在计算结束后,$dp[n][i][i]$ 是从 i 出发,经过其他点绕一圈回到自己的最短路径。当然,也可以定义 $dp[n][i][i]=0$,但是这样就不能计算出绕一圈回来的路径长度了。

由于 i、j 是任意点对,所以在计算结束后得到了所有点对之间的最短路径。

2. Floyd 的编码

下面是 Floyd 的核心代码,仅有 4 行。这里把 $dp[][][]$ 缩小成了 $dp[][]$,使用滚动数组优化,因为 $dp[k][][]$ 只和 $dp[k-1][][]$ 有关,所以可以省掉 k 这一维,改进后的状态转移方程如下:

$$dp[i][j] = \min(dp[i][j], \ dp[i][k] + dp[k][j])$$

在编码时,用三重 for 循环计算 $dp[][]$。

```
1   for k in range(1, n+1):                    # Floyd 的三重循环
2       for i in range(1, n+1):
3           for j in range(1, n+1):            # k 循环在 i、j 循环的外面
4               dp[i][j] = min(dp[i][j], dp[i][k] + dp[k][j])
5                                              # 比较:不经过 k、经过 k
```

由于 k 是动态规划的子问题的"阶段",即 k 是从点 1 开始逐步扩大到 n 的,所以 k 循环必须放在 i、j 循环的外面。

代码的计算复杂度:有三重循环,复杂度为 $O(n^3)$。

从以上对 Floyd 算法的描述可以看出,Floyd 的寻路极为盲目,完全不考虑点与点之间的关系,不管两个点之间是否有直连边,计算方法都一样,这是它的效率低于其他算法的原因。像 Bellman-ford、Dijkstra 这样的算法都是先计算相邻点的路径,再计算不相邻点的路径,显然会高效得多。不过,Floyd 这种简单的方法在某些情况下却有优势。

Floyd 算法有以下特点:

(1) 能在一次计算后求得所有点之间的最短距离,其他最短路径算法都做不到。

(2) 代码极其简单,是最简单的最短路径算法。

(3) 效率低下,计算复杂度是 $O(n^3)$,只能用于 n<400 的小图。

(4) 存图用邻接矩阵 dp[][] 是最好、最合理的,比其他数据结构更好。因为 Floyd 算法计算的结果是所有点对之间的最短路径,结果本身就是 n^2 的,用矩阵存储最合适。

(5) 能判断负环。负环是什么? 若图中有权值为负的边,某个经过这个负边的环路,所有边长相加的总长度也是负数,这就是负环。在这个负环上每绕一圈,总长度就更小,从而陷入在负环上兜圈子的死循环。Floyd 算法很容易判断负环,只要在算法的运行过程中出现任意一个 dp[i][i] < 0 就说明有负环。因为 dp[i][i] 是从 i 出发,经过其他中转点绕一圈回到自己的最短路径,如果小于零,则存在负环。下一节的 Bellman-ford 算法也能判断负环,并且给出了例题。

下面的场景适合用 Floyd 算法。

(1) 图的规模小,点数 n<400。这种小图不需要用其他高效的算法。

(2) 问题的解决和中转点有关。这是 Floyd 算法的核心思想,算法用 DP 方法遍历中转点来计算最短路径。

(3) 路径在"兜圈子",一个点可能经过多次。这是 Floyd 算法的特长,其他路径算法都不行。

下面是模板题,是 Floyd 算法的基本应用。

 例 9.2 （模板）**Floyd   https://www.luogu.com.cn/problem/B3647**

问题描述:给出一张由 n 个点、m 条边组成的无向图,求出所有点对(i, j)之间的最短路径。

输入:第一行为两个整数 n、m,分别代表点的个数和边的条数。接下来 m 行,每行 3 个整数 u、v、w,代表 u 和 v 之间存在一条边权为 w 的边。

输出:输出 n 行,每行 n 个整数。第 i 行的第 j 个整数代表从 i 到 j 的最短路径。

输入样例:	输出样例:
4 4	0 1 2 1
1 2 1	1 0 1 2
2 3 1	2 1 0 1
3 4 1	1 2 1 0
4 1 1	

数据说明：对于 100％的数据，n≤100，m≤4500，任意一条边的权值 w 是正整数且
1≤w≤1000。

用这道题给出模板的代码。

用数组 e[i][j]记录点 i、j 之间的最短距离。初始时，把所有点之间的边长都设为无穷大，包括 e[i][i]。在 Floyd 计算结束后，e[i][i]不等于零，而是从 i 出发绕一圈回来的最短路径。在第 14 行把 e[i][i]改为 0。当然，在初始化的时候就把 e[i][i]设为 0 也是可以的。

```
 1   import sys
 2   N = 101
 3   e = [[sys.maxsize for _ in range(N)] for _ in range(N)]
 4   n, m = map(int, input().split())
 5   for i in range(m):
 6       u, v, w = map(int, input().split())
 7       e[u][v] = min(e[u][v], w)              # 防止重边
 8       e[v][u] = e[u][v]                      # 无向边
 9   for k in range(1, n + 1):                  # 用 Floyd 计算最短路径
10       for i in range(1, n + 1):
11           for j in range(1, n + 1):
12               e[i][j] = min(e[i][j], e[i][k] + e[k][j])
13   for i in range(1, n + 1):                  # 在计算结束后，把 e[i][i]改为 0
14       e[i][i] = 0
15   for i in range(1, n + 1):
16       for j in range(1, n + 1):
17           print(e[i][j], end = " ")
18       print()                                # 换行
```

Floyd 算法能记录最短路径上经过了哪些点吗？如何记录？请读者思考。下面的例题给出了答案。

 例 9.3　打印路径 lanqiaoOJ 1656

问题描述：有 N 个城市，编号为 1～N，给出这些城市之间的邻接矩阵，在矩阵中 -1 代表哪两个城市无道路相连，其他值代表路径长度。如果一辆汽车经过某个城市，必须要交一定的过路费。从 a 城到 b 城，花费为路径长度之和，再加上除起点与终点外所有城市的过路费之和。求最小花费，如果有多条路径符合，则输出字典序最小的路径。

输入：第一行给定一个 N 表示城市的数量，若 N＝0，表示结束。接下来 N 行，第 i 行有 N 个数，$a_{i,1}$～$a_{i,n}$，其中 $a_{i,j}$ 表示第 i 个城市到第 j 个城市的直通路过路费，若 $a_{i,j}＝$ -1，表示没有直通路，接下来一行有 N 个数，第 i 个数表示第 i 个城市的税。再后面有很多行，每行有两个数，表示起点和终点城市，若两个数是 -1，则结束。

输出：对给定的每两个城市，输出最便宜的路径经过哪些点，以及最少费用。输出格式如下：

From a to b：
Path：a--> a1-->……-->ak--> b
Total cost：……

<table>
<tr><td>

输入样例：

```
5
0 3 22 -1 4
3 0 5 -1 -1
22 5 0 9 20
-1 -1 9 0 4
4 -1 20 0 4
5 17 8 3 1
1 3
3 5
2 4
-1 -1
0
```
</td><td>

输出样例：

```
From 1 to 3：
Path：1--> 5--> 4--> 3
Total cost：21

From 3 to 5：
Path：3--> 4--> 5
Total cost：16

From 2 to 4：
Path：2--> 1--> 5--> 4
Total cost：17
```
</td></tr>
</table>

题目需要输出最短路径上经过的点。

Floyd 如何记录最短路径？答案出奇的简单：在每一轮用新的中转点 k 更新 e[i][j] 时，同时记录 path[i][j]＝path[i][k]，这里 path[i][j] 的意思是 i 到 j 的最短路径上 i 的下一个点。见下面代码中的第 25 行。

```python
import sys
INF = sys.maxsize
N = 305
e = [[INF] * N for _ in range(N)]         # 初始化所有边长为无穷大
path = [[0] * N for _ in range(N)]
tax = [0] * N
n = 0
def input_graph():                         # 输入图
    global n
    n = int(input())
    for i in range(1, n + 1):
        line = list(map(int, input().split()))
        for j in range(1, n + 1):
            if line[j - 1] != -1:
                e[i][j] = line[j - 1]
                path[i][j] = j             # 用于记录路径
    tax[1:n + 1] = list(map(int, input().split()))
def floyd():                               # 用 Floyd 算法计算最短路径
    for k in range(1, n + 1):
        for i in range(1, n + 1):
            for j in range(1, n + 1):
                t = e[i][k] + e[k][j] + tax[k]
                if t < e[i][j]:
                    e[i][j] = t            # 更新最短路径长度
                    path[i][j] = path[i][k]  # i->j 的路径上 i 的下一个点
                elif t == e[i][j] and path[i][k] < path[i][j]:
                    path[i][j] = path[i][k]  # 如果有多条最短路径,按字典序
def output():
    while True:
        x, y = map(int, input().split())
        if x == -1 and y == -1:
            break
        print(f"From {x} to {y} :")
```

```
34          print(f"Path: {x}", end = "")
35          k = x
36          while k != y:
37              k = path[k][y]
38              print(f" --> {k}", end = "")
39          print()
40          print(f"Total cost: {e[x][y]}")
41          print()
42
43  input_graph()
44  floyd()
45  output()
```

在需要输出路径(i -> j)时,设整个路径经过的点是i-a-b-c-j。先用Floyd计算得到path[i][j]＝a,path[a][j]＝b,path[b][j]＝c,path[c][j]＝j,逐个打印出来,就得到了完整的最短路径(i -> a -> b -> c ->j)。

为什么这样做是对的? 这需要大家对Floyd有深刻的认识。简单地说是因为基于这个原理:若最短路径dp[i][j]经过中转点k,那么dp[i][k]、dp[k][j]也都是最短路径。

下面先重新讨论Floyd的计算过程。

当k＝1时,图中任意i、j点通过点1的中转计算最短路径,此时只有1点的邻居点能通过1点中转,计算出路径。离1点远的i、j,到1点的距离是无穷大,i、j之间的距离也是无穷大。

当k＝2时,图中任意i、j点通过点1、2的中转计算最短路径,此时只有1、2点的邻居点,以及上一步k＝1时算出的1点的邻居的邻居,能通过1、2点中转,计算出路径。

继续以上步骤,直到k＝n,完成了整个动态规划过程。

根据状态转移方程dp[i][j]＝min(dp[i][j], dp[i][k]＋dp[k][j])可知,路径(i -> j)通过k中转,分为dp[i][k]、dp[k][j]两部分。

当dp[i][j]是最短路径时,dp[i][k]、dp[k][j]必定也都是最短路径。

dp[i][k]继续用点u中转,dp[i][k]＝dp[i][u]＋dp[u][k];dp[k][j]继续用点v中转,dp[k][j]＝dp[k][v]＋dp[v][j]。

dp[i][u]、dp[u][k]继续分下去,……

最后的dp[i][z]对应的路径只包含一条边,即i和z是邻居,path[i][z]＝z,z是从i出发的第一个点。

第25行代码path[i][j]＝path[i][k],比较path[i][j]和path[i][k],它们都表示从i出发的下一个点,且这个点在同一条路径上,所以可以赋值path[i][j]＝path[i][k]。

9.2.2 Bellman-ford

Bellman-ford算法是单源最短路径算法,它的编码几乎和Floyd一样简单,但是计算复杂度比Floyd要好一些。

Bellman-ford的原理十分容易理解:一个有n个点的图,给每个点n次机会询问邻居是否有到起点s的更短的路径,如果有就更新;经过n－1轮更新,就得到了所有的n－1个点到起点s的最短路径。具体过程如下:

第1轮,在每个点询问邻居到s的最短路径。在这一轮,在起点s的邻居中肯定有一个点 u 是最近的,也就是说第 1 轮确定了 s 到 u 的最短路径,其他点仍未知。

第 2 轮:所有点再次询问邻居是否有到 s 的更短的路径。在这一轮中,要么是 s 的某个邻居,要么是 u 的某个邻居,能确定最短路径。

第 3 轮:……

重复 n−1 轮,每一轮能确定一个点的最短路径。结束。

Bellman-ford 算法的特点是只对相邻节点进行计算,可以避免 Floyd 那种大撒网式的无效计算,提高了效率。

下面分析 Bellman-ford 的计算复杂度。n 个点共进行 n−1 轮计算,每一轮需要检查所有的 m 条边,计算复杂度为 O(mn)。

对比 Floyd 的计算复杂度 $O(n^3)$,Bellman-ford 的 O(mn) 是否更好? 如果是稀疏图,m 和 n 差不多,那么 Bellman-ford 更好;如果是稠密图,m 是 $O(n^2)$ 的,Bellman-ford 比 Floyd 强不了多少。

Bellman-ford 有现实的模型,即问路。如果某人想到某地去,但是不认路,那么可以问路口的交警。在每个十字路口都站着一位交警,当该人到某个路口时就问交警怎么走到 s 最近? 如果这位交警不知道,他会问相邻几个路口的交警:"从你这个路口走,能到 s 吗? 有多远?"这些交警可能也不知道,他们会继续问新的邻居交警。这样传递下去,最后肯定有一个交警就站在 s 路口,他会把 s 的信息返回给他的邻居,邻居再返回给邻居。最后所有的警察都知道怎么走到 s,而且是最短的路径。

在问路模型中有趣的一点,并且能体现 Bellman-ford 思想的是:警察并不需要知道到 s 的完整的路径,他只需要知道从自己的路口出发往哪个方向走能到达 s,并且路最近。

用下面的例题说明 Bellman-ford 算法的基本应用。

 例 9.4　出差 2022 年第十三届蓝桥杯国赛 lanqiaoOJ 2194

问题描述:A 国有 N 个城市,编号为 1~N。小明是编号为 1 的城市中一家公司的员工,今天突然接到了上级通知需要去编号为 N 的城市出差。由于疫情原因,很多直达的交通方式暂时关闭,小明无法乘坐飞机直接从城市 1 到达城市 N,需要通过其他城市进行陆路交通中转。小明通过交通信息网查询到了 M 条城市之间仍然还开通的路线的信息以及每一条路线需要花费的时间。同样由于疫情原因,小明在到达一个城市后需要隔离观察一段时间才能离开该城市前往其他城市。通过网络,小明也查询到了各个城市的隔离信息(由于小明之前在城市 1,所以可以直接离开城市 1,不需要隔离)。由于上级要求,小明希望能够尽快赶到城市 N,请帮他规划一条路线在最短的时间内到达城市 N。

输入:第一行两个正整数 N、M,N 表示 A 国的城市数量,M 表示未关闭的路线数量。第二行 N 个正整数,第 i 个整数 C_i 表示到达编号为 i 的城市后需要隔离的时间。第 3~M+2 行,每行 3 个正整数 u、v、c,表示有一条城市 u 到城市 v 的双向路线仍然开通着,通过该路线的时间为 c。

输出:第一行一个正整数,表示小明从城市 1 出发到达城市 N 的最短时间(到达城市 N,不需要计算城市 N 的隔离时间)。

输入样例：	输出样例：
4 4	13
5 7 3 4	
1 2 4	
1 3 5	
2 4 3	
3 4 5	

数据说明：对于 100％ 的数据，$1 \leqslant N \leqslant 1000$，$1 \leqslant M \leqslant 10000$，$1 \leqslant C_i \leqslant 200$，$1 \leqslant u, v \leqslant N$，$1 \leqslant c \leqslant 1000$。

本题求最短路径，数据规模为 $1 \leqslant N \leqslant 1000$，$1 \leqslant M \leqslant 10000$，不算大。用哪种算法？用复杂度为 $O(n^3)$ 的 Floyd 算法超时；用复杂度为 $O(mn)$ 的 Bellman-ford 算法正好；没有必要使用更好的 Dijkstra 和 SPFA 算法。

两点之间的边长，除了路线时间 c，还要加上隔离时间。经过这个转化后，本题是一道简单的 Bellman-ford 算法模板题。

第 3 行用边集数组 e 来存边。边集数组这种简单的存储方法不能快速地搜索点和边，不过正适合 Bellman-ford 这种简单的算法。本题的边是无向边，要存为双向边，见代码中的第 6、7 行。

Bellman-ford 算法的代码相当简单，几乎和 Floyd 的代码一样短，核心代码只有第 10、11、14 行。

在将代码提交后能通过 55％ 的测试，Python 代码运行慢，需要比 C++ 多 10 倍的判题时间。另外，本题可以用更高效的 Dijkstra 算法，能通过 100％ 的测试。

```
1   n, m = map(int, input().split())
2   t = [0] + [int(i) for i in input().split()]    ＃ 不用 t[0]，从 t[1]开始
3   e = []                                          ＃ 用边集数组存点和边
4   for i in range(1, m + 1):
5       a, b, c = map(int, input().split())
6       e.append([a, b, c])
7       e.append([b, a, c])                         ＃ 双向边
8   dist = [0x3f3f3f3f] * (n + 1)
9   dist[1] = 0
10  for k in range(1, n + 1):
11      for a, b, c in e:                           ＃ 检查每条边
12          res = t[b]
13          if b == n: res = 0
14          dist[b] = min(dist[b], dist[a] + c + res)
15  print(dist[n])
```

Bellman-ford 算法有一个优势，它能用于边权为负数的图，例如判断图中是否有负环。负环见 Floyd 这一节中的说明。下面的例题检查负环。

例 9.5　负环 https://www.luogu.com.cn/problem/P3385

问题描述：给定一个有 n 个点的有向图，请求出图中是否存在从顶点 1 出发能到达的负环。负环的定义是一条边权之和为负数的回路。

输入：第一行是一个整数 T，表示测试数据的组数。对于每组数据，第一行有两个整

数,分别表示图的点数 n 和信息数 m。接下来 m 行,每行有 3 个整数 u、v、w。

若 w≥0,存在一条从 u 至 v 边权为 w 的边,还存在一条从 v 至 u 边权为 w 的边。

若 w<0,只存在一条从 u 至 v 边权为 w 的边。

输出:对于每组数据,输出一个字符串,若所求负环存在,输出 YES,否则输出 NO。

输入样例:	输出样例:
2	NO
3 4	YES
1 2 2	
1 3 4	
2 3 1	
3 1 −3	
3 3	
1 2 3	
2 3 4	
3 1 −8	

数据说明:$1 \leqslant n \leqslant 2000, 1 \leqslant m \leqslant 3000, 1 \leqslant u, v \leqslant n, -10^4 \leqslant w \leqslant 10^4, 1 \leqslant T \leqslant 10$。

根据本节对 Bellman-ford 的讨论,用 $n-1$ 轮可以确定所有 $n-1$ 个点到起点 s 的最短路径。如果到第 n 轮还有新的更短的路径产生,那么肯定产生了负环。

下面的代码能通过大部分测试,一小部分不能通过,是因为 Python 慢,需要增加判题时间。

```
1   import sys
2   def bellman(n, m, edges):
3       dist = [float('inf')] * (n + 1)
4       dist[1] = 0                              # 起点是 1,1 到自己的距离为 0
5       for i in range(n):                      # 最多执行 n 次
6           for j in range(m):
7               u = edges[j][0]
8               v = edges[j][1]
9               w = edges[j][2]
10              if dist[u] != float('inf') and dist[v] > dist[u] + w:
11                  dist[v] = dist[u] + w
12                  if i == n - 1: return True     # 第 n 次仍然更新,存在负环
13      return False
14  def main():
15      t = int(input())
16      for _ in range(t):
17          n, m = map(int, input().split())
18          edges = []                          # 边集数组
19          for i in range(m):
20              a, b, w = map(int, input().split())# 读每条边的 a、b、w
21              if w >= 0:
22                  edges.append((a, b, w))
23                  m += 1
24                  i += 1
25                  edges.append((b, a, w))
26              else:
27                  edges.append((a, b, w))
28          if bellman(n, m , edges): print("YES")
```

```
29          else: print("NO")
30 if __name__ == "__main__": main()
```

9.2.3 Dijkstra

Dijkstra算法是最有名的最短路径算法，也是一般性的最短路径问题中最常用、效率最高的最短路径算法。与Floyd这种"多源"最短路径算法不同，Dijkstra是一种"单源"最短路径算法，一次计算能得到从一个起点s到其他所有点的最短路径长度，并能容易地记录s到每个点的最短路径上的途经点。

1. Dijkstra的原理

在"第6章 搜索"中曾经用老鼠走迷宫介绍了DFS和BFS的原理，这里仍用老鼠走迷宫介绍Dijkstra的原理。Dijkstra是基于BFS的，是"一群老鼠走迷宫"，不过BFS走的迷宫，每两个相邻路口之间的边长相等，而Dijkstra走的迷宫，每两个相邻路口之间的边长不相等。也就是说，Dijkstra处理的是更一般性的路径问题。

假设老鼠无限多，并且设定每只老鼠的走路速度相同且不会停留休息。当这群老鼠进去后，在每个路口都派出部分老鼠探索所有没走过的路。走某条路的老鼠，如果碰壁无法前行，就停下；如果到达的路口已经有其他老鼠探索过，也停下。

这群老鼠从起点s出发，可以观察到，从s开始，这群老鼠会沿着所有能走的路走下去，最后能走到所有的路口。在某个路口t，可能先后有从不同的路线走来的老鼠；先走来的老鼠，其经过的路径肯定就是从s到达t的最短路径；后走过来的老鼠，对确定t的最短路径没有贡献，不用管它。

从整体来看，这就是一个从起点s扩散到整个图的过程。

在这个过程中，所有点的最短路径是如下得到的：

（1）在s的所有直连邻居中，老鼠首先到达最近的邻居u。u是第一个确定最短路径的点。从u直连到s的路径肯定是最短的，因为如果u绕道其他点到s必然更远。

（2）把后面老鼠的行动分成两部分，一部分从s继续走到s的其他直连邻居，另一部分从u出发走到u的直连邻居，那么下一个到达的点v必然是s或者u的一个直连邻居。v是第二个确定最短路径的点。

（3）继续以上步骤，在每一次迭代过程中都能确定一个点的最短路径。n个点用n次迭代就结束了计算。

下面概述Dijkstra算法的计算步骤。

（1）从起点s出发，用BFS扩展它的邻居节点。把这些邻居点放到一个集合A中，并记录这些点到s的距离。集合A用来记录没有确定最短路径的点。

（2）选择距离s最近的邻居v，继续用BFS扩展v的邻居。在集合A中找到距离s最近的点v，把v的邻居点放到A中；如果v的邻居经过v中转到s的距离更短，则更新这些邻居到s的距离；从集合A中移走v，后面不再处理v。在这个过程中得到了从s到v的最短路径，v的邻居也更新了到s的距离。

（3）重复步骤（2），直到所有点都扩展到，队列也空了。此时集合A为空，计算出了所有点到s的最短距离。

Dijkstra算法应用了贪心法的思想，即"抄近路走，肯定能找到最短路径"。该算法可以简单地概括为 Dijkstra＝BFS＋贪心。

在编码实现的时候,实际上有"Dijkstra＋优先队列＝BFS＋优先队列(队列中的数据是从起点到当前点的距离)"。

2. Dijkstra 的计算复杂度

下面分析 Dijkstra 算法的计算复杂度。

设图的点有 n 个,边有 m 条。在编码的时候,集合 A 一般用优先队列来模拟。优先队列可以用堆或其他高效的数据结构实现,往优先队列中插一个数、取出最小值的操作都是 $O(\log_2 n)$ 的。一共往队列中插入 m 次(每条边都要进集合 A 一次),取出 n 次(每次从集合 A 中取出距离 s 最近的一个点,在取出时要更新这个点的所有邻居到 s 的距离,设一个点平均有 k 个邻居),那么总复杂度是 $O(m \times \log_2 n + n \times k \times \log_2 n) \approx O(m \times \log_2 n)$,一般有 m 大于 n。注意在稠密图情况下 m 是 $O(n^2)$ 的,k 是 $O(n)$ 的。

在计算单源最短路径时,Dijkstra 是效率非常高的算法。

存图用什么数据结构?若是稀疏图,往往 n 很大而 m 小,必须使用邻接表来存图;若是稠密图,则 n 较小,就用简单的邻接矩阵,用邻接表并不能减少存储空间。

3. Dijkstra 的计算步骤

Dijkstra 代码的主要内容是维护两个集合:已确定最短路径的节点集合 H、这些节点向外扩散的邻居节点集合 A。其步骤如下:

(1)把起点 s 放到 H 中,把 s 的所有邻居放到 A 中,此时邻居到 s 的距离就是直连距离。

(2)从 B 中找出距离起点 s 最近的节点 u,放到 H 中。

(3)把 u 的所有新邻居放到 A 中。显然,u 的每一条边都连接了一个邻居,每个新邻居都要加进去。其中 u 的一个新邻居 v 到 s 的距离 dis(s, v)等于 dis(s, u)＋dis(u, v)。

(4)重复(2)、(3),直到 A 为空时结束。

在计算结束后,可以得到从起点 s 到其他所有点的最短距离。

下面举例说明。在图 9.5 中,起点是 1,求 1 到其他所有点的最短路径。

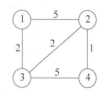

图 9.5 无向图示例

(1)1 到自己的距离最短,把 1 放到集合 H 中,H＝{1}。把 1 的邻居放到集合 A 中,A＝{(2-5),(3-2)}。其中(2-5)表示点 2 到起点的距离是 5。

(2)从 A 中找到离集合 H 最近的点,是点 3。在 H 中加上 3,现在 H＝{1, 3},也就是说得到了从 1 到 3 的最短距离;从 A 中拿走(3-2),现在 A＝{(2-5)}。

(3)对点 3 的每条边,扩展它的新邻居,放到 A 中。3 的新邻居是 2 和 4,那么 A＝{(2-5),(2-4),(4,7)}。其中(2-4)是指新邻居 2 通过 3 到起点 1,距离是 4。由于(2-4)比(2-5)更好,丢弃(2-5),A＝{(2-4),(4-7)}。

(4)重复步骤(2)、(3)。从 A 中找到离起点最近的点,是点 2。在 H 中加上 2,并从 A 中拿走(2-4);扩展 2 的邻居放到 A 中。现在 H＝{1, 3, 2},A＝{(4-7),(4-5)}。由于(4-5)比(4-7)更好,丢弃(4-7),A＝{(4-5)}。

（5）从 A 中找到离起点最近的点，是点 4。在 H 中加上 4，并从 A 中拿走(4-5)。现在已经没有新邻居可以扩展，H={1, 3, 2, 4}，A 为空，结束。

下面讨论上述步骤的复杂度。图的边共有 m 条，需要往集合 A 中扩展 m 次。在每次扩展后，需要找集合 A 中距离起点最近的点。集合 A 中最多可能有 n 个点。把问题抽象为每次往集合 A 中放一个数据，在 A 的 n 个数中找最小值。如何快速完成？如果往 A 中放数据是乱放，找最小值也是用类似冒泡的简单方法，复杂度是 n，那么总复杂度是 O(nm)，和 Bellman-ford 一样。如果用优先队列，总复杂度为 $O(m\log_2 n)$。

图 9.6　带负权边的图不能用 Dijkstra

Dijkstra 的局限性是边的权值不能为负数。因为 Dijkstra 基于 BFS，计算过程是从起点 s 逐步往外扩散的过程，每扩散一次就用贪心得到一个点的最短路径。扩散要求路径越来越长，如果遇到一个负权边，会导致路径变短，使扩散失效。见图 9.6，设当前得到 s→u 的最短路径，路径长度为 8，此时 s→u 的路径计算已经结束。继续扩展 u 的邻居，若 u 到邻居 v 的边权是 −15，而 v 到 s 的距离为 20，那么 u 存在另一条途经 v 到 s 的路径，距离为 20 ＋(−15)＝5，这推翻了前面已经得到的长度为 8 的最短路径，破坏了 BFS 的扩散过程。

4. Dijkstra 的模板代码

用下面的例题给出模板代码，其中有两个关键。

（1）用邻接表存图和查找邻居。对邻居的查找和扩展，用 e＝[[]]实现邻接表。其中 e[i]存储第 i 个节点上的所有边，边的一头是它的邻居。在需要扩展节点 i 的邻居的时候查找 e[i]即可。已经放到集合 H 中的节点不要扩展。用 done[]记录集合 H，当 done[i]＝1 时表示它在集合 H 中，已经找到了最短路径。

（2）在集合 A 中找距离起点最近的节点，用优先队列 Q，但是有关丢弃的动作优先队列无法做到。例如需要在 A＝{(2-5), (2-4), (4,7)}中丢弃(2-5)，但是 Q 没有这种操作。在代码中用 done[]协助解决这个问题。

在从优先队列弹出(2-4)时记录 done[2]＝true，表示节点 2 已经处理好。下次在从优先队列弹出(2-5)时判断 done[2]是 true，丢弃。

例 9.6　单源最短路径(标准版) https://www.luogu.com.cn/problem/P4779

问题描述：给定一个有 n 个点、m 条有向边的带非负权图，请计算从 s 出发到每个点的距离。数据保证能从 s 出发到任意点。

输入：输入的第一行包含 3 个正整数 n、m、s。第 2 到 m＋1 行，每行包含 3 个正整数 u、v、w，表示 u、v 之间存在一条距离为 w 的路径。其中，$1 \leqslant n \leqslant 10^5$，$1 \leqslant m \leqslant 2 \times 10^5$，$1 \leqslant u, v \leqslant n$，$0 \leqslant w \leqslant 10^9$，所有 w 的和小于 10^9。

输出：输出仅一行，包含 n 个数，分别表示从 s 到编号为 1～n 的点的最短距离，用空格隔开。

	输入样例： 4 6 1 1 2 2 2 3 2 2 4 1 1 3 5 3 4 3 1 4 4	输出样例： 0 2 4 3

下面是基本 Dijkstra 算法的代码,使用了"邻接表＋优先队列"。代码的详细内容已经在前面解释。用堆 heapq 实现优先队列。另外注意邻接表的用法,第 22 行读取 u 的邻居 v 和边长 w,第 12 行遍历 u 的邻居 v 和边长 w。

Dijkstra 算法也可以记录和打印最短路径,方法和"6.6 BFS 与最短路径"中的 print_path()函数一样。

```
1   import array, heapq
2   def dijkstra(s):
3       done = [0 for i in range(n + 1)]
4       Q = []
5       dis[s] = 0
6       heapq.heappush(Q, (0, s))
7       while Q:
8           u = heapq.heappop(Q)[1]
9           if done[u]:continue
10          done[u] = 1
11          for i in range(len(e[u])):
12              v, w = e[u][i]                    # 遍历 u 的邻居 v,边长为 w
13              if done[v]: continue
14              if dis[v] > dis[u] + w:
15                  dis[v] = dis[u] + w
16                  heapq.heappush(Q, (dis[v], v))
17  n, m, s = map(int, input().split())
18  e = [[] for i in range(n + 1)]                # 用邻接表存图
19  INF = 1 << 64
20  dis = [INF] * (n + 1)
21  for i in range(m):
22      u, v, w = map(int, input().split())
23      e[u].append((v, w))                       # 存图,u 的一个邻居是 v,边长为 w
24  dijkstra(s)
25  for i in range(1, n + 1): print(dis[i], end = ' ')
```

再看一道例题。

 例 9.7　最短路径计数 https://www.luogu.com.cn/problem/P1144

问题描述:给出一个有 N 个顶点、M 条边的无向无权图,顶点编号为 1～N,问从顶点 1 开始到其他每个点的最短路径有几条。

输入:第一行包含两个正整数 N,M,为图的顶点数与边数。接下来 M 行,每行两个正整数 x、y,表示有一条连接顶点 x 和顶点 y 的边,请注意可能会有自环与重边。

输出:输出共 N 行,每行一个非负整数,第 i 行输出从顶点 1 到顶点 i 有多少条不同的最短路径,由于答案可能会很大,只需要输出 ans mod 100003 后的结果即可。如果无法到达顶点 i,则输出 0。

输入样例：	输出样例：
5 7	1
1 2	1
1 3	1
2 4	2
3 4	4
2 3	
4 5	
4 5	

数据说明:1 到 5 的最短路径有 4 条,分别为两条 1→2→4→5 和两条 1→3→4→5 (由于 4→5 的边有两条)。对于 20% 的数据,$1 \leqslant N \leqslant 100$;对于 60% 的数据,$1 \leqslant N \leqslant 1000$;对于 100% 的数据,$1 \leqslant N \leqslant 10^6$,$1 \leqslant M \leqslant 2 \times 10^6$。

图中的每条边的边长都是 1,所以能用 BFS,这里用 Dijkstra 算法。

如何计算起点 s 到点 i 的所有最短路径?

用 num[i] 记录 s 到 i 的最短路径数量。当扩展 u 的邻居 v 时有以下两种情况:

(1) dis[v]>dis[u]+v.w,更新 dis[v]。此时从 u 过来的路径可能是到 v 的最短路径,所以到 v 的最短路径条数 num[v]=num[u]。

(2) dis[v]=dis[u]+v.w,那么从 u 过来的是新的最短路径,所以 num[v] += num[u]。

下面的代码在模板上添加了路径计数,提交判题系统能通过大部分测试,一小部分没有通过是因为 Python 慢,需要增加判题时间。

```python
1   import heapq
2   import sys
3   INF = 10000000
4   N = 1000002
5   n, m = map(int, input().split())
6   e = [[] for _ in range(N)]
7   dis = [INF] * N
8   done = [False] * N
9   num = [0] * N
10
11  def dijkstra(s):
12      for i in range(1, n + 1):
13          dis[i] = INF
14          done[i] = False
15      dis[s] = 0
16      num[s] = 1
17      Q = []
18      heapq.heappush(Q, (dis[s], s))
19      while Q:
20          d, u = heapq.heappop(Q)
21          if done[u]: continue
22          done[u] = True
23          for v, w in e[u]:
24              if done[v]: continue
```

```
25          if dis[v] > dis[u] + w:
26              dis[v] = dis[u] + w
27              heapq.heappush(Q, (dis[v], v))
28              num[v] = num[u]
29          elif dis[v] == dis[u] + w:
30              num[v] = (num[v] + num[u]) % 100003
31
32  for _ in range(m):
33      #u, v = map(int, input().split())
34      u, v = map(int, sys.stdin.readline().split())
35      e[u].append((v, 1))
36      e[v].append((u, 1))
37
38  dijkstra(1)
39  for i in range(1, n + 1):
40      if dis[i] != INF: print(num[i])
41      else: print(0)
```

【练习题】

lanqiaoOJ：会面 4218、城市间的交易 8336、路径 1460、指数移动 1657、环境治理 2178、估计人数 235、魔法阵 3542、限高杆 2357、环境治理 2178、小蓝组网 3138。

洛谷：GCD P9484、炸铁路 P1656、最小花费 P1576、营救 P1396、基础最短路径练习题 P5651、采购特价商品 P1744、医院设置 P1364、调手表 P8674。

9.3　　最小生成树

扫一扫
视频讲解

树是一种特殊的图,它的特征是"连通、无环"。

(1) 树是连通的。如果边是无向的,那么树上的任意两点之间都有路径;如果边是有向的,那么存在一个根节点,从它可以到达其他任何节点。

(2) 树是无环的。任意两个点之间只有一条路径。树的节点从根开始,层层扩展子树,是一种层次关系,这种层次关系保证了树上的节点不会出现环路。

树的常见概念如下。

节点：树中的一个元素,包含一个值和连接其子节点的边。

根节点：树的顶部节点,没有父节点。在无向图中,任何一个节点都可以是根节点。

子节点：根节点的直接后代节点。

父节点：一个节点的直接上级节点。

叶节点：没有子节点的节点。

兄弟节点：具有相同父节点的节点。

子树：以某个节点为根节点的子节点和它们的后代节点构成的树。

在算法竞赛中,二叉树是最常用的树。

在图的算法中,经常需要在图上生成一棵树,再进行其他操作。

给定一个连通图,生成不含有环路的一个连通子图,称为一棵生成树,它包含原图的全部 n 个点,以及选取的 n−1 条边。

把边权之和最小的树称为最小生成树(Minimal Spanning Tree,MST)。最小生成树的生活模型例如修路问题：在 n 个城市之间修路，已知每两个城市之间的距离，问怎么修路可以使所有城市都能互相连通，并且道路总长度最小？这就是最小生成树问题。

图的两个基本元素是点和边，与此对应有两种方法可以构造最小生成树，一种是从点的角度，另一种是从边的角度。这两种算法是 Prim 算法和 Kruskal 算法，它们都基于贪心思想，因为 MST 问题满足贪心法的"最优性原理"，全局最优包含局部最优。

（1）Prim 算法的原理："最近的邻居点一定在 MST 上"。

对点进行贪心操作：

从任意一个点 u 开始，把距离它最近的邻居点 v 加入 MST 中，MST＝{u，v}。同时，连接 v 的边也会进入 MST，这次加了一个点和一条边。

下一步，把距离{u，v}最近的点 w 加入 MST 中，并且保证在加点时连接的边不会导致环路，MST＝{u，v，w}。

继续这个过程，直到所有点都在 MST 中。由于每次加一个点时同时也加入了一条边，最后生成 MST 时树上会有 n 个点、n－1 条边。

（2）Kruskal 算法的原理："最短的边一定在 MST 上"。

对边进行贪心操作：

从最短的边 a 开始，把它加入 MST 中，MST＝{a}。同时，这条边的两个点也进入了 MST。

在剩下的边中找最短的边 b，如果这个边的加入不会产生环路，加入 MST 中；如果产生了环路，丢弃它，再继续找剩下的最短边，MST＝{a，b}。

继续这个过程，直到往 MST 中加入了 n－1 条边，此时 MST 中必有 n 个点。

在这两个算法中，重要的问题是判断环路（圈）。最小生成树显然不应该有环路，否则就不是"最小"了，因为断开环上的任意一条边都不会影响 MST 的连通性。判圈是最小生成树算法的核心操作。

9.3.1　Prim 算法

Prim 算法对图上的点进行贪心操作，下面详解它的计算过程。

以图 9.7 所示的无向图为例，设最小生成树中点的集合是 U，开始时最小生成树还没有任何节点，所以 U 为空。

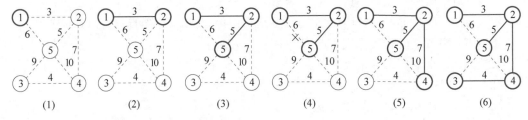

图 9.7　Prim 算法示例

（1）无向图的任何一个点都可以作为起点，例如点 1，放到 U 中，U＝{1}。

（2）找离集合 U 中的点最近的邻居，即 1 的邻居，是 2，放到 U 中，U＝{1，2}。

（3）找离 U 最近的点，是 5，U＝{1，2，5}。

（4）与 U 距离最短的是 1、5 之间的边，但是这条边两头的点 1、5 都已经在 U 中，没有扩展出新的点，不符合要求。这条边实际上会产生一个圈。

(5) 与 U 最近的是 4,且 4 不在 U 中,加入 4,U={1, 2, 5, 4}。

(6) 加入 3,U={1, 2, 5, 4, 3}。所有点都在 U 中,结束。

Prim 算法的判圈是间接的,只要新加入的点不在 U 中,那么把这个点和连接这个点的边加入 U 就不会产生圈。

在 Prim 的执行过程中,从一个点出发,每次加一个点、一条边,最后 MST 中包含 n 个点、n−1 条边,正好是一棵树。

把 Prim 算法的步骤和 Dijkstra 算法的步骤对比,大家会发现非常相似。不同的是,Dijkstra 需要更新 U 的所有邻居到起点的距离,而 Prim 不需要。所以只要把 Dijkstra 的程序简化一些即可,Prim 是 Dijkstra 的简化版。

和 Dijkstra 一样,Prim 程序如果用优先队列来查找距离 U 最近的点,能优化算法,此时复杂度是 $O(m\log_2 n)$。

 例 9.8   公路修建 https://www.luogu.com.cn/problem/P1265

问题描述:某国有 n 个城市,它们互相之间没有公路相通,因此交通十分不便。为了解决这一"行路难"的问题,政府决定修建公路。修建公路的任务由各城市共同完成。

修建工程分若干轮完成。在每一轮中,每个城市选择一个与它最近的城市,申请修建通往该城市的公路。政府负责审批这些申请,以决定是否同意修建。

政府审批的规则如下:

如果两个或以上的城市申请修建同一条公路,则让它们共同修建;

如果三个或以上的城市申请修建的公路成环,则政府将否决其中最短的一条公路的修建申请;

其他情况的申请一律同意。

在一轮修建结束后,可能会有若干城市可以通过公路直接或间接相连。这些可以互相连通的城市即组成"城市联盟"。在下一轮修建中,每个"城市联盟"将被看作一个城市,发挥一个城市的作用。

当所有城市被组合成一个"城市联盟"时,修建工程也就完成了。

请根据城市的分布和前面讲到的规则计算出将要修建的公路的总长度。

输入:第一行一个整数 n,表示城市的数量,n≤5000。以下 n 行,每行两个整数 x 和 y,表示一个城市的坐标,$-10^6 \leqslant x, y \leqslant 10^6$。

输出:输出一个实数,四舍五入保留两位小数,表示公路的总长度,保证有唯一解。

输入样例:	输出样例:
4	6.47
0 0	
1 2	
−1 2	
0 4	

本题是最小生成树的模板题,按 Prim 的基本步骤编码即可。下面用两种方法编码。

(1) 用优先队列处理距离。

下面的 Prim 代码与 Dijkstra 的代码对比极为相似。

将这个代码提交测试,没有 100% 通过,而是有几个 MLE（超过内存限制）错误。原因是代码占用的空间太大。本题有 n 个点,用邻接表 e[[]] 存图,任意两点之间都可能有边,共有 $O(n^2)$ 条边。当 n=5000 时,$n^2=25MB$,Python 的一个整数可能占 32B,所以 e[[]] 超出了空间限制。

```
1   import math
2   import heapq
3
4   def distance(i, j):                          # 坐标(ix,iy)和(jx,jy)的距离
5       return math.sqrt((x[i] - x[j]) * (x[i] - x[j]) + (y[i] - y[j]) * (y[i] - y[j]))
6   def prim():
7       global ans
8       q = []                                   # 优先队列,队首是最小值
9       heapq.heappush(q, (0, 1))                # 从 1 点开始处理队列
10      cnt = 0
11      while q and cnt != n:
12          d, u = heapq.heappop(q)              # 队首是距集合最近的点
13          if vis[u]: continue                  # 丢弃已经在 MST 中的点,有判圈的作用
14          cnt += 1                             # MST 上点的数量,应该是 cnt = n-1
15          vis[u] = 1                           # =1：表示点 i 已经在 MST 中
16          ans += d                             # 累加距离
17          for v in e[u]:
18              if not vis[v]:                   # 放进优先队列
19                  heapq.heappush(q, (distance(u, v), v))
20  n = int(input())
21  e = [[] for _ in range(n + 1)]               # 用邻接表记录图
22  vis = [0] * (n + 1)                          # =1：表示点 i 已经在 MST 中
23  x = [0.0] * (n + 1)                          # 记录城市的坐标
24  y = [0.0] * (n + 1)
25  ans = 0.0
26  for i in range(1, n + 1):
27      x[i], y[i] = map(float, input().split())
28  for i in range(1, n + 1):
29      for j in range(1, n + 1):
30          if i == j: continue
31          e[i].append(j)                       # i 的邻居点是 j
32  prim()
33  print("{:.2f}".format(ans))
```

（2）用暴力法直接处理距离。

如何绕过题目的空间限制? 有没有较少的空间利用方法? 可以在每次加入新的点时临时计算这个点到其他所有点的距离。这样做计算量比较大,但是节省了空间。

虽然也可以继续用优先队列找最近点,但是本题的 n 较小,可以直接用暴力法找。将代码提交给判题系统能通过 50% 的测试,其他没有通过是因为 Python 慢,需要增加判题时间。

```
1   import math
2   def distance(i, j):                          # 坐标(ix,iy)和(jx,jy)的距离
3       return math.sqrt((x[i] - x[j]) * (x[i] - x[j]) + (y[i] - y[j]) * (y[i] - y[j]))
4   def prim():
5       global ans
6       dis[1] = 0.0
7       vis[1] = 1
8       for i in range(1, n + 1):
9           v = 1                                # 找最近的点
```

```
10              minn = 1e9 * 1.0
11              for j in range(1, n + 1):        # 用暴力法找最近点
12                  if not vis[j] and dis[j] < minn:
13                      minn = dis[j]
14                      v = j
15              vis[v] = 1                       # 点 v 进了 MST
16              ans += dis[v]
17              for j in range(1, n + 1):        # 临时计算 v 到其他点的距离
18                  dis[j] = min(dis[j], distance(v, j))
19   n = int(input())
20   vis = [0] * (n+1)                           # =1：表示点 i 已经在 MST 中
21   x = [0] * (n+1)
22   y = [0] * (n+1)
23   dis = [0.0] * (n+1)
24   ans = 0.0
25   for i in range(1, n + 1):
26       x[i], y[i] = map(float, input().split())
27       dis[i] = 1e12 * 1.0                     # 初始化距离为无穷大
28   prim()
29   print("%.2f" % ans)
```

用本题说明 Prim 算法的时间复杂度：在有 n 个点、m 条边的图上找最小生成树，而且用优先队列找距离最近的点，复杂度是 $O((n+m)\log_2 n)$。

9.3.2　Kruskal 算法

Kruskal 算法对图上的边进行贪心操作，下面详解它的操作过程。

kruskal 算法有以下两个关键操作：

（1）对边进行排序。排序后，依次把最短的边加入最小生成树 T 中。由于不用区分这些边，所以可以用最简单的边集数组存图。

（2）判断圈，即处理连通性问题。连通性检查有 BFS、DFS、并查集 3 种方法。在 Kruskal 算法中，用并查集检查连通性最简单、最高效，并查集是 Kruskal 算法的绝配。

以图 9.8 所示的无向图为例说明 Kruskal 的执行过程。

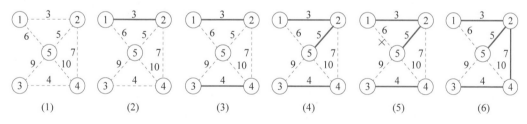

| (1) | (2) | (3) | (4) | (5) | (6) |

图 9.8　Kruskal 算法示例

（1）初始时最小生成树 T 为空。令 S 是以点 i 为元素的并查集,在开始的时候,每个点属于独立的集,所有点互不连通。为了便于讲解,这里区分了点 i 和集 S,把集的编号加上了下画线。

S	1	2	3	4	5
i	1	2	3	4	5

（2）加入第一条最短边(1-2)，T＝{1-2}。在并查集 S 中，把点 2 合并到点 1，也就是把点 2 的集 2 改成点 1 的集 1。此时点 1、2 是连通的。

S	1	1	3	4	5
i	1	2	3	4	5

（3）加入第二条最短边(3-4)，T＝{1-2，3-4}。在并查集 S 中，节点 4 合并到节点 3。此时有两个连通块 1-2 和 3-4。

S	1	1	3	3	5
i	1	2	3	4	5

（4）加入第三条最短边(2-5)，T＝{1-2，3-4，2-5}。在并查集 S 中，把节点 5 合并到节点 2，也就是把节点 5 的集 5 改成节点 2 的集 1。在集 1 中，所有节点都指向根节点，这样做能避免并查集的长链问题。这里使用了"路径压缩"的方法。此时有两个连通块 1-2-5 和 3-4。

S	1	1	3	1
i	1	2	3	4	5

（5）第四条最短边(1-5)。检查并查集 S，发现 5 已经属于集 1，丢弃这条边。这一步实际上是发现了一个圈。并查集的作用就体现在这里。

（6）加入第五条最短边(2-4)。在并查集 S 中，把节点 4 的集合并到节点 2 的集。注意这里节点 4 原来属于集 3，实际上是把节点 3 的集 3 改成 1。此时有一个连通块 1-2-3-4-5。现在就可以结束了，因为加入 T 的边有 n−1 个，形成了一棵 MST 树。

S	1	1	1	3	1
i	1	2	3	4	5

（7）对所有边执行上述操作，直到结束。读者可以练习加最后两条边(3-5)、(4-5)，这两条边都会形成圈。

Kruskal 算法的复杂度包括对边的排序 $O(m\log_2 m)$ 和并查集的操作 $O(m)$ 两部分，一共是 $O(m\log_2 m＋m)$，时间主要花在排序上。

对比 Kruskal 和 Prim 的复杂度，结论是 Kruskal 适合稀疏图，Prim 适合稠密图。

下面用两道例题说明 Kruskal 算法的应用。

例 9.9　最小生成树 http://oj. ecustacm. cn/problem. php?id＝1804

问题描述：在平面中有 n 个点(x_i,y_i)，两点之间的距离为欧氏距离的平方，求最小生成树的权重。平面坐标满足 $0 \leqslant x_i \leqslant 1000000, 0 \leqslant y_i \leqslant 10$。

输入：输入的第一行为正整数 n，n 不超过 100000。接下来 n 行，每行两个整数 x 和 y，表示坐标点(x,y)。

输出：输出一个数字，表示答案。

输入样例：	输出样例：
10	660
83 10	
77 2	
93 4	
86 6	
49 1	
62 7	
90 3	
63 4	
40 10	
72 0	

本题差不多是一道最小生成树的模板题，但是需要处理好边。本题的任意两点之间有边，边的总数量大约为 $n^2/2$，而 n 最大是 10^6，$n^2/2$ 条边显然会超出空间限制。

那么能否减少边的数量？注意到本题所有点的 y 坐标的限制是 $0 \leqslant y_i \leqslant 10$，这 n 个点的 y 坐标都在 0 和 10 之间。在平面上画 11 根横线，$y=0$，$y=1$，…，$y=10$，那么 n 个点都会在这 11 根线上。当处理到第 i 点时，只要把它和左边的 11 根线上的最近点连接，并且把它与右边的 11 根线上的最近点连接即可。这样得到的边仍然会连通所有点，并且保留了最短的边。这样，每个点只需要连 22 条边，总边数只有 22×n 条。读者可以自己证明这样做的正确性。

另外还可以简化，对每个点，只连它左边的 11 条边，不用连右边的边，请大家思考为什么。

在处理好边后，其他代码就是标准的最小生成树的模板。本题的边数不多，用 Prim 和 Kruskal 算法都行。下面用代码比较简单的 Kruskal 算法编码。将代码提交给判题系统能通过 20% 的测试，其他没有通过是因为 Python 慢，需要增加判题时间。

```
1    from typing import List, Tuple
2    def mul(b): return b * b
3    class Node:
4        def __init__(self, x: int, y: int):
5            self.x = x
6            self.y = y
7        def __lt__(self, other: "Node") -> bool:
8            return self.x < other.x
9    class Edge:
10       def __init__(self, u: int, v: int, w: int):
11           self.u = u
12           self.v = v
13           self.w = w
14       def __lt__(self, other: "Edge") -> bool:
15           return self.w < other.w
16   N = 100005
17   a: List[Node] = [Node(0, 0) for i in range(N)]          # n 个点的坐标
18   e: List[Edge] = [Edge(0, 0, 0) for i in range(N * 11)]
19                                                            # 边的数量。只连左边的 11 条边
20   s: List[int] = [i for i in range(N)]                     # 并查集
21   Last: List[int] = [0] * 15
```

```
22   n = m = 0                                          # 点、边
23   def addEdge(u: int, v: int) -> None:               # 点 u 和点 v 连边
24       global m
25       m += 1
26       e[m].u = u
27       e[m].v = v
28       e[m].w = mul(a[u].x - a[v].x) + mul(a[u].y - a[v].y)
29   def findSet(x: int) -> int:                         # 查询并查集，返回 x 的根
30       global s
31       if x != s[x]: s[x] = findSet(s[x])             # 路径压缩
32       return s[x]
33   def kruskal() -> None:
34       global n, m, s, e
35       for i in range(1, n + 1): s[i] = i             # 并查集的初始化
36       e[1:] = sorted(e[1:m + 1])                     # 边的排序
37       ans = 0
38       for i in range(1, m + 1):                      # 从小到大遍历边，加入最小生成树
39           u = findSet(e[i].u)
40           v = findSet(e[i].v)
41           if u == v: continue                        # 产生了圈，丢弃
42           s[u] = v
43           ans += e[i].w
44       print(ans)
45   if __name__ == "__main__":
46       n = int(input())
47       for i in range(1, n + 1):
48           x, y = map(int, input().split())
49           a[i] = Node(x, y)
50       a[1:] = sorted(a[1:n + 1])                      # 对点排序。实际上是对 x 从小到大排序
51   # 每个点和每行的左边最近点连边
52       Last = [0] * 15
53       for i in range(1, n + 1):
54           for y in range(11):
55               if Last[y] > 0: addEdge(i, Last[y])
56           Last[a[i].y] = i
57       kruskal()
```

最后是一道难题。

 例 9.10 Simplifying the Farm https://www.luogu.com.cn/problem/P3037

问题描述：约翰的农场可以看作一个图，农田代表图中的顶点，田间小路代表图中的边，每条边有一定的长度。约翰发现自己的农场中最多有 3 条小路有着相同的长度。约翰想删除一些小路使得农场成为一棵树，使得两块农田之间只有一条路径。约翰想把农场设计成最小生成树，也就是使农场道路的总长度最短。请帮助约翰找出最小生成树的总长度，同时计算出总共有多少种最小生成树。

输入：输入的第一行为两个正整数 N 和 M，表示点数和边数（$1 \leqslant N \leqslant 40000$，$1 \leqslant M \leqslant 100000$）。接下来 M 行，每行 3 个整数 a_i、b_i、c_i，表示点 a_i 和 b_i 之间存在长度为 c_i 的无向边。其中 $1 \leqslant a_i, b_i \leqslant N$，$1 \leqslant c_i \leqslant 1000000$。

输出：输出一行，包含两个整数，分别表示最小生成树的长度和最小生成树的数目。数目对 1000000007 求余。

输入样例：	输出样例：
4 5	4 3
1 2 1	
3 4 1	
1 3 2	
1 4 2	
2 3 2	

Kruskal 的思路是对边贪心，"最短的边一定在 MST 上"；Prim 的思路是对点贪心，"最近的邻居点一定在 MST 上"。选哪个算法？

本题描述中比较特殊的地方：(1)最多有 3 条小路(边)有相同长度；(2)计算总共有多少种最小生成树。着重点在边上，所以用 Kruskal 算法。

复习 Kruskal 算法的执行步骤：(1)对边排序；(2)从最短的边开始，从小到大依次把边加入 MST 中；(3)在加边的过程中用并查集判断是否会产生圈，如果形成了圈就丢弃这条边；(4)在所有边处理完后结束，或者在加边的数量等于 n-1 时结束。

如果所有的边长都不同，那么只有一种最小生成树。题目指出最多有 3 条边的长度相同，从样例可知，有等长的两条边，也有等长的三条边。在对边排序时，这些相等的边会挨在一起。

处理等长边，设 cnt 是合法(所谓合法，是指这条边加入 MST 不会产生圈)的边的数量，num 是这几条等长边有几条能同时加入 MST。sum 是最小生成树的数目。

(1) 有两条等长边。

若 cnt=1，只有一条边是合法的，也就是说这条边别无选择，那么 sum 不变。

若 cnt=2，有两条边合法，继续讨论：

① num=1，即这两条等长边只有一条能加入 MST 中。那么 sum=sum * cnt，即 sum=sum * 2。以图 9.9 为例，s_1 和 s_2 是两棵已经加入 MST 的子树，它们内部没有圈。现在添加两条等长边(x_1, y_1)、(x_2, y_2)，它们单独加入 MST 都是合法的，但是同时加入就会形成圈。

图 9.9 有两条合法边且 num=1 的情况

② num=2，即这两条等长边都应该加入 MST 中。那么 sum 不变，即 sum=sum * 1。以图 9.10 为例。

(2) 有 3 条等长边。

若 cnt=1，只有一条边合法，sum 不变。

若 cnt=2，有两条边合法，和(1)有两条等长边且 cnt=2 的情况一样。

若 cnt=3，有 3 条边合法，那么：

① num=1，只有一条边能加入 MST 中，sum=sum * cnt=sum * 3。以图 9.11 为例，3 条边任选一条，有 3 种情况。

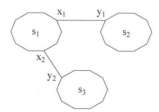

图 9.10 有两条合法边且 num=2 的情况

图 9.11 有 3 条合法边且只选一条的情况

② num＝2，有两条边能加入 MST 中，且其中一条边必须加，sum＝sum＊2。以图 9.12 为例，3 条边选两条，有两种情况。

③ num＝2，有两条边能加入 MST 中，且是任意两条，sum＝sum＊3。以图 9.13 为例，3 条边任选两条，有 3 种情况。

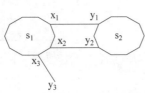

图 9.12　有 3 条合法边且其中一条必选的情况　　图 9.13　有 3 条合法边且任选两条的情况

④ num＝3，3 条边都应该加入 MST 中，sum 不变。

下面是代码。

```
1   mod = 1000000007
2   n, m = map(int, input().split())          # 读取点的数量和边的数量
3   e = []                                     # 存储边的列表
4   for _ in range(m):
5       x, y, val = map(int, input().split())  # 读取边的起点、终点和权值
6       e.append((x, y, val))
7   def find_set(x, s):
8       if x != s[x]: s[x] = find_set(s[x], s)  # 路径压缩
9       return s[x]
10  def kruskal():
11      s = [i for i in range(n + 1)]          # 并查集的初始化
12      e.sort(key = lambda x: x[2])           # 按边权排序
13      ans, sum = 0, 1                        # MST 的总长度和最小生成树的数目
14      i = 0
15      while i < m:
16          cnt = 0                           # 在这次的等长边中有几条可以加入 MST
17          st = set()                        # 用于存储并去重
18          j = i
19          while j < m and e[i][2] == e[j][2]:
20                                            # 枚举等长边，最多有 3 个相同
21              s1 = find_set(e[j][0], s)     # 边的一个端点属于哪个集
22              s2 = find_set(e[j][1], s)     # 边的另一个端点属于哪个集
23              if s1 > s2:
24                  s1, s2 = s2, s1
25              if s1 != s2:                  # 两个集不等，这条边可以加入 MST 中
26                  cnt += 1                  # cnt：允许加入 MST 的边的数量
27                  st.add((s1, s2))          # 将这条边的两个端点所属的集存到 st 中
28              j += 1                        # 第 i~j 条边是等长的
29          num = 0
30          while i < j:
31              s1 = find_set(e[i][0], s)
32              s2 = find_set(e[i][1], s)
33              if s1 != s2:                  # 不属于一个集，可以加入树中
34                  s[s2] = s1                # 并查集的合并
35                  num += 1                  # 这几条等长边有 num 条可以同时加入树
36              i += 1
37          ans += e[i - 1][2] * num
38                     # 这几条等长边最后有 num 条可以加入 MST，计算 MST 的总长
```

39	if num == 1:	
40	sum = sum * cnt % mod	♯ 只有一条边能加入树,直接乘以 cnt
41	if cnt == 3 and num == 2 and len(st) == 2:	
42	sum = 2 * sum % mod	
43	if cnt == 3 and num == 2 and len(st) == 3:	
44	sum = 3 * sum % mod	
45	return ans, sum	
46	result = kruskal()	♯ 最小生成树
47	print(* result)	♯ 输出 MST 的总长度和最小生成树的数目

【练习题】

lanqiaoOJ:修建 1 公路 1124、修建 2 公路 1125、城市规划大师 8086。

洛谷:买礼物 P1194、拆地毯 P2121、局域网 P2820、聪明的猴子 P2504、繁忙的都市 P2330、口袋的天空 P1195、兽径管理 P1340。

9.4　　　　　　扩 展 学 习

在算法竞赛中图论是最大的专题之一,也是最受队员欢迎的专题之一。图论的所有知识点在现实世界中都有大量原型,容易被队员理解、想象、共情。在计算机科学这个大花园中,图论的花朵显得更加美丽动人。

本章只介绍了几个常见、常考的知识点,还不能让读者了解图论的美妙之处,建议读者继续深入学习以下知识点。

初级:拓扑排序、欧拉路径。

中级:图的连通性、基环树、2-SAT。

高级:最大流、二分图、最小割、费用流。